U0137415

牛顿（1642—1727）："德高望重的惠更斯乃当代最伟大的几何学家。"

马赫（1838—1916）："惠更斯拥有和伽利略一样的不可超越的崇高地位。"

光是粒子还是波？17世纪以来，以惠更斯和牛顿为代表，发生了一场关于光的本性问题的旷日持久的争论。这场争论奠定了近代物理学的基础。

本书列入"十三五"国家重点图书出版规划

科学元典丛书

The Series of the Great Classics in Science

主　　编　　任定成

执行主编　　周雁翎

策　　划　　周雁翎

丛书主持　　陈　静

科学元典是科学史和人类文明史上划时代的丰碑，是人类文化的优秀遗产，是历经时间考验的不朽之作。它们不仅是伟大的科学创造的结晶，而且是科学精神、科学思想和科学方法的载体，具有永恒的意义和价值。

科学元典丛书

惠更斯光论

（附《惠更斯评传》）

Treatise on Light

［荷兰］惠更斯 著　蔡勖 译

北京大学出版社
PEKING UNIVERSITY PRESS

图书在版编目(CIP)数据

惠更斯光论：附《惠更斯评传》/（荷兰）惠更斯著；蔡勖译. —2版. —北京： 北京大学出版社，2012.4

（科学元典丛书）

ISBN 978-7-301-19718-9

Ⅰ.惠… Ⅱ.①惠…②蔡… Ⅲ.科学普及—光学 Ⅳ.043

中国版本图书馆 CIP 数据核字（2011）第 231616 号

TREATISE ON LIGHT

Translated into English by Sivanus P. Thompson

The University of Chicago Press, CHICAGO, ILLINOIS

1912

根据芝加哥大学出版社 1912 年首次出版的英文版译出

书　　　　名	惠更斯光论（附《惠更斯评传》）
	HUIGENGSI GUANGLUN
著作责任者	［荷兰］惠更斯　著　蔡　勖　译
丛 书 策 划	周雁翎
丛 书 主 持	陈　静
责 任 编 辑	陈　静
标 准 书 号	ISBN 978-7-301-19718-9
出 版 发 行	北京大学出版社
地　　　　址	北京市海淀区成府路 205 号　100871
网　　　　址	http://www.pup.cn　新浪微博：@北京大学出版社
微信公众号	科学与艺术之声（微信号：sartspku）
电 子 信 箱	zyl@ pup.pku.edu.cn
电　　　　话	邮购部 62752015　发行部 62750672　编辑部 62767857
印 刷 者	北京中科印刷有限公司
经 销 者	新华书店
	787 毫米×1092 毫米　16 开本　16.75 印张　8 插页　210 千字
	2007 年 10 月第 1 版
	2012 年 4 月第 2 版　2020 年 12 月第 5 次印刷
定　　　　价	48.00 元

未经许可，不得以任何方式复制或抄袭本书之部分或全部内容。

版权所有，侵权必究

举报电话：010-62752024　电子信箱：fd@pup.pku.edu.cn

图书如有印装质量问题，请与出版部联系，电话：010-62756370

弁　言

　　这套丛书中收入的著作,是自古希腊以来,主要是自文艺复兴时期现代科学诞生以来,经过足够长的历史检验的科学经典。为了区别于时下被广泛使用的"经典"一词,我们称之为"科学元典"。

　　我们这里所说的"经典",不同于歌迷们所说的"经典",也不同于表演艺术家们朗诵的"科学经典名篇"。受歌迷欢迎的流行歌曲属于"当代经典",实际上是时尚的东西,其含义与我们所说的代表传统的经典恰恰相反。表演艺术家们朗诵的"科学经典名篇"多是表现科学家们的情感和生活态度的散文,甚至反映科学家生活的话剧台词,它们可能脍炙人口,是否属于人文领域里的经典姑且不论,但基本上没有科学内容。并非著名科学大师的一切言论或者是广为流传的作品都是科学经典。

　　这里所谓的科学元典,是指科学经典中最基本、最重要的著作,是在人类智识史和人类文明史上划时代的丰碑,是理性精神的载体,具有永恒的价值。

一

　　科学元典或者是一场深刻的科学革命的丰碑,或者是一个严密的科学体系的构架,或者是一个生机勃勃的科学领域的基石,或者是一座传播科学文明的灯塔。它们既是昔日科学成就的创造性总结,又是未来科学探索的理性依托。

　　哥白尼的《天体运行论》是人类历史上最具革命性的震撼心灵的著作,它向统治西方思想千余年的地心说发出了挑战,动摇了"正统宗教"学说的天文学基础。伽利略《关于托勒密与哥白尼两大世界体系的对话》以确凿的证据进一步论证了哥白尼学说,更直接地动摇了教会所庇护的托勒密学说。哈维的《心血运动论》以对人类躯体和心灵的双重关怀,满怀真挚的宗教情感,阐述了血液循环理论,推翻了同样统治西方思想千余年、被"正统宗教"所庇护的盖伦学说。笛卡儿的《几何》不仅创立了为后来诞生的微积分提供了工具的解析几何,而且折射出影响万世的思想方法论。牛顿的《自然哲学之数学原理》标志着 17 世纪科学革命的顶点,为后来的工业革命奠定了科学基础。分别以惠更斯的《光论》与牛顿的《光学》为代表的波动说与微粒说之间展开了长达 200 余年的论战。拉瓦锡在《化学基础论》中详尽论述了氧化理论,推翻了统治化学百余年之久的燃素理论,这一智识壮举被公认为历史上最自觉的科学革命。道尔顿的《化学哲学新体系》奠定了物质结构理论的基础,开创了科学中的新时代,使 19 世纪的化学家们有计划地向未知领域前进。傅立叶的《热的解析理论》以其对热传导问题的精湛处理,突破了牛顿《原理》所规定的理论力学范围,开创了数学物理学的崭新领域。达尔文《物种起源》中的进化论思想不仅在生物学发展到分子水平的今天仍然是科学家们阐释的对象,而且 100 多年来几乎在科学、社会和人文的所有领域都在施展它有形和无形的影响。摩尔根的《基因论》揭示了孟德尔式遗传性状传递机理的物质基础,把生命科学推进到基因水平。爱因斯坦的《狭义与广义相对论浅说》和薛定谔的《关于波动力学的四次演讲》分别阐述了物质世界在高速和微观领域的运动规律,完全改变了自牛顿以来的世界观。魏格纳的《海陆的起源》提出了大陆漂移的猜想,为当代地球科学提供了新的发展基点。维纳的《控制论》揭示了控制系统的反馈过程,普里戈金的《从存在到演化》发现了系统可能从原来无序向新的有序态转化的机制,二者的思想在今天的影响已经远远超越了自然科学领域,影响到经济学、社会学、政治学等领域。

　　科学元典的永恒魅力令后人特别是后来的思想家为之倾倒。欧几里得的《几何原本》以手抄本形式流传了 1800 余年,又以印刷本用各种文字出了 1000 版以上。阿基米德写了大量的科学著作,达·芬奇把他当作偶像崇拜,热切搜求他的手稿。伽利略以他的继承人自居。莱布尼兹则说，了解他的人对后代杰出人物的成就就不会那么赞赏了。为捍卫《天体运行论》中的学说，布鲁诺被教会处以火刑。伽利略因为其《关于托勒密与哥白尼两大世界体系的对话》一书，遭教会的终身监禁，备受折磨。伽利略说吉尔伯特的《论磁》一书伟大得令人嫉妒。拉普拉斯说，牛顿的《自然哲学之数学原理》揭示了宇宙的最伟大定律，它将永远成为深邃智慧的纪念碑。拉瓦锡在他的《化学基础论》出版后 5 年被法国革命法庭处死，传说拉格朗日悲愤地说，砍掉这颗头颅只要一瞬间，再长出这样的头颅一百年也不够。《化学哲学新体系》的作者道尔顿应邀访法，当他走进法国科学院会议厅时，院长和全体院士起立致敬，得到拿破仑未曾享有的殊荣。傅立叶在《热的解析理论》中阐述的强有力的数学工具深深影响了整个现代物理学，推动数学分析的发展达一个多世纪，麦克斯韦称赞该书是"一首美妙的诗"。当人们咒骂《物种起源》是"魔鬼的经典""禽兽的哲学"的时候，赫胥黎甘做"达尔文的斗犬"，挺身捍卫进化论，撰写了《进化论与伦理学》和《人类在自然界的位置》，阐发达尔文的学说。经过严复的译述，赫胥黎的著作成为维新领袖、辛亥精英、"五四"斗士改造中国的思想武器。爱因斯坦说法拉第在《电学实验研究》中论证的磁场和电场的思想是自牛顿以来物理学基础所经历的最深刻变化。

在科学元典里，有讲述不完的传奇故事，有颠覆思想的心智波涛，有激动人心的理性思考，有万世不竭的精神甘泉。

二

按照科学计量学先驱普赖斯等人的研究，现代科学文献在多数时间里呈指数增长趋势。现代科学界，相当多的科学文献发表之后，并没有任何人引用。就是一时被引用过的科学文献，很多没过多久就被新的文献所淹没了。科学注重的是创造出新的实在知识。从这个意义上说，科学是向前看的。但是，我们也可以看到，这么多文献被淹没，也表明划时代的科学文献数量是很少的。大多数科学元典不被现代科学文献所引用，那是因为其中的知识早已成为科学中无须证明的常识了。即使这样，科学经典也会因为其中思想的恒久意义，而像人文领域里的经典一样，具有永恒的阅读价值。于是，科学经典就被一编再编、一印再印。

早期诺贝尔奖得主奥斯特瓦尔德编的物理学和化学经典丛书"精密自然科学经典"从 1889 年开始出版，后来以"奥斯特瓦尔德经典著作"为名一直在编辑出版，有资料说目前已经出版了 250 余卷。祖德霍夫编辑的"医学经典"丛书从 1910 年就开始陆续出版了。也是这一年，蒸馏器俱乐部编辑出版了 20 卷"蒸馏器俱乐部再版本"丛书，丛书中全是化学经典，这个版本甚至被化学家在 20 世纪的科学刊物上发表的论文所引用。一般把 1789 年拉瓦锡的化学革命当作现代化学诞生的标志,把 1914 年爆发的第一次世界大战称为化学家之战。奈特把反映这个时期化学的重大进展的文章编成一卷,把这个时期的其他 9 部总结性化学著作各编为一卷,辑为 10 卷"1789—1914 年的化学发展"丛书,于 1998 年出版。像这样的某一科学领域的经典丛书还有很多很多。

科学领域里的经典,与人文领域里的经典一样,是经得起反复咀嚼的。两个领域里的经典一起,就可以勾勒出人类智识的发展轨迹。正因为如此,在发达国家出版的很多经典丛书中,就包含了这两个领域的重要著作。1924 年起,沃尔科特开始主编一套包括人文与科学两个领域的原始文献丛书。这个计划先后得到了美国哲学协会、美国科学促进会、美国科学史学会、美国人类学协会、美国数学协会、美国数学学会以及美国天文学学会的支持。1925 年,这套丛书中的《天文学原始文献》和《数学原始文献》出版,这两本书出版后的 25 年内市场情况一直很好。1950 年,他把这套丛书中的科学经典部分发展成为"科学史原始文献"丛书出版。其中有《希腊科学原始文献》《中世纪科学原始文献》和《20 世纪(1900—1950 年)科学原始文献》,文艺复兴至 19 世纪则按科学学科(天文学、数学、物理学、地质学、动物生物学以及化学诸卷)编辑出版。约翰逊、米利肯和威瑟斯庞三人主编的"大师杰作丛书"中,包括了小尼德勒编的 3 卷"科学大师杰作",后者于 1947 年初版,后来多次重印。

在综合性的经典丛书中,影响最为广泛的当推哈钦斯和艾德勒 1943 年开始主持编译的"西方世界伟大著作丛书"。这套书耗资 200 万美元,于 1952 年完成。丛书根据独创性、文献价值、历史地位和现存意义等标准,选择出 74 位西方历史文化巨人的 443 部作品,加上丛书导言和综合索引,辑为 54 卷,篇幅 2 500 万单词,共 32 000 页。丛书中收入不少科学著作。购买丛书的不仅有"大款"和学者,而且还有屠夫、面包师和烛台匠。迄 1965 年,丛书已重印 30 次左右,此后还多次重印,任何国家稍微像样的大学图书馆都将其列入必藏图书之列。这套丛书是 20 世纪上半叶在美国大学兴起而后扩展到全社会的经典著作研读运动的产物。这个时期,美国一些大学的寓所、校园和酒吧里都能听到学生讨论古典佳作的声音。有的大学要求学生必须深研 100 多部名著,甚至在教学中不得使用最新的实验设备而是借助历史上的科学大师所使用的方法和仪器复制品去再现划时代的著名实验。至 20 世纪 40 年代末,美国举办古典名著学习班的城市达 300 个,学员约 50 000 余众。

相比之下,国人眼中的经典,往往多指人文而少有科学。一部公元前 300 年左右古希腊人写就的《几何原本》,从 1592 年到 1605 年的 13 年间先后 3 次汉译而未果,经 17 世纪初和 19 世纪 50 年代的两次努力才分别译刊出全书来。近几百年来移译的西学典籍中,成系统者甚多,但皆系人文领域。汉译科学著作,多为应景之需,所见典籍寥若晨星。借 20 世纪 70 年代末举国欢庆"科学春天"到来之良机,有好尚者发出组译出版"自然科学世界名著丛书"的呼声,但最终结果却是好尚者抱憾而终。20世纪90年代初出版的"科学名著文库",虽使科学元典的汉译初见系统,但以10卷之小的容量投放于偌大的中国读书界,与具有悠久文化传统的泱泱大国实不相称。

我们不得不问:一个民族只重视人文经典而忽视科学经典,何以自立于当代世界民族之林呢?

三

科学元典是科学进一步发展的灯塔和坐标。它们标识的重大突破,往往导致的是常规科学的快速发展。在常规科学时期,人们发现的多数现象和提出的多数理论,都要用科学元典中的思想来解释。而在常规科学中发现的旧范型中看似不能得到解释的现象,其重要性往往也要通过与科学元典中的思想的比较显示出来。

在常规科学时期,不仅有专注于狭窄领域常规研究的科学家,也有一些从事着常规研究但又关注着科学基础、科学思想以及科学划时代变化的科学家。随着科学发展中发现的新现象,这些科学家的头脑里自然而然地就会浮现历史上相应的划时代成就。他们会对科学元典中的相应思想,重新加以诠释,以期从中得出对新现象的说明,并有可能产生新的理念。百余年来,达尔文在《物种起源》中提出的思想,被不同的人解读出不同的信息。古脊椎动物学、古人类学、进化生物学、遗传学、动物行为学、社会生物学等领域的几乎所有重大发现,都要拿出来与《物种起源》中的思想进行比较和说明。玻尔在揭示氢原子光谱的结构时,提出的原子结构就类似于哥白尼等人的太阳系模型。现代量子力学揭示的微观物质的波粒二象性,就是对光的波粒二象性的拓展,而爱因斯坦揭示的光的波粒二象性就是在光的波动说和粒子说的基础上,针对光电效应,提出的全新理论。而正是与光的波动说和粒子说二者的困难的比较,我们才可以看出光的波粒二象性说的意义。可以说,科学元典是时读时新的。

除了具体的科学思想之外,科学元典还以其方法学上的创造性而彪炳史册。这些方法学思想,永远值得后人学习和研究。当代研究人的创造性的诸多前沿领域,如认知心理学、科学哲学、人工智能、认知科学等,都涉及对科学大师的研究方法的研究。一些科学史学家以科学元典为基点,把触角延伸到科学家的信件、实验室记录、所属机构的档案等原始材料中去,揭示出许多新的历史现象。近二十多年兴起的机器发现,首先就是对科学史学家提供的材料,编制程序,在机器中重新做出历史上的伟大发现。借助于人工智能手段,人们已经在机器上重新发现了波义耳定律、开普勒行星运动第三定律,提出了燃素理论。萨伽德甚至用机器研究科学理论的竞争与接受,系统研究了拉瓦锡氧化理论、达尔文进化学说、魏格纳大陆漂移说、哥白尼日心说、牛顿力学、爱因斯坦相对论、量子论以及心理学中的行为主义和认知主义形成的革命过程和接受过程。

除了这些对于科学元典标识的重大科学成就中的创造力的研究之外，人们还曾经大规模地把这些成就的创造过程运用于基础教育之中。美国兴起的发现法教学，就是几十年前在这方面的尝试。近二十多年来，兴起了基础教育改革的全球浪潮，其目标就是提高学生的科学素养，改变片面灌输科学知识的状况。其中的一个重要举措，就是在教学中加强科学探究过程的理解和训练。因为，单就科学本身而言，它不仅外化为工艺、流程、技术及其产物等器物形态、直接表现为概念、定律和理论等知识形态，更深蕴于其特有的思想、观念和方法等精神形态之中。没有人怀疑，我们通过阅读今天的教科书就可以方便地学到科学元典著作中的科学知识，而且由于科学的进步，我们从现代教科书上所学的知识甚至比经典著作中的更完善。但是，教科书所提供的只是结晶状态的凝固知识，而科学本是历史的、创造的、流动的，在这历史、创造和流动过程之中，一些东西蒸发了，另一些东西积淀了，只有科学思想、科学观念和科学方法保持着永恒的活力。

然而，遗憾的是，我们的基础教育课本和不少科普读物中讲的许多科学史故事都是误讹相传的东西。比如，把血液循环的发现归于哈维，指责道尔顿提出二元化合物的元素原子数最简比是当时的错误，讲伽利略在比萨斜塔上做过落体实验，宣称牛顿提出了牛顿定律的诸数学表达式，等等。好像科学史就像网络上传播的八卦那样简单和耸人听闻。为避免这样的误讹，我们不妨读一读科学元典，看看历史上的伟人当时到底是如何思考的。

现在，我们的大学正处在席卷全球的通识教育浪潮之中。就我的理解，通识教育固然要对理工农医专业的学生开设一些人文社会科学的导论性课程，要对人文社会科学专业的学生开设一些理工农医的导论性课程，但是，我们也可以考虑适当跳出专与博、文与理的关系的思考路数，对所有专业的学生开设一些真正通而识之的综合性课程，或者倡导这样的阅读活动、讨论活动、交流活动甚至跨学科的研究活动，发掘文化遗产、分享古典智慧、继承高雅传统，把经典与前沿、传统与现代、创造与继承、现实与永恒等事关全民素质、民族命运和世界使命的问题联合起来进行思索。

我们面对不朽的理性群碑，也就是面对永恒的科学灵魂。在这些灵魂面前，我们不是要顶礼膜拜，而是要认真研习解读，读出历史的价值，读出时代的精神，把握科学的灵魂。我们要不断吸取深蕴其中的科学精神、科学思想和科学方法，并使之成为推动我们前进的伟大精神力量。

任定成

2005 年 8 月 6 日

北京大学承泽园迪吉轩

惠更斯(Christiaan Huygens,1629—1695)

伽利略

笛卡儿

牛顿

牛顿（Isaac Newton，1643—1727）
从惠更斯的著作中得到不少启示，称其
为"德高望重的惠更斯"，"当代最伟大
的几何学家"。

莱布尼兹（Gottfried Wilhelm von
Leibniz, 1646—1716）称惠更斯取得了
与伽利略和笛卡儿同等的成就，在他
们取得的成就的帮助下，惠更斯又超
越了他们。

莱布尼兹

马赫（Ernst Mach, 1838—1916）说
惠更斯拥有和伽利略一样的不可超越
的崇高地位。

左图表现了惠更斯一生多方面的成就：土星环和土卫六（泰坦）的发现,光的波动学说中的惠更斯原理,发明摆钟等等。

光一直是哲学家和科学家们感兴趣的话题。早期的光学研究为几何光学,主要研究光的直线传播、反射、折射、镜面成像、透镜成像等问题,但不涉及光的本质。笛卡儿首先提出了关于光的本性的两种假说,一种认为光是类似于微粒的一种物质,另一种假说认为光是一种以"以太"为媒质的压力。

牛顿从1664年开始进行光学研究。当时,惠更斯已被认为是最顶尖的光学专家。1671年,当牛顿把自己制作的反射式望远镜带给皇家学会时,皇家学会为了确立优先权,首先写信向惠更斯报告此事。

1672年,牛顿发表了论文《关于光和颜色的理论》,提出了光的微粒说。

牛顿在剑桥大学时进行光学实验。

惠更斯在巴黎工作期间致力于光学研究。1678年,他在法国科学院的一次演讲中公开反对牛顿光的微粒说。在1690年出版的《光论》一书中正式提出光的波动说,建立了著名的惠更斯原理。

惠更斯原理指出,介质中任一波阵面上的各点,都是发射子波的新波源,其后任意时刻,这些子波的包络面就是新的波阵面。

惠更斯认为,光以球面波的形式连续传播。在烛光中的每一个小区域都能以该区域为中心产生其本身的球面波。

托里拆利（Evangelista Torricelli，1608—1647）

托里拆利实验

惠更斯指出，托里拆利的实验中，水银下落留下没有空气的玻璃管，仍能像有空气时那样传播光。这就证明了玻璃管内有一种不同于空气的物质，这种物质可以穿透玻璃和水银。惠更斯认为这种物质就是"以太"。

以太

在古希腊，"以太"指的是青天或上层大气。在宇宙学中，有时又用"以太"来表示占据天体空间的物质。

17世纪的笛卡儿最先将"以太"引入科学，并赋予它某种力学性质。在笛卡儿看来不存在任何超距作用，因此空间不可能是空无所有的，它被"以太"这种媒介物质所充满。"以太"虽然不能为人的感官所感知，却能传递力的作用。

由于光可以在真空中传播，因此惠更斯提出，荷载光波的媒介物质（"以太"）应该充满包括真空在内的全部空间。此后"以太"在物理学中的兴衰与光的波动说的兴衰密切相关。

19世纪末和20世纪初，在狭义相对论确立以后，"以太"被物理学家们所抛弃。人们接受了电磁场本身就是物质存在的一种形式，而场可以在真空中以波的形式传播。

惠更斯在解释空气中发生的折射效应时，用一个固定位置的望远镜观察远处的物体。这时发现物体的同一点在一天中的不同时期不总是出现在镜筒中固定的位置。通常当早晨和傍晚地面水汽较多时，由于折射使这些物体看起来要高一些。

巴黎塞纳河岸。惠更斯长期旅居巴黎，或许他曾经用望远镜观察过河对岸建筑的屋顶。

在惠更斯原理的基础上，惠更斯推导出了光的反射和折射定律，圆满解释了光速在光密介质中减小的原因，同时还解释了光进入冰洲石所产生的双折射现象，认为这是由于冰洲石分子微粒为椭圆形所致。

冰洲石的双折射效应

天然水晶晶簇

冰洲石的奇异折射现象是本书重点论述的一个部分。冰洲石是一种纯净透明的方解石。由于光线的双折射作用，透过冰洲石所看到的物体都会出现重影。天然水晶也有类似的双折射作用，但远不如冰洲石明显。

　　在惠更斯和牛顿的论争中,惠更斯指出,如果光是微粒性的,那么光在交叉时就会因发生碰撞而改变方向,但当时并没有发现这种现象。而牛顿则指出,如果光是一种波,它应当同声波一样可以绕过障碍物,而不会产生影子。在上面这张图片中,光线没有能够像声波那样绕过障碍物,同时来自不同光源的光线交叉时也没有因为碰撞而改变方向。

　　牛顿的《光学》直到 1704 年才出版,此时牛顿已是无人能及的一代科学巨匠。而且,牛顿的光的微粒说与他所创立的质点力学体系是一致的。此时,在光的波动说方面,惠更斯与胡克都已相继离世,无人应战。因此,在这次论争中,牛顿的光的微粒说占了上风。

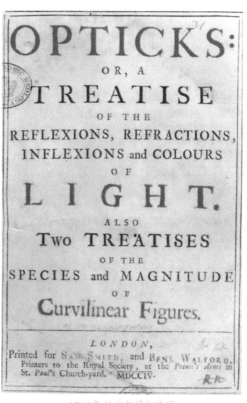

1704年版《光学》扉页

1801 年,托马斯·杨进行了著名的杨氏双缝干涉实验。实验中白屏上出现了明暗相间的黑白条纹,从而证明了光是一种波。1817 年,托马斯·杨又指出光是一种横波,建立了一种新的波动理论。之后,夫琅禾费(Joseph von Fraunhofer, 1787—1826)通过光栅研究了光的衍射现象。关于光的新的波动说开始牢固地建立起来,微粒说开始转入劣势。

托马斯·杨(Thomas Young,1773—1829)

1887 年,赫兹(Heinrich Rudolf Hertz, 1857—1894)发现了光电效应,光的微粒性再一次被证实。1905 年,爱因斯坦提出光量子假说,恢复了光的粒子性,使人们终于认清了光的波动性和粒子性的双重本质,而且在它的启发下,发现了德布罗意物质波,使人们认清了微观世界的波粒二象性,为后来量子力学的建立奠定了基础。

至此,关于光的本质的波动说和粒子说的论争终于以"光具有波粒二象性"的结论落下帷幕。

爱因斯坦(Albert Einstein,1879—1955)

目　录

导　读

蔡　勖

（华中师范大学物理科学与技术学院　教授）

· *Introduction to Chinese Version* ·

　　光是粒子还是波？17世纪以来，以惠更斯和牛顿为代表，发生了一场关于光的本性问题的旷日持久的争论。这场争论奠定了近代物理学的基础。

2004 年 4 月,在惠更斯的家乡荷兰海牙附近的航天城,欧洲航天技术研究中心召开纪念惠更斯诞生 375 周年的"泰坦—从发现到相遇"国际会议,研究当年到达土卫六(泰坦)的"惠更斯"号探测器价值非凡的发现。这是惠更斯 1655 年用光学望远镜发现土卫六最具深远意义的贡献。

2004 年 4 月 13 至 17 日,在克里斯蒂安·惠更斯的家乡荷兰海牙附近的航天城(诺德魏克),召开了一次非同寻常的国际会议。诺德魏克是欧洲航天技术研究中心(ES-TEC),即欧洲航天局的航天器和航天技术研发和测试基地。ESTEC 举办的这次国际会议被命名为"泰坦(Titan)—从发现到相遇",以纪念惠更斯(1629—1695)诞生 375 周年。惠更斯一生从事科学研究,其中最重要的贡献之一是在光学领域。他改进了望远镜,并于 1655 年用新望远镜发现了土卫六,从此闻名于世。泰坦是惠更斯当时给土卫六所取的名字。

2004 年对于生活在地球上的人类来讲,是人类太空探索中具有的里程碑意义的一年。经过长达 7 年跨越 35 亿千米的遥远太空飞行后,由美国国家航空航天局、欧洲航天局和意大利航天局合作建造的行星探测器"卡西尼-惠更斯(Cassini-Huygens)"号进入了土星轨道。"卡西尼-惠更斯"号土星探测器是人类迄今发射的规模最大、复杂程度最高的行星探测器。"卡西尼"号探测器以意大利出生的法国天文学家、土星光环环缝的发现者卡西尼的名字命名,其任务是环绕土星飞行。"惠更斯"号探测器是"卡西尼"号飞船携带的子探测器,它以荷兰物理学家、天文学家、数学家、土卫六的发现者惠更斯的名字命名,其任务是深入土星最大的卫星土卫六的大气层,对土卫六进行实地考察。

环绕着美丽的光环和数十颗卫星的土星是一个迷人的世界。在 2006 年 8 月 24 日国际天文学联合会大会表决的 5 号决议确定的金星、土星、木星、水星、地球、火星、天王星、海王星等八大经典行星中,土星略小于木星,形成于 40 亿年以前,主要由气体组成。它是目前所知密度唯一小于水的行星。土星有强大的磁场和狂风肆虐的大气层。在环绕土星运行的 47 颗卫星中间,土卫六是最大的一颗,也是太阳系中的第二大卫星。土卫六比水星和月球都大,是太阳系中唯一拥有浓厚大气层的卫星。土星一向以美丽而壮观的光环而闻名,尽管它不是太阳系中唯一拥有光环的行星,但唯有土星的光环能在地球上用小型望远镜观测。土星的周围有数百条光环,可能是彗星、小行星或卫星在接近土星时被撕碎的碎片。光环由数以亿计小如灰尘大如磐石的冰块和石块组成,各自以不同的速度环绕土星运行。这些光环如此巨大,以至于它们几乎可以填满从地球到月球那样辽阔的空间。几个世纪以来,土星及其光环困惑着也吸引着观测它的地球上的人类。

"惠更斯"号于 1997 年 10 月 15 日,由"卡西尼"号飞船携带从美国肯尼迪航天中心发射升空。"卡西尼"号轨道器将环绕土星及其卫星运行 4 年之久,而"惠更斯"号探测器将会深入土卫六浓雾包围的大气层并在其表面着陆。"卡西尼-惠更斯"号已于 2004 年 7 月 1 日到达土星,已开始使用雷达测量土卫六表面地形的工作。"卡西尼"探测器在 2004 年

◀卡西尼-惠更斯号发射升空。

11 月 26 日飞跃到土卫六上方,拍摄了很多高分辨率的土卫六表面图像,展现了人眼从来没有见过的明暗斑块。"惠更斯"号于 2004 年 12 月 25 日同卡西尼号飞船分离,并于 2005 年 1 月 14 日进入土卫六大气层进行详细探测。欧洲航天局于 2005 年 1 月 14 日操控"惠更斯"号探测器,成功地登陆了土卫六。

欧洲航天局的科学家们对"惠更斯"号发回的价值非凡的数据处理后发现,土卫六的大气条件与 38 亿年前的地球大气相似,而且土卫六表面有甲烷河流、湖泊以及冰块存在的痕迹。这些说明,在遥远的未来,土卫六上很可能会出现生命。倘真如此,那才是惠更斯 1655 年用光学望远镜发现土卫六的深远意义!

一、惠更斯之前的时代:文艺复兴

惠更斯出生于 17 世纪初的荷兰海牙。他作为著名的物理学家、天文学家和数学家的出现,乃是一个伟大时代的产物,具有极其深刻的历史背景。在惠更斯之前的 14 世纪至 16 世纪,正是欧洲从中古代到近代的划时代的分界。

14 世纪至 16 世纪这个时期,被西方史学界称为古希腊和古罗马帝国文化艺术的复兴,即所谓的文艺复兴时期。文艺复兴发端于 14 世纪的意大利,以后扩展到欧洲各国,由此兴起的思想文化运动,引发了科学与艺术的革命,于 16 世纪达到鼎盛。

14 世纪起,随着手工业和商品经济的发展,资本主义生产关系已在欧洲的封建制度内部逐渐形成。又随着在政治上民族意识的觉醒,封建割据引起普遍不满,欧洲各国民众表现了要求民族统一的强烈愿望。于是在文化艺术上,也开始出现了反映新兴资本主义势力利益的新需求。新兴资产阶级将希腊和罗马的古典文化抬举为光明发达的典范,而把中世纪文化叱责为倒退。他们口头上宣称复兴古典文化,其实是力图对知识和精神来一次空前的解放与创造。当时意大利城市林立,分裂成许多独立或半独立的国家,各国统治者耽于享乐,信奉新柏拉图主义,崇尚艺术家描绘的世俗生活,希望摆脱宗教禁欲主义的束缚。与此同时,罗马教廷走向腐败,教皇的享乐程度远胜于世俗统治者,客观上允许艺术偏离正统的宗教教条。而宗教激进主义,正力图摒弃正统宗教的经院哲学,开始歌颂自然的美和人的精神价值,酝酿了宗教改革的前奏。文艺复兴时期的艺术歌颂人体美。即使仍以宗教故事为题材的一些绘画和雕塑,也开始表现世俗人的场景,将神拉到了地上。人文主义者开始用研究古典文学的方法来研究圣经,将圣经翻译成本民族的语言,导致了宗教改革运动的兴起。人文主义歌颂世俗、蔑视天堂,标榜理性、取代神启,提倡个性、追逐自由,企求把"人"的思想、感情和智慧从神学的束缚中解放出来,坦承"人"是现世生活的创造者和享受者。

文艺复兴的另一个重要的直接原因是,1453 年,东罗马帝国首府君士坦丁堡被奥斯曼土耳其人攻陷,大批受到东方文化影响并保留古罗马帝国精神的人,逃往意大利,带来许多新思想和新艺术。在意大利,文艺复兴运动的第一个代表人物是但丁,其代表作为《神曲》。他的作品以地方方言,而不是采用作为中世纪欧洲正式文学语言的拉丁文进行创作,批判了中世纪宗教统治的腐败和愚蠢,揭露了违背自然压制人性的中世纪宗教统治。但丁的《神曲》、意大利民族文学的奠基者薄伽丘的《十日谈》、意大利政治家马基雅维利的《君主论》、法国文艺复兴民主派的代表拉伯雷的《巨人传》等，还有英国的代表人物托马斯·莫尔和莎士比亚。托马斯·莫尔是著名的人文主义思想家，是空想社会主义的奠基人，1516 年用拉丁文写成的《乌托邦》，成为空想社会主义的第一部作品。在西班牙，最杰出的代表人物是塞万提斯和维加。塞万提斯是现实主义作家、戏剧家和诗人，他的长篇讽刺小说《堂·吉诃德》最著名。维加是西班牙民族戏剧的奠基人，被誉为"西班牙戏剧之父"，是世界上罕见的多产作家，最杰出的代表作是《羊泉村》。这些代表作品集中体现了人文主义思想：主张个性解放，反对中世纪的禁欲主义和宗教观；提倡科学文化，反对蒙昧主义；肯定人权，反对神权；拥护中央集权，反对封建割据。

由于东罗马帝国灭亡，整个中东及近东地区全部成了穆斯林的天下，因而欧洲人从此不能再向他们的前辈那样，利用君士坦丁堡的特殊地理位置，通过波斯湾前往中国、印度和香料群岛（即印度尼西亚的马鲁古群岛、班达群岛），也不能再直接通过这个位于博斯普鲁斯海峡的巨大港口来获得他们日益依赖，特别是需求量巨大的丝绸、香料等。欧洲人必须找到一条新的贸易路线。那时的欧洲人的地理知识的相当匮乏。他们对世界的认识，仍然建立在圣经的基础之上。他们所知道的世界并不比上千年前的古罗马人或古希腊人多。他们不知道美洲、大洋洲和南极洲。抢在最前面的可能是葡萄牙殖民者。1498 年，葡萄牙探险家达·伽马完成了绕道南非好望角进入了印度洋的航行。葡萄牙于1511 年，控制了沟通太平洋与印度洋的马六甲海峡，在班达群岛建立了香料贸易基地；于1512 年，霸占马鲁古群岛。对于葡萄牙来说，发现通往东方的新航路，既是东西交通史上的创举，又是其后 100 年辉煌的霸权之开端。之后，西班牙人和荷兰人接踵而来。经过激烈争夺，到 17 世纪时，马鲁古群岛落入荷兰的东印度公司手中。西班牙航海家哥伦布的航行，目的也是寻找通往东方新航路，寻找出产香料的东印度群岛。但他没有达到这个目的，1492 年 10 月 12 日却"发现"了新大陆。这一天后来被北美洲、南美洲和加勒比海地区的国家确定为发现美洲的纪念日。为西班牙政府效力探险的葡萄牙人麦哲伦于1519—1521 年率领船队，进行了首次环球旅行。

需要指出的是，以上那些所谓"地理大发现"，只是欧洲人当时的眼光，而不是人类历史上真正的第一次发现。历经 14 年的潜心研究，英国皇家海军退役军官孟席斯于 2002年 11 月出版 578 页的专著《1421 年：中国发现了世界》。他于 2003 年在英国伦敦皇家地理学会上做出了"中国明朝航海家郑和率领的舰队首次完成了环球航行"、"郑和是环球航行的第一伟人"的结论。1421 年，即明成祖永乐十九年，中国人发现美洲大陆，早于哥伦布 70 年；中国人发现澳洲，先于库克船长 350 年；中国人到达麦哲伦海峡，比麦哲伦的出生还早 60 年。

今天的许多历史学家认为，文艺复兴代表了理性思考和思想的巨大变化一个新时代，一个与中世纪"黑暗时代"彻底决裂的时代。正因为如此，在文艺复兴时期，欧洲的天文学、数学、物理学、生理学和医学才能取得了重大突破。波兰天文学家哥白尼 1543 年出版《天体运行论》，提出了与托勒密的地心说体系不同的日心说体系。意大利思想家布鲁诺在《论无限性、宇宙和诸世界》、《论原因、本原和统一》等书中宣称，宇宙在空间与时间上都是无限的，太阳只是太阳系而非宇宙的中心。意大利物理学家伽利略 1609 年发明了天文望远镜,1610 年出版了《星际使者》,1632 年出版了《关于托勒密和哥白尼两大世界体系的对话》。德国天文学家开普勒通过对其导师丹麦天文学家第谷的观测数据的研究,在 1609 年的《新天文学》和 1619 年的《世界的和谐》中提出了行星运动的三大定律,判定行星绕太阳运转是沿着椭圆形轨道不等速运动的。意大利人卡尔达诺在他的著作《大术》中发表了三次方程的求根公式;四次方程的解法由卡尔达诺的学生费拉里发现;邦贝利在他的著作中阐述了三次方程不可约的情形,并使用了虚数。法国数学家韦达确立了符号代数学,1591 年出版的《分析方法入门》第一次使用字母来表示未知数和已知数。韦达还建立了现代称谓的韦达定律,给出了二次和三次方程的根与系数的关系。德国数学家雷格蒙塔努斯的《论各种三角形》作为欧洲第一部独立于天文学的三角学著作,给出了三角函数表。哥白尼的学生雷蒂库库斯在重新定义三角函数的基础上,制作了更精密的三角函数表。伽利略通过多次实验发现了落体、抛物体和振摆三大定律。他的学生托里拆利经过实验证明了空气压力,发明了水银柱气压计。法国科学家帕斯卡尔发现液体和气体中压力的传播定律。英国科学家波义耳发现气体压力定律。比利时医生维萨留斯发表《人体结构》一书,对盖伦的"三位一体"学说提出挑战。西班牙医生塞尔维特发现血液的小循环系统,证明血液从右心室流向肺部,通过曲折路线到达左心室。英国解剖学家哈维通过大量的动物解剖实验,发表《心血运动论》等著作,系统阐释了血液运动的规律和心脏的工作原理,成为近代生理学的鼻祖。

古时候,建筑堰渠、宫殿和寺庙的人们,其实已掌握一些今天被称为物理学的知识。然而工艺技术的应用,并不是有意识的物理学。即使像古埃及、古希腊已发展出并应用了某些较高程度的数学,例如阿基米德的静力学,用现代标准差不多可以称作物理学,但古人并没有建立起相应的科学学说。科学和技术密切相关,它们是人类认识自然和改造自然的统一过程。科学是关于自然规律性的知识体系,是人类对自然的理解和认识。技术是关于工具、设备、经验和工艺的应用体系,是人类为特定的生产目而采用的各种手段的总称。近代以前,科学和技术的水平都很低,科学不能直接地影响生产,而生产也没有迫切地需要科学成果。当时的技术直接来源于工匠们在长期生产实践中积累起来的经验和手艺。回顾一下 14 世纪到 16 世纪历史,尽管从中找不出多少按现代意义称做科学的东西,却也能感受到真正重大的科学精神和科学方法的进步。这是由惠更斯之前的科学大师伽利略,在认识到实验观测与数学模型相结合才取得的。

到伽利略之后,由于技术不断地趋向复杂、精密和综合,又由于新工具和新设备的使用,人类拓宽了前所未有的眼界,揭示出了前所未有的宏观世界和微观世界的奥秘。随之而来的,则是以惠更斯、牛顿为代表的经典物理学家们,在自然界探索上的前所未有的追求,以及对自然界认识上的前所未有的飞跃。

二、处于大师们之间的惠更斯

历史上第一次成功举行的资产阶级革命是 16 世纪荷兰的尼德兰革命。这场革命导致了荷兰共和国的独立,对当时普遍还处于封建专制制度统治下的欧洲,具有重要的历史意义。荷兰人通过英勇顽强的斗争获得胜利,使他们认识到自身的能力与价值,因此,荷兰许多思想家和艺术家越来越关心,如何表现人的自尊心和自信心,如何反映人的现实生活和情感愿望。到 17 世纪前期,荷兰不仅经济繁荣、文化昌盛,而且有较为广泛的言论自由与信仰自由,致使其他国家受迫害的异教徒纷纷逃到荷兰避难,许多学者到荷兰著书立说。至 1645 年,荷兰已建有 6 所著名的大学,包括惠更斯求学的莱顿大学。惠更斯在莱顿大学时的数学教授休顿(1615—1660)是一位重要的数学家,微积分的发明者牛顿就因阅读他的著作而受其影响。在荷兰还出现了最早的定期学术刊物,更促进了科学和技术的迅速发展。在这样一种全新的文化和科学气氛中,产生了许多杰出的思想家、艺术家和科学家。

　　惠更斯恰好是在这样的时代背景下,于 1629 年出生在荷兰的海牙。与他同时代而且只有若干英里的范围内,就生活着笛卡儿(René Descartes,1596—1650)、斯宾诺莎(Baruch Spinoza,1632—1677)、伦勃朗(Rembrandt,1606—1669)、哈尔斯(Frans Hals,约 1580—1666)这样的大师。他们与惠更斯本人和他的父亲康斯坦丁·惠更斯都有过交往。因为惠更斯家族的门第优越,惠更斯从他高贵父亲的这些朋友们那里得到教诲。

　　笛卡儿虽然于 1596 年出生在法国一个地位较低的贵族家庭,但他一生却大部分时间在荷兰度过。他 22 岁时在荷兰入伍,并于 1628 年定居荷兰,在那里住了二十多年。在此期间,笛卡儿专心致力于哲学研究,逐渐形成自己的思想。他的《方法论》、《形而上学的沉思》、《哲学原理》等重要著作在巴黎和罗马被列入禁书,却能在荷兰发表。笛卡儿的智慧在哲学、逻辑和数学中给人类留下了永恒的成果。笛卡儿对数学最重要的贡献,是将当时完全分开的代数和几何学联系起来,创立了解析几何。他的成就为牛顿和莱布尼兹创造微积分提供了坚实的基础,而微积分则是现代科学技术的基石。笛卡儿首次论证了折射定律,强调了惯性运动的直线性,发现了动量守恒原理,发展了宇宙演化论和旋涡说,对惠更斯和以后的自然科学家产生了深远的影响。在莱顿时,笛卡儿就是惠更斯和他父亲的朋友和常客。笛卡儿 55 岁时病逝于肺病。

　　斯宾诺莎 1632 年出生于荷兰阿姆斯特丹的一个犹太商人家庭。24 岁那年,因为斯宾诺莎公开质疑《圣经》,被认为发布异端学说,阿姆斯特丹的犹太人公会永久性地革除了他的教籍。随后,富庶的斯宾诺莎家族也因此宣布剥夺了斯宾诺莎的继承权,他被迫搬到莱顿附近的莱茵斯堡。这样的遭遇使斯宾诺莎反而可以潜心思考哲学问题,在莱茵斯堡期间,他用近 15 年的时间,完成了他的《伦理学》和《神学政治论》、《政治论》等代表性的著作,使他在欧洲声名远扬。惠更斯、波义耳等都与他有交往和哲学通信。1670 年,他搬到了海牙,以磨制光学镜片维持生计,从事光学研究,同时继续他的《伦理学》写作。和笛卡儿一样,斯宾诺莎 45 岁就因肺病过早地离开了人世。

　　斯宾诺莎是第一个对《圣经》进行历史性批判的人物,从许多方面来看,他都称得上是笛卡儿的学生。笛卡儿在荷兰居住了近 20 年,并在那里发表了自己的大部分著作,因此在荷兰具有广泛的影响。年轻的斯宾诺莎仔细研究了笛卡儿的理论,结合自己的心得重新建立了自己的思想体系。斯宾诺莎与笛卡儿的观点的最大区别就是对上帝的态度截然相反。对笛卡儿而言,上帝的存在是显而易见的事实;而在斯宾诺莎那里,上帝被整个自然所取代。这就是斯宾诺莎著名的自然神论,又叫泛神论。斯宾诺莎认为,神已经不会自身创造超自然的奇迹,而是只能遵从自然规律,像数学推理论证一样发生演变。所以一切结果都是必然的,世界没有偶然性。

斯宾诺莎的哲学体系对 17 世纪科学运动的意义,在于其决定论的解释,为此后的科学一体化提供了蓝图。斯宾诺莎对后来的哲学家,如谢林、费尔巴哈、马克思等都有过重大影响。

在那期间,惠更斯也和斯宾诺莎一样,学习磨制光学镜片。他制作的望远镜在留存下来那个时代的望远镜中属于上乘。惠更斯用其中一具望远镜发现了土卫六,认定以前所知道的土卫六的臂是环。在 1655 年写的论文中,把这个发现藏在一句话的字谜中:"它被一个无处接触并偏向黄道的薄扁环包围着。"

17 世纪的荷兰,影响惠更斯的人物,除了像斯宾诺莎、笛卡儿这样的思想家外,还有伦勃朗、哈尔斯和维尔米那样声名卓著的艺术大师。

伦勃朗 1606 年诞生在莱登城的一个面粉厂主之家。他正好生活在荷兰为首的尼德兰北方七省宣布脱离西班牙独立,开始荷兰资本主义迅速发展的新时期。伦勃朗在荷兰甚至全欧绘画史上所占的地位,与意大利文艺复兴的巨匠不相上下。他所代表的是北欧的民族性与民族天才。造成伦勃朗的伟大的面目的,是表现他特殊心魂的一种特殊技术:光暗。伦勃朗的成名作《蒂尔普教授的解剖课》。卢浮宫中收藏有两幅被认为代表作的画《木匠家庭》和《以马忤斯的晚餐》,可以用来了解伦勃朗"光暗"的真谛。

哈尔斯嗜酒如命,却是 17 世纪荷兰画派首屈一指的肖像大师。他于 1583 年出生在一个毛纺工人家庭,幼年时随父迁居荷兰时,荷兰已摆脱西班牙统治而独立,成立了世界上第一个资产阶级共和国。他曾参加过反对西班牙统治的独立战争,战争造就了倔强孤傲、好酒恃才的性格。哈尔斯终身都生活在社会下层,最具代表性的肖像杰作是 1628—1630 年作的《吉卜赛女郎》。同伦勃朗一样,天才的画家哈尔斯晚年也过着穷困而悲惨的生活,靠慈善机关的救济金为生。1666 年,在伦勃朗去世两年之后,他也在贫病交加中辞世。

17 世纪的欧洲,与哲学领域和艺术领域的大变革一样,科学领域接连地经历了两个最重大的历史变革:伽利略时代与牛顿时代。历史似乎有意呈现某种偶然性和象征性,在伽利略逝世的当年,牛顿诞生。伽利略于 1564 年 2 月 15 日出生在意大利的比萨,于 1642 年 1 月 8 日逝世;而牛顿于 1642 年 12 月 25 日出生在英格兰林肯郡,于 1727 年 3 月 20 日逝世。惠更斯(1629—1695)不仅正好成为伽利略时代与牛顿时代之间的桥梁和传承者,而且跟伽利略和牛顿一样,成为了整个科学进程中最伟大的物理学大师之一。只是由于他恰好生存在这两个巨人之间,加之他本人从未就教于大学,虽著作卷帙浩繁却难以找寻,才使他似乎成为了一个过渡型人物。

伟大的物理学家和天文学家伽利略是近代实验科学的奠基者与科学革命的先驱。他工作中体现出的"实验—模型"思维方法,成为科学研究的基石。他最早使用望远镜观测天体,支持了哥白尼的日心说。1633 年,伽利略被押到罗马宗教法庭受审,被逼得表示同哥白尼假说决裂。他还被判了宣传异端之罪,并被拘留在佛罗伦萨附近一所村舍里度过他一生中的最后九年。他的著作也被列为禁书。伽利略的重要著作《关于两门新科学的对话》于 1638 年在荷兰出版。

伽利略晚年曾为在航海中确定经度这个重要问题而努力。这个问题归结起来就是要制造能以足够的精密度计时的钟。为此他与惠更斯的父亲康斯坦丁·惠更斯通信。康斯坦丁虽是一位富人、著名诗人和重要文官,当时担任着大使和国家顾问,他却非常同情这位半囚禁的老学者。他遵循着家庭传统,因为他的父亲也是以多种方式把意大利文艺复兴的光荣继承下来,并传播到北欧去的那个繁荣富有的荷兰社会中的一名显要人物。然而康斯坦丁想不到他的五个孩子中的一个,克里斯蒂安·惠更斯,后来成为世界上第一个实际解决时钟问题的人。

1655 年,惠更斯 26 岁,他已结束在莱顿大学的学业,同时还在那里读了一些法律课,由于父亲差遣,去了巴黎。他父亲在文化界的关系帮助了他,使他开始以一些数学论文和土星观测闻名。于是他毫无困难地遇见了一些重要的法国科学家,并知道了帕斯卡(Blaise Pascal,1623—1662)和其他数学家的工作。他从法国回到海牙后,进一步改进他的望远镜和土星观测。1650 到 1666 年是惠更斯一生中最出成果的时期。他改进摆构造,发明一种方法,所得振荡周期与振幅完全无关,而在寻常的摆中,这种无关性是近似的,而且限于小振幅。这项研究的理论意义大于实际重要性,由此产生出的优美而深刻的数学,对后来的工作影响很大。1652 到 1656 年间最重要的事情是,惠更斯利用相对性研究了碰撞律,并确立了动量守恒。他研究了离心力(1659),获得了圆周运动的离心力值。光学、钟、摆、时间测定是惠更斯毕生主要的研究兴趣所在。特别是在航海的实际应用方面,他解释了纬度对摆周期的影响。

1660 年,惠更斯回到巴黎进行第二次访问。这次他会见了帕斯卡,并被介绍给国王路易十四。这时他已成名,他的英国同事们请他在 1661 年去伦敦访问。回海牙后,他就他在国外旅行期间获得的有关各种主题例如钟、声学和真空性质的一些线索作了进一步的精心研究。

1664 年,他再到巴黎。法国财政大臣柯尔培尔对惠更斯的工作表示出很大的兴趣,慷慨地给予资助。两年后成立皇家科学院时,给了他一大笔年金、一处私人公寓和一个实验室。在科学院赞助下,他在巴黎接着完成了许多已开展的工作。他证明了几个重要的力学定理,特别是他把力学从质点发展到刚体。他专门考察了由具有固定轴的任意形状的物体构成的摆,从而获得我们现在称为转动惯量的概念。

惠更斯在巴黎参加炫耀的社会生活并未妨碍他完成大量的研究工作。他的文集和书信竟有 22 卷之多。1672 年前,他一直在做冰洲石(方解石)双折射实验,这一现象是 1669 年丹麦科学家巴索林(1625—1698)发现的。惠更斯所表述的光的波动理论,这是他最主要的成就之一,解释了反射律和折射律。基本概念是:波面的每一点变成一个新波的中心,光只在所有这些子波的包络上呈现出来。惠更斯的理论是可靠的,但是它缺少关于干涉和相位关系的清晰概念。他还认为振动与声音相似,是纵向的。通过类比和直觉,他得到一个基本结果,这个结果的确很难证明,但是一旦被接受,就对很奥妙的现象提供了一把钥匙。他在 1677 年用它成功地解释了双折射。他在 1677 年 8 月 6 日写的手稿中画了一幅图来解释双折射的秘密,并作了一个希腊文"我找到了"的标记,令人想起阿基米德因发现浮力而震惊地从浴盆中跳出来的故事。牛顿在 1672 年写过重要的光学论文,惠更斯温和地批评了它们。这已经足以促使牛顿产生一阵特有的情感震动。他们所讨论的问题涉及光的本性是微粒还是波动,现在已众所周知了。

惠更斯年轻时身体很好,但 40 岁后他生了几次重病。1670 年病了几个月,1676 年起几乎病了两年,1681 年又一次生病。除了每次生病他要回到海牙治疗,大多数时间就住在巴黎,甚至在法国与荷兰交战时也是如此。1683 年柯尔培尔去世,引起法国政局的变动,并于 1685 年废除了曾给予新教徒一定程度宽容的南特法令。由于国王实行镇压政策,使许多优秀人才离开法国到新教国家避难。这就是为什么德国许多诗人、思想家和数学家具有法国姓氏的原因。惠更斯离开巴黎回到他的祖国,在那里编书。其中《光论》出版于 1690 年,另一著作在他逝世后才出版。这些书在一定意义上可与牛顿的《光学》媲美。

惠更斯是微积分建立的先驱者之一,他在这一领域是为牛顿做了准备的人。他对于利用笛卡儿旋涡概念的重力起源理论也有些想法。这些想法虽然并不正确,但却是与超距作用不同的传播观念的最初探索。

惠更斯在数学领域里,擅长于运用复杂的阿基米德方法。在这方面,他比伽利略高出许多。他所解决的一些问题,例如等时降落轨迹问题或圆滚线的渐屈线特性问题,都远远不是伽利略所能解决的。遗憾的是,他直到垂暮之年才具有时代精神,这使他一直没有去使用起源于那个时代并使数学发生革命性变化的那些符号和概念。

惠更斯代表了荷兰科学传统中的一个高点。这个国家的科学纪录,从研究的连续性和高层次,从学者之多和国土之小来考虑,真是不寻常。这大约缘于本节开始提到的 16 世纪荷兰的尼德兰革命。

三、惠更斯的重要科学贡献

惠更斯对近代自然科学的许多领域都有重要贡献,以下列举若干方面:

1. 关于光的波动说的惠更斯原理

光是最重要的一种自然现象,与人类的生活密切相关。在古代和中世纪的漫长岁月里,不论在东方还是在西方,光始终是人们十分关注的问题。17 世纪起,以惠更斯和牛顿为代表,发生了一场关于光的本性问题的争论,奠定了近代物理学的基础。

1678 年,惠更斯在法国科学院的一次演讲中,公开反对了牛顿的光的微粒说。他指出,如果光是微粒性的,那么光在交叉时就会因发生碰撞而改变方向,但当时并没有发现这种现象;而且利用微粒说解释折射现象,得到的结果与实验相矛盾。此后,惠更斯于1690 年出版了他的《光论》一书,正式提出了光的波动说,建立了著名的惠更斯原理。在此原理基础上,他推导出了光的反射和折射定律,圆满地解释了光速在光密介质中减小的原因,解释了光进入冰洲石所产生的双折射现象。

惠更斯原理是近代光学中一个重要的基本理论,是对光学现象的一个近似的认识。以后,菲涅耳对惠更斯的光学理论作了补充和发展,创立了"惠更斯-菲涅耳原理",合理地解释了衍射现象,完成了光的波动说的全部理论。

2. 惠更斯对近代计时器的发明和进步的贡献

自有人类文明以来,关于时间的测量一直是人类面临的一大难题。古代的计时装置诸如日晷、沙漏等均不能在原理上保持精确。直到伽利略发现了摆的等时性,惠更斯将摆运用于计时器,人类才进入了新的计时时代。

当时,惠更斯的兴趣集中在对天体的观察上,在实验中,他深刻体会到了精确计时的重要性,因而便致力于精确计时器的研究。当年伽利略曾经证明了单摆运动与物体在光滑斜面上的下滑运动相似,运动的状态与位置有关。惠更斯进一步确证了单摆振动的等时性并把它用于计时器上,制成了世界上第一架计时摆钟。这架摆钟由大小、形状不同的一些齿轮组成,利用重锤作单摆的摆锤,由于摆锤可以调节,计时就比较准确。在他随后出版的《摆钟论》一书中,惠更斯详细地介绍了制作有摆自鸣钟的工艺,还分析了钟摆的摆动过程及特性,首次引进了"摆动中心"的概念。他指出,任一形状的物体在重力作用下绕一水平轴摆动时,可以将它的质量看成集中在悬挂点到重心之连线上的某一点,以将复杂形体的摆动简化为较简单的单摆运动来研究。

惠更斯在他的《摆钟论》中还给出了他关于所谓的"离心力"的基本命题。他提出:一个做圆周运动的物体具有飞离中心的倾向,它向中心施加的离心力与速度的平方成正比,与运动半径成反比。这也是他对有关的伽利略摆动学说的扩充。

在研制摆钟时,惠更斯还进一步研究了单摆运动,他制作了一个秒摆(周期为 2 秒的单摆),导出了单摆的运动公式。在精确地取摆长为 3.0565 英尺[①]时,他算出了重力加速度为 9.8 米/秒^2。这一数值与现在我们使用的数值是完全一致的。

后来,惠更斯和胡克还各自发现了螺旋式弹簧丝的振荡等时性,这为近代游丝怀表和手表的发明创造了条件。

3. 惠更斯对天文学的贡献

惠更斯在天文学方面有着很大的贡献。他把大量的精力放在了研制和改进光学仪器上。当惠更斯还在荷兰的时候,就曾和他的哥哥一起以前所未有的精度成功地设计和磨制出了望远镜的透镜,进而改良了开普勒的望远镜。惠更斯利用自己研制的望远镜进行了大量的天文观测。因此,他得到的报酬是解开了一个由来已久的天文学之谜。伽利略曾通过望远镜观察过土星,他发现了"土星有耳朵",后来又发现了土星的"耳朵"消失了。伽利略以后的科学家对此问题也进行过研究,但都未得要领。"土星怪现象"成为了天文学上的一个谜。当惠更斯将自己改良的望远镜对准这颗行星时,他发现了在土星的旁边有一个薄而平的圆环,而且它很倾向地球公转的轨道平面。伽利略发现的"土星耳朵"消失,是由于土星的环有时候看上去呈现线状。以后惠更斯又发现了土星的卫星——土卫六,并且还观测到了猎户座星云、火星极冠等。

4. 惠更斯对数学的贡献

惠更斯在数学上是出众的天才,早在 22 岁时就发表过关于计算圆周长、椭圆弧及双曲线的著作。他对各种平面曲线,如悬链线、曳物线、对数螺线等都进行过研究,还在概率论和微积分方面有所成就。1657 年发表的《论赌博中的计算》,就是一篇关于概率论的

---

① 1 英尺约合 0.3048 米。——编著

科学论文，显示了他在数学上的造诣。从 1651 年起，对于圆、二次曲线、复杂曲线、悬链线、概率问题等发表了一些论著，他还研究了浮体和求各种形状物体的重心等问题。

5. 惠更斯对力学的贡献

在力学方面的研究，惠更斯是以伽利略所创建的基础为出发点的。在《摆钟论》一书中还论述了关于碰撞的问题。大约在 1669 年，惠更斯就已经提出解决了碰撞问题的一个法则——"活力"守恒原理，它成为能量守恒的先驱。惠更斯继承了伽利略的单摆振动理论，并在此基础上进一步研究。他把几何学带进了力学领域，用令人钦佩的方法处理力学问题，得到了人们的充分肯定。

四、人类关于光的早期认识

人类对于客观世界的认识，首先依赖于人类身体的触觉、味觉、嗅觉、听觉和视觉等器官对客观世界的感知。借助触觉和味觉，只能感知与身体可以直接或者很近接触的东西。借助嗅觉和听觉，虽然可以感知稍远一些的事物，但距离也非常有限。人类获取关于外部世界的知识，特别是远距离的事物，主要来自视觉器官。我们用眼睛看到了物体的位置、大小、形状和颜色。可以说，人类感知到的外部世界的整个知识中，绝大多数来自于视觉器官。

现在我们都知道，视觉的感知，是靠光来实现的。但远古时期的人类，例如，古希腊人起初却天真地以为，眼睛看见东西是从眼睛发出某种触须去触及物体，有点类似用手去抚摸物体一样；又如，我们的汉语中也还存有"目光"、"视线"之类的用语。

当然，同时在我国古代和古希腊，也逐渐形成了到现在仍然正确的一些概念，诸如光是从某些物体发出或被某些物体反射，从而被我们的眼睛看见的。早在我国的夏、商时期，就有"洗"一类的照镜用具。到殷代，甲骨文中已出现了"光"字。差不多到公元前1000 年，我们的祖先就已知道利用烽火台的火光和浓烟来传递信息。人类文明史上最早对光学现象进行系统记载，可能是在我国战国时期（公元前 475—前 221 年）墨翟和他的弟子们所著的《墨经》中。《墨经》中论及影的定义与生成；光和影的关系；光的直线传播；光的反射现象；物体阴影大小与光源距离的关系；平面、凹面和凸面反射镜的成像等。这完全称得上二千多年前世界上最早的几何光学著作，比其后由希腊人欧几里得（Euclid，公元前 330—前 275 年）写出的光学著作早一百多年。可惜的是，《墨经》的文辞晦奥艰深，体例颠倒独特，造成世人研究上的极大困难，没能够普及并对光学的发展起到应有的历史作用。

大约公元前 6 世纪，泰勒斯（Thales）、毕达哥拉斯（Pythagoras）、赫拉克利特（Heraaclitus）、留基伯（Leucippus）和德谟克利特（Democritus）等开始一种新的理性探求，我们现在称之为"哲学"。这些古希腊的哲学家们大概都探讨过光的性质和光的传播。阿那克西曼德（Anaximander，生活于公元前 550 年前后）和阿那克西米尼（Anaximenes，生活于公元前 540 年前后）认为月亮因反射太阳的光线而发光。似乎是亚里士多德（生于公元前 384 年）首先对眼睛向物体发出视线的说法产生疑问。他还对感觉和感觉器官，特别是视觉和眼睛,做出了全面的分析,提出了一种一直影响到 17 世纪的光的理论。流传下来的欧几里得的《光学》和《反射光学》从定义出发,给出的反射定律可能是人类在光学领域中发现的第一个定量的定律。

希腊哲学总体上试图把一切有待理解的东西都归结为理性。然而,随着社会环境的恶化和理性精神的淡化,基督教、犹太教、还有来自东方的神学,致使中世纪变成为蒙昧主义的时代。几乎所有的原始宗教,特别是在各自创世的神话中都突出了"光"与世界共创生,以及象征世界秩序的特殊意义。光被认为是从黑暗之中喷薄而出一种原创的力量,即所谓"启蒙"和神秘信仰的标志。伴随着中世纪后期大学的出现,又受到阿拉伯世界传播过来的亚里士多德思想的影响,对"光"的理性认识才重新发生意味深长的变化。

担任过林肯郡主教的牛津大学首任校长格罗斯代特(Robert Grosseteste,约 1168—1253 年)写过一部《论光》(De luce),他把古代自然哲学、教父哲学的集大成者奥古斯丁(St. Augustinus,354—430 年)光照说以及当时的数学和光学知识,糅合成独特的"形而上光学"。他认为,上帝最初创造的形式就是光;光瞬时地充满整个世界,给一切有形的事物赋予外观;光按其本性,其扩展是无限的;光源之扩展形成了宇宙的边界;射向宇宙的光先收敛于太阳,依次生成九大天体,然后再产生出火、气、水和土,最后才是宇宙中心的地球。格罗斯代特指出,直观的东西未必可靠,它还需要观察实验的支持。格罗斯代特致力于沟通观察和理解,已初涉"物理学"的基本原则。格罗斯代特的学生罗吉尔·培根(Roger Bacon,1214—1294 年)是一位更具实验意识的开放学者。他讲的哲学就包括了透视学——光学,详尽叙述了光的折射和反射等光学性质。罗吉尔·培根首先提出了"实验科学"的概念,比他的老师走得更远,企图以实证科学的方法来改造经院哲学。13世纪后期,英国唯名论哲学家脱颖而出,邓斯·司各脱(Duns Scotus,约 1266—1308 年)认为,学科研究的研究对象必须预先存在,学科本身并不证明其研究对象的存在。这强烈暗示了理性与信仰的分道扬镳。

事实上,关于光的认识,真正实现向近代科学转变的,乃是达·芬奇(Leonardo da Vinci,1452—1519 年)、哥白尼(Nico-laus Copernicus,1473—1543 年)、伽利略(Galiei Galileo,1564—1642 年)、弗兰西斯·培根(Francis Bacon,1561—1626 年)、笛卡儿(René Descartes,1596—1650 年)及其后继者的工作。

笛卡儿于 1596 年生在法国西部的拉埃镇(今名拉埃-笛卡儿镇),1616 年被授予法学硕士学位。笛卡儿研究过物理学、光学、天文学、机械学、医学、解剖学等,而以数学方面的成就最为著名,是他把代数用于几何学而发明解析几何,大凡上过学的人都知道笛卡儿坐标。

笛卡儿从 1619 年读了开普勒的光学著作后,就一直关注着透镜理论;并从理论和实践两方面参与了对光的本质、反射与折射率以及磨制透镜的研究。他把光的理论视为整个知识体系中最重要的部分。笛卡儿运用他的坐标几何学从事光学研究,于 1635 年开始写他《方法论》的三个附录之一《折光学》,第一次对折射定律提出了理论上的推证。他认为光是压力在"以太"中的传播。他从光的发射论的观点出发,用网球打在布面上的模型来计算光在两种媒质分界面上的反射、折射和全反射,从而首次在假定平行于界面的速度分量不变的条件下导出折射定律。他还对人眼进行光学分析,解释了视力失常的原因是晶状体变形,设计了矫正视力的透镜。关于光的本性问题,笛卡儿在《折光学》中提出了两种假说。一种假说认为,光是类似于微粒的一种物质;另一种假说认为光是一种以"以太"为媒质的压力。笛卡儿的这两种假说为后来的微粒说和波动说的大争论埋下了伏笔。

五、17 世纪以来关于光的本性的大争论

17 世纪初,光学仪器的发明和制造,不仅推动了天文学和生物解剖学的划时代发展,而且也使曾经被中世纪神秘化的光学,由一批卓越的科学探索者开拓成为近代自然科学的前沿领域。其中,几何光学的发展最为迅速,荷兰数学家斯涅尔发现的准确的折射定律对于光学仪器的改进,具有首要意义,使得通过数学计算研究光学系统成为可能。随着几何光学的发展,物理光学的研究也开始起步。在人们对物理光学的研究过程中,光的本性问题成为了焦点。

1. 光的波动学说与微粒学说的第一次交锋

1655 年,意大利波仑亚大学的数学教授格里马第(Francesco Maria Grimaldi,1618—1663 年)设计了一个实验:让一束光穿过一个小孔后,照到暗室里的屏幕上,他发现光线通过小孔后的光影明显变宽。格里马第又设计了进一步的实验:让一束光穿过两个小孔后,照到暗室里的同一个屏幕上,却得到了有明暗条纹的图像。格里马第猜想,这种现象与水波十分相像,从而得出结论:光可能是一种能够做波浪式运动的流体,光的不同颜色可能是波动频率不同的结果。格里马第首先提出了"光的衍射"的概念,成为光的波动学说最早的倡导者。格里马第于 1663 年逝世,他的重要发现在他身后于 1665 年出版的书中发表。

稍晚一些时候,约于 1663 年,英国科学家波义耳(R. Boyle,1627—1691 年)指出,物体的颜色可能不是物体本身的性质,而是光照射在物体上产生的效果。他第一次记载了肥皂泡和玻璃球中的彩色条纹。波义耳的这一发现与格里马第的说法不谋而合,成为后来研究者工作的基础。

随后,英国物理学家胡克(Robert Hooke,1635—1703 年)重复了格里马第的试验。他进行了观察肥皂泡膜上颜色的实验,并提出了"光是'以太'的一种纵向波"的假说。根据这一假说,胡克也认为:光的颜色是由其波动频率决定的。

跟胡克差不多同时代的牛顿(Isaac Newton,1643—1727 年),工作领域主要在力学和天文学,他的主要研究成果是牛顿三定律和万有引力定律。在人类历史上,能够与牛顿所表现出的巨大创造力和对于科学和人类文明的巨大影响,相提并论的人不多。牛顿最大的贡献是,指出了近代科学前进的方向,并建立完整的力学体系,直到现在,他的许多概念和原理在现代科学中仍起着基础作用。

当时,牛顿也用极大的兴趣和热情对光学进行了研究。牛顿不仅擅长数学计算,而且能够自己动手制造各种设备和从事精细实验。1666 年,牛顿采用三棱镜,进行了著名的色散试验:让一束太阳光通过第一枚三棱镜,出来的光分解成几种颜色的光谱带;再用

一块带狭缝的挡板把其他颜色的光挡住，只让一种颜色的光通过第二枚三棱镜，结果出来的只是同样颜色的光。牛顿发现了白光是由各种不同颜色的光组成的。这是牛顿对光学的第一大贡献。牛顿为了验证这个发现，设法把几种不同的单色光合成白光，并且计算出不同颜色光的折射率，精确地说明了色散现象，揭开了物质的颜色之谜，原来物质的色彩是不同颜色的光在物体上有不同的反射率和折射率造成的。牛顿的研究成果于1672年发表在《皇家学会哲学杂志》上的论文《关于光和颜色的理论》，这是他第一次公开发表的论文。由于发现了白光的组成，牛顿认为无法消除折射望远镜透镜的色散现象，开始设计和制造了反射望远镜。1668年，他制成了第一架反射望远镜样机，这是牛顿对光学的第二大贡献。1671年，牛顿把经过改进的反射望远镜献给了英国皇家学会，名声大振，并被选为皇家学会会员。反射望远镜的发明奠定了现代大型光学天文望远镜的基础。牛顿还观察到著名的"牛顿环"等光学现象。在牛顿的论文《关于光和颜色的理论》中，他提出了光的"微粒学说"，认为光是由微粒形成的，并且走的是最快速的直线运动路径。他认为，光的复合和分解就像不同颜色的微粒混合在一起又被分开一样。在这篇论文里他用微粒学说阐述了光的颜色理论。

关于光的本性的波动学说与微粒学说的第一次交锋，由"光的颜色"拉开了序幕。此后，胡克与牛顿之间展开了漫长而激烈的争论。

1672年2月6日，以胡克为主席，由胡克和波义耳等组成的英国皇家学会评议委员会对牛顿提交的论文《关于光和颜色的理论》基本上持以否定的态度。

刚开始，牛顿并没有完全否定波动学说，也不偏执微粒学说。但在争论展开以后，牛顿就在很多论文中，对胡克的波动学说进行了反驳。1675年12月9日，牛顿在《说明在我的几篇论文中所谈到的光的性质的一个假说》一文中，再次反驳了胡克的波动学说，重申了他的微粒学说。

由于此时的牛顿和胡克都没有形成完整的理论，因此波动学说和微粒学说之间的论战并没有全面展开。但科学上的争论就是这样，一旦产生便要寻个水落石出。旧的问题还没有解决，新的争论已在酝酿之中了。

2. 光的波动学说与微粒学说的第二次交锋

波动学说的支持者，荷兰著名天文学家、物理学家和数学家惠更斯继承并完善了胡克的观点。1666年，惠更斯应邀来到法国皇家科学院以后，开始了对物理光学的研究。在他担任院士期间，惠更斯曾去英国旅行，并在剑桥会见了牛顿，二人彼此十分欣赏，而且交流了对光的本性的看法。但此时惠更斯的观点更倾向于波动学说，因此他和牛顿之间产生了分歧。正是这种分歧激发了惠更斯对物理光学的强烈热情。回到巴黎之后，惠更斯重复了牛顿的光学试验。他仔细地研究了牛顿的试验和格里马第的实验，认为其中有很多现象都是微粒学说所无法解释的。

惠更斯认为：光是一种机械波；光波是一种靠物质载体来传播的纵波，传播它的物质载体是"以太"；波面上的各点本身就是引起媒质振动的波源。根据这一理论，惠更斯证明了光的反射定律和折射定律，也比较好地解释了光的衍射、双折射现象和著名的"牛顿环"实验。1678年，惠更斯向法国皇家科学院提交了他的光学论著《光论》。在《光论》一书中，他系统地阐述了光的波动理论。同年，惠更斯公开发表了反对微粒学说的演说。

1690 年,他的《光论》出版发行。

就在惠更斯积极地宣传波动学说的同时,牛顿的微粒学说也逐步地建立起来了。牛顿修改和完善了他的光学著作《光学》。基于各类实验,在《光学》一书中,牛顿提出了两点反驳惠更斯的理由:第一,光如果是一种波,它应该同声波一样可以绕过障碍物、不会产生影子;第二,冰洲石的双折射现象说明光在不同的边上有不同的性质,波动说无法解释其原因。与此同时,牛顿把他的物质微粒观推广到了整个自然界,并与他的质点力学体系融为一体,为微粒学说找到了坚强的后盾。

为不与胡克再次发生争执,胡克去世后的第二年(1704 年),牛顿的《光学》才正式公开发行。但在此时,惠更斯与胡克已相继去世,波动学说一方已无人应战。而牛顿由于其对科学界所作出的巨大贡献,成为了当时无人能及的一代科学巨匠。随着牛顿声望的提高,人们对他的理论顶礼膜拜,重复他的实验,并坚信他的结论。整个 18 世纪,几乎无人向微粒学说挑战,也很少再有人对光的本性作进一步的研究。

3. 光的波动学说与微粒学说的第三次交锋

18 世纪末,受以斯宾诺莎、约翰·洛克、伏尔泰、大卫·休谟、卢梭、康德等哲学家为代表的思想革命或启蒙运动的影响,英国著名物理学家托马斯·杨(Thomas Young,1773—1829)开始对牛顿的光学理论产生怀疑。托马斯·杨根据一些实验事实,于 1800 年写成了论文《关于光和声的实验和问题》。在这篇论文中,托马斯·杨把光和声进行了类比,发现两者在重叠后都有增强和减弱的现象。他认为光是在"以太"流中传播的弹性振动,并以纵波形式传播。他同时指出,光的不同颜色和声的不同频率是相似的。在经过百年的沉默之后,波动学说终于重新活跃起来。

1801 年,托马斯·杨进行了著名的杨氏双缝干涉实验。实验所使用的白屏上明暗相间的黑白条纹,证明了光的干涉现象,从而证明了光是一种波。同年,托马斯·杨在英国皇家学会的《哲学会刊》上发表论文,分别对"牛顿环"实验和自己的实验进行解释,首次提出了光的干涉的概念和光的干涉定律。1803 年,他根据光的干涉定律对光的衍射现象作了进一步的解释,写成了于 1804 年发表在《哲学会刊》上的论文《物理光学的实验和计算》,虽然解释不完全正确,但在波动学说的发展史上有着重要意义。

1807 年,托马斯·杨把他的这些实验和理论综合编入了《自然哲学讲义》。由于在理论上认为光是一种纵波,所以遇到了很多麻烦。虽然托马斯·杨的理论没有得到足够的重视,甚至遭人毁谤,但他的理论却激起了牛顿微粒学派对光学研究的兴趣。1808 年,拉普拉斯(P. S. Laplace,1749—1827)用微粒学说分析了光的双折射线现象,批驳托马斯·杨的波动学说。1809 年,马吕斯(Etienne Louis Malus,1775—1812)在试验中发现了光的偏振现象;在进一步研究光的简单折射中的偏振时,又发现光在折射时是部分偏振的。1811 年,布吕斯特在研究光的偏振现象时发现了光的偏振现象的经验定律。因为当时惠更斯和托马斯·杨的理论认为光是一种纵波,而纵波不可能发生这样的偏振,马吕斯的这一发现成为了反对波动说的有力证据。光的偏振现象和偏振定律的发现,使当时光的波动学说陷入了困境,使物理光学的研究朝向有利于微粒学说的方向发展。

面对这种情况,托马斯·杨对光学再次进行了深入的研究,1817 年,他放弃了惠更斯的光是一种纵波的说法,提出了光是一种横波的假说,从而比较成功地解释了光的偏振现象。吸收了一些牛顿学派的看法之后,托马斯·杨建立了新的波动理论,并把他的新看法写信告诉了牛顿学派的阿拉戈(D. F. J. Arago,1786—1853)。

作为光的微粒学说的拥护者拉普拉斯和毕奥(J. Biot,1774—1862),提出将光的衍射问题作为1818年法国巴黎科学院悬赏征求最佳论文的题目,期望对这个题目的论述最终使微粒学说取得胜利。两年前,作为工程师的菲涅耳(Augustin Jean Fresnel,1788—1827)开始卷入波动学说与微粒学说之间的纷争。菲涅耳曾试图复兴惠更斯的波动学说,由于他与托马斯·杨没有联系,也不知道托马斯·杨关于衍射的论文。菲涅耳在自己的论文中提出:各种波的互相干涉使合成波具有不同的强度,他的理论与托马斯·杨的理论正好相反。后来阿拉戈告诉了菲涅耳,托马斯·杨提出了一种光是横波的新理论。从此菲涅耳以托马斯·杨的新理论为基础开始研究。1819年,菲涅耳成功地完成了对由两个平面镜所产生的相干光源进行的光的干涉实验,继杨氏干涉实验之后再次证明了光的波动学说。阿拉戈也在这时转向了波动学说。当年底,菲涅耳对光的传播方向进行定性实验后,与阿拉戈一道建立了光的横波传播理论。

之后,德国天文学家夫琅禾费(Joseph von Fraunhofer,1787—1826)首次用光栅研究了光的衍射现象。德国另一位物理学家施维尔德根据新的光波学说,对光通过光栅后的衍射现象进行了成功的解释。至此,关于光的新的波动学说牢固地建立起来,微粒学说开始转向劣势。

4. 光的波动学说与微粒学说的第四次交锋

在相当长的时期内,人们对波的理解仅局限在某种媒介物质的力学振动。这种媒介物质被称为波的荷载物,如空气就是声波的荷载物。光的波动学说提出后,"以太"则在很大程度上就被认为是光波的荷载物。

"以太"作为一个历史上的词汇,其物理涵义随着历史而发展。在古代,"以太"泛指上天,或表示占据天际空间的物质。到了17世纪,笛卡儿最先将"以太"的概念引入近代科学,并赋予它某种力学性质。在笛卡儿看来,物体之间的所有相互作用都必须通过某种中间媒介物质来传递,不存在任何超距作用。因此,空间不可能空无所有,而被"以太"这种媒介物质所充满。"以太"虽然不能为人的感官所感觉,但却能传递力的作用,譬如磁力和月球对潮汐的作用力。

由于光可以在真空中传播,因此惠更斯提出,荷载光波的媒介物质("以太")应该充满包括真空在内的全部空间,并能渗透到通常的物质之中。除了作为光波的荷载物以外,惠更斯还用"以太"来说明引力的现象。牛顿虽然不同意光的波动学说,但他也反对超距作用,因而承认"以太"的存在。在牛顿看来,"以太"不一定是单一的物质,因而能传递各种作用,产生如电、磁和引力等不同的现象。牛顿认为"以太"可以传播振动,但不承认"以太"的振动是光作为波动的传播。

18世纪,"以太"论逐渐没落。由于法国笛卡儿主义者拒绝引力的平方反比定律,而使牛顿的追随者起来反对笛卡儿哲学体系,因而连同他倡导的"以太"论也一同进入了反对之列。随着引力的平方反比定律在天体力学方面的成功,以及探寻"以太"的实验并未获得结果,超距作用观点得以流行。到了18世纪后期,实验证实电荷之间(以及磁极之间)的作用力,同样也是与距离的平方成反比。于是电磁"以太"的概念亦被抛弃,超距作用的观点在电磁学中也占了主导地位。

随着新的光的波动学说的建立，人们开始为光波寻找荷载物，"以太"论便又重新活跃起来。一些著名的科学家成为"以太"学说的代表人物。然而，人们在寻找"以太"的过程中遇到了许多困难，于是各种假说纷纷提出，"以太"成为了 19 世纪的焦点之一。

菲涅耳假定，透明物质中的"以太"密度与其折射率二次方成正比。在一定的边界条件下，他推出了关于反射光和折射光振幅的著名公式，解释了布儒斯特数年前给出的实验结果。他还假定当一个物体相对"以太"参照系运动时，其内部的"以太"只是超过真空的那一部分被物体带动（即"以太"部分曳引假说）。利用菲涅耳的理论，可以得到运动物体内光的速度。

随后，由于法拉第、麦克斯韦和赫兹的贡献，"以太"在电磁学中也获得了地位。法拉第认为，相互作用力是逐步传过去的，因此，他引入力线的概念来描述磁作用和电作用。在他看来，力线是现实的存在，空间被力线充满着，而光和热可能就是力线的横振动。他在 1851 年写道："如果接受光'以太'的存在，那么它可能是力线的荷载物。"差不多同时期，麦克斯韦提出位移电流的概念，并用现在被称为麦克斯韦方程组的一组微分方程来描述电磁场的普遍规律。根据麦克斯韦方程组，可以推出电磁场的扰动以波的形式传播，以及电磁波在空气中的速度为每秒 31 万千米，这与当时已知的空气中的光速每秒 31.5 万千米在实验误差范围内一致。麦克斯韦在指出电磁扰动的传播与光传播的相似之后，写道："光就是产生电磁现象的媒质（'以太'）的横振动。"后来，赫兹用实验方法证实了电磁波的存在。光的电磁理论成功地解释了光波的性质，"以太"不仅在电磁学中取得了地位，而且电磁"以太"同光"以太"也统一了起来。

然而"以太"论也遇到一些问题。首先，若光波为横波，则"以太"应为有弹性的固体媒质。那么为何天体运行其中能不受阻力呢？1845 年，斯托克斯以石蜡、沥青和胶质样的塑性物质进行类比，试图说明有些物质既硬得可以传播横向振动又可以压缩和延展——因此不会影响天体运动。对于光那样快的振动，它具有足够的弹性像是固体，而对于像天体那样慢的运动则像流体。泊松（S. D. Poisson，1781—1840）也发现了一个问题，如果"以太"是一种类固体，在光的横向振动中必然会有纵向振动。1839 年柯西提出了第三种"以太"说，认为"以太"是一种消极的可压缩性的介质，试图以此解决泊松提出的困难。不过实验表明没有纵光波，如何消除"以太"的纵波，如何得出推导反射强度公式所需要的边界条件，是各种"以太"模型长期争论的难题。再有，由于对不同的光频率，折射率也不同，于是曳引系数对于不同频率亦将不同。这样，每种频率的光将不得不有自己的"以太"等等。"以太"的这些相互矛盾性质，实在是超过了当时人们的理解能力。

到了 19 世纪末，洛伦兹（H. A. Lorentz，1853—1928）提出了新的概念，他把物质的电磁性质归之于其中同原子相联系的电子的效应。至于物质中的"以太"，则同真空中的"以太"在密度和弹性上都无区别。他还假定，物体运动时并不带动其中的"以太"运动。但是，由于物体中的电子随物体运动时，不仅要受到电场的作用力，还要受到磁场的作用力，以及物体运动时其中将出现电介质运动电流，运动物质中的电磁波速度与静止物质中的并不相同。在考虑了上述效应后，洛伦兹同样推出了菲涅耳关于运动物质中的光速公式，而菲涅耳理论所遇到的困难（不同频率的光有不同的"以太"）已不存在。洛伦兹根据束缚电子的强迫振动,可推出折射率随频率的变化。洛伦兹的上述理论被称为电子论,获得了很大成功。

但是,在洛伦兹理论中,"以太"除了荷载电磁振动之外,不再有任何其他的运动和变化,这样它几乎已退化为某种抽象的标志。除了作为电磁波的荷载物和绝对参照系,"以太"已失去了所有其他具体的物理性质。为了测出地球相对"以太"参照系的运动,实验精度必须达到很高的量级。1887 年,美国物理学家迈克耳孙(A. A. Michelson,1852—1931)与化学家莫雷(E. W. Morley,1838—1923)的"'以太'漂移"实验,第一次达到了这个精度,但得到的结果是否定的,即地球相对"以太"不运动。此后,其他的一些实验亦得到同样的结果,于是"以太"进一步失去了作为绝对参照系的性质。这一结果使得相对性原理得到普遍承认,并被推广到整个物理学领域。

到了 20 世纪初,虽然还进行了一些努力来拯救"以太",但在狭义相对论确立以后,它终于被物理学家们所抛弃。人们接受了电磁场本身就是物质存在的一种形式的概念,而场可以在真空中以波的形式传播。

1887 年,赫兹发现光电效应,光的微粒性再一次被证实。1900 年,德国物理学家普朗克(M. Planck,1858—1947)首次提出量子化假设。1905 年,爱因斯坦(A. Einstein,1879—1955)提出了光的量子假说。同年,康普顿(A. H. Compton,1892—1962)在实验中证明了 X 射线的微粒性。1927 年,杰默尔和后来的乔治·汤姆生(G. P. Thomson,1892—1975)在试验中证明了电子束具有波的性质。同时人们也证明了氦原子射线、氢原子和氢分子射线具有波的性质。

在新的实验事实与理论面前,光的波动学说与微粒学说之交锋,以"光具有波粒二象性"而落下了帷幕。量子力学的建立更加强了这种观点,因为人们发现,物质的原子以及组成它们的电子、质子和中子等粒子的运动也具有波的属性。波动性已成为物质运动的基本属性的一个方面,那种仅仅把波动理解为某种媒介物质的力学振动的狭隘观点已完全被冲破。

随着现代物理学的继续发展,到了 20 世纪中期以后,人们逐渐认识到真空并非是绝对的空,那里存在着不断的涨落过程,包括虚粒子的产生以及湮没。这种真空涨落是相互作用着的场的一种量子效应。

今天,理论物理学家进一步发现,真空具有更复杂的性质。真空态代表场的基态,它是简并的,实际的真空是这些简并态中的某一特定状态。目前粒子物理中所观察到的许多对称性的破缺,就是真空的这种特殊的"取向"所引起的。在这种观点上建立的弱相互作用和电磁相互作用的电弱统一理论已获得很大的成功。机械的"以太"论虽然死亡了,但"以太"概念的某些思想(不存在超距作用,不存在绝对空虚意义上的真空)仍然活着,并具有旺盛的生命力。

六、光学的应用和光物理的前沿

光学的应用非常广泛,譬如有几何光学、大气光学、海洋光学、空间光学、光谱学、生理光学和集成光学等。

1. 几何光学

几何光学以光线的概念为基础。光线的概念与光的波动性质相违背,因为无论从能量的观点,还是从光的衍射现象来看,几何光线都是不可能存在的。所以,几何光学只是波动光学的近似,是光波的波长很小时的极限情况。作此近似后,几何光学不涉及光的物理本性,在研究物体被透镜或其他光学元件成像的过程,以及设计光学仪器的光学系统等方面,显得方便和实用。

光线的传播遵循三条基本定律:光线的直线传播定律;光的独立传播定律;光的反射和折射定律。设计光学系统时,必须基于这些的基本定律,来计算光线在其中的传播路径。高性能的实际光学系统有复杂的结构,须满足放大率、物像共轭距、转像和光轴转折、孔径和视场性能、像差校正和成像质量等要求。例如,高性能的光学显微镜、光学望远镜。现在光学设计已有计算机应用和自动化。

2. 大气光学

大气光学研究光通过大气时的相互作用和由此产生的各种低层大气的光学现象。大气光学与许多光学工程关系密切,广泛应用于大气辐射学环境科学、天气预报、天文、航空、遥感等许多方面。

许多大气光学现象是天气现象的前兆,例如虹、晕、宝光环、海市蜃楼等,中国古代都有观测和解释。大气光学研究大气折射、大气散射的基本规律;研究大气消光、大气吸收、大气能见度、大气浑浊度、大气透明度、天空亮度、天空背景等;研究包括朝晚霞、曙暮光、天空颜色、虹、晕、华等云中大气光象。19 世纪末,英国科学家瑞利首先解释了天空的蓝色,建立了瑞利散射理论。20 世纪初,德国科学家米从电磁理论出发解决了均匀球形粒子的散射问题,建立了米散射理论。这两个理论能够解释许多大气光象。

以激光和红外大气遥感为重点的光学大气遥感,已发展成为大气遥感的重要分支。卫星遥感对大气透明度的要求,吸收光谱法和激光光谱学的发展,也有力地促进了高分辨率大气吸收光谱的研究。

3. 海洋光学

海洋光学主要研究海洋的光学性质、光辐射与海洋水体的相互作用、光在海洋中的传播规律,研究和海洋激光探测、光学海洋遥感、海洋中光的信息传递等应用技术。

随着近代光学、激光、计算机科学、光学遥感和海洋科学的发展,特别是结合信息传递的要求,使海洋辐射传递、激光在水中的传输、海面向上光辐射、海水固有光学性质等问题的研究日趋完善。海洋激光雷达、海水激光荧光、海水光谱透射、浅水海底反射等,是探测获取海水化学组分、获取浅水水深、河口泥沙分布、海区峰面运动、水团分布等大面积数据,以及海流、上升流、海洋峰、水团等海洋细微结构资料的基本方法。

海洋光学工程的活跃领域有:水下摄像系统、水下照相系统、深潜球装备水下观察系统、海洋探测激光雷达系统、海洋生物初级生产力的研究等。

4. 空间光学

空间光学是在高层大气和大气外层空间,利用光学设备对太空和地球进行观测与研究。

对地球观测,主要通过可见光和红外大气窗口探测,研究云层、大气、陆地和海洋的状况、物理特征和变化规律。在民用上解决矿藏、农业、林业和渔业的资源勘查以及气象、地理、测绘、地质的科学问题;在军事上服务于侦察和空间防御等。

对空间和天体的观测和研究,主要是利用不同波段及不同类型的光学设备,接收来自天体的可见光、红外线、紫外线和软 X 射线,探测它们的存在、位置、结构、运动和演化规律。空间光学系统的发展,与新技术、新器件以及信息传输与处理技术密切相关,追求更高的精度和光谱、时间、空间分辨率,包括多元线阵 CCD 成像器件、自描大型成像系统、数据控制技术、星上和地面的数据处理等。

5. 光谱学

光谱是电磁辐射按照波长的有序排列。光谱学主要研究各种物质的光谱的产生及其同物质之间的相互作用。通过光谱的研究,人们可以得到原子、分子等的能级结构、能级寿命、电子的组态、分子的几何形状、化学键的性质、反应动力学等多方面物质结构的知识。

实用光谱学可以用作定性化学分析的新方法,并利用这种方法发现了许多未知的元素,证明料太阳存在的多种元素。根据研究光谱方法的不同,可把光谱学区分为发射光谱学、吸收光谱学与散射光谱学。

激光器输出的激光具有很好的单色性、方向性和高强度,成为获得喇曼光谱的近乎理想的光源。在研究燃烧过程、探测环境污染、分析各种材料等方面,喇曼光谱技术已成为有用的工具。

6. 生理光学

生理光学研究眼睛和视觉,是生理学和光学相结合的边缘交叉学科,涉及解剖学、生物化学、物理学和心理学。研究内容包括眼屈光系统、视觉系统亮度感觉、空间和时间分辨、色觉及立体视觉等,研究成果广泛用于医学眼科临床、光学工程技术等领域。

7. 集成光学

由于光通信、光学信息处理等的需要逐步形成和发展起来集成光学,研究媒质薄膜中的光学现象,以及光学元器件集成化。集成光学的实质,是获得具有不同功能、不同集成度的集成光路,以实现光学信息处理系统的集成化和微型化。

集成光学的理论问题,主要是媒质波导理论。集成光学采用的媒质材料,具有一定的折射率和多种功能,工艺上便于成膜和器件制作与集成。

集成光学元器件的工艺技术主要涉及成膜与光路微加工。现在一些元件的集成已经实现,如同一衬底上三种典型元件(激光器、波导、探测器)的集成、六个分布反馈激光器的集成、三个探测器的集成、注入式激光器和场效应晶体管的集成等。光学元件和电学元件之间的集成已经出现,今后还可能出现光、电、声、磁元件结合在一起的集成。

集成光学的应用除了光纤通信、光纤传感器、光学信息处理和光计算机外,还有导波光学原理、薄膜光波导器件和回路、材料科学、光学仪器、光谱研究等领域。

由于激光的问世,光物理的研究内容已从传统的光学与光谱学,迅速扩展到光学与物理学的许多分支学科的交叉融合。光物理已成为现代物理学最为活跃的前沿领域,如激光物理、非线性光学、高分辨率光谱学、强光光学和量子光学;并形成许多新的分支学科,如光子学、超快光谱学和原子光学等。光物理与化学、生物学、医学及生命科学的交叉也越来越广泛和深入。光物理学的新理论、新概念和新方法已成为激光技术、光纤通信等高技术产业发展的依托。

1. 非线性光学

非线性光学研究光与物质相互作用中和各种非线性效应及其产生机制与应用途径。近年来,新的热点课题集中在晶体、有机高聚物、半导体晶格、表面与界面、薄膜、纳米材料和超微粒非线性光学研究,半导体表面非线性光学研究,非线性光学系统中的时间-空间混沌、飞秒时域内的超快过程,及波导非线性过程等。

2. 强光光学

近年来,短脉冲强激光的建立及迅速发展,使得强场及量子相干现象研究得到了迅速进展。它包括:与原子相互作用中的强场现象;与分子相互作用中的强场现象;强激光场非线性量子电动力学效应研究现象;量子相干现象。

3. 量子光学

量子光学是研究光场的量子统计性质及光与物质相互作用的量子特征的学科。它包括:非经典光场;激光操纵原子、分子及其应用;量子光学和量子力学的交叉与渗透的研究,其中有,从混沌光场到相干态光场的研究,压缩态研究,腔量子电动力学,超辐射研究。

4. 超快光谱和高分辨率光谱

由于飞秒脉冲激光技术的发展,对于半导体材料中的超快过程、分子内部的能量转移以及生物中的光合作用等研究应予重视。而高分辨率光谱的研究在原子物理方面、物质痕量分析、激光分离同位素等方面有十分重要的意义。

5. 光子学

"光子学"这一新名词是近年来提出的,它与电子学相对应。泛指对光子流进行控制的各种研究。它反映了光学与电子学越来越紧密的联系,以及半导体等光学介质材料在光学系统中所起的重要作用。

6. 光孤子通信

20 世纪 70 年代以前,在光学技术领域已经取得了两项重要的进展:①非正常色散区低损耗光纤研制成功;②非正常色散区频率可调的锁模激光器研制成功。这两项成果为光孤子脉冲实验准备了物质条件。1980 年,美国贝尔实验室的莫勒诺尔等人,终于在实验上首次观察到了光孤子脉冲,光孤子通信技术的诞生已迫在眉睫。1991 年,贝尔实验室在圣迭戈举行光纤通信会议(OFC91),报道了他们研究的新成果。新泽西州霍姆德尔(Holmdel)贝尔实验室的莫勒诺尔小组实现了孤子脉冲反复通过光纤循环圈传输了12000 千米;西泽西州莫雷山(Murray Hill)贝尔实验室的奥尔森(N. A. O lssen)小组利用多重孤子两路传输 9000 千米,霍姆德尔的伯根诺(N. S. Bergano)等人实现了 2 万千米传输。这表明光纤孤子通信不仅可以跨洋,甚至可以在全球任意两地间进行。

光纤孤子通信具有容量高、误码率低、抗干扰能力强、传输距离长、中继放大设施简单等一系列特殊的优点。

7. 全息光学

全息术思想的是英国物理学家伽柏(Dennis Gabor，1900—1979)。他是在研究显微镜的分辨本领时产生这一思想的，伽柏为此获得了 1971 年的诺贝尔物理学奖。激光再现到白光再现型纷纷研制成功，它们不仅深化了各个方向上的实用进展，而且又扩展了全息干涉测量术、全息光学元件与全息信息存贮三个方面的应用前景。现今，激光全息技术又在全息立体显示、全息变换与全息特征识别等方面有了较大的发展。

8. 光物理与其他学科的交叉

光物理与生物学、医学的交叉学科在国际上十分活跃。有的科学家曾预言，未来的生命科学的突破必将以物理学包括光物理学中的进展为先导。光物理与化学的交叉已形成一门十分活跃的新学科——激光化学。

现在让我们回到本导读开始提到的那特别的国际会议，即于 2004 年召开的纪念惠更斯诞生 375 周年的"泰坦—从发现到相遇"学术会议。大会上，乌特勒兹大学历史和基础科学研究所安德里瑟教授作了题为"发现惠更斯"的讲演。他讲到，在 1655 年 3 月一个冬天的夜晚，克里斯蒂安·惠更斯已经为他的第一台望远镜准备好需做的一切。我们现在仍然能够看到这台望远镜的镜头，它有两英寸的直径和 12 英尺长的焦距，而且镜头上一直保留下来他在普通灰绿平板玻璃上研磨的瑕疵。惠更斯打开他父亲在海牙的巨大房子的顶楼窗户，滑动固定镜头的管子并伸出目镜，在窗框上平衡四个仪表。他的手几乎一动不动，目光凝视着星空中的行星。他毫无疑问地看到一颗小星星在土星旁边，但是星星充满了整个天空啊！回到那个舒适温暖的房间，他勾画出了他看到的一切。在 3 月 25 日，他第一次画出了土星带着确实很模糊的耳朵，小星星一直来回移动，它变成了一颗卫星。40 年后，惠更斯写道："一颗比土星其他所有卫星都要明亮并在最外面的那颗卫星出现在我的眼前，这是我用我的仅 12 步长的望远镜在 1655 年第一次观察到的。"惠更斯的发现，虽然只是这位科学巨人在雄伟的科学大厦中竖立起的一块石头，但直到今天，人们将永远铭记着他。

序

· *Preface* ·

我倒是相信，那些喜欢了解事物起因以及能欣赏光之奇观的人们，届时将在这关于光的种种沉思之中，在对于光的著名性质的新解释之中得到某种满足，光的性质是我们双眼构造以及大大扩展双眼用途的伟大发明的主要基础。

　　我于 12 年前旅居法国期间写下了这部论著,1678 年我把它递交给皇家科学院的学者们以及国王召见我时的在场成员。几位健在者,尤其是他们中间致力于数学研究的人们会记得,我宣读时他们已经在场;我在这里只能提到著名的先生,即卡西尼(Cassini)、勒麦(Römer)和德·拉伊尔(de la Hire)。尽管此后我已经更正和改动了某些部分,但当时写就的稿本可以证实,除了有关冰洲石形成的一些猜想,以及对于晶体折射的新观察之外,我没有增加什么东西。我叙述这些细节,是想让人们知道我对于现在发表的东西作过长时间思考,并非为了贬低那些可能没有看过我所写的东西而发现处理过类似问题的人们的功绩:譬如,两位著名几何学家牛顿(Newton)先生和莱布尼兹(Leibnitz)先生关于给定一个表面时聚集光线的玻璃形状问题事实上所想到的东西。

　　也许有人会问,为什么我拖了这么长时间才让这部著作问世。其原因是,我是用发表它的这种语言草草写就的,曾打算将它译为拉丁文以得到较多的注意。此后,我又准备将它同另一部关于折光学的论著一起发表,在这一部论著中,我解释了望远镜的效应以及属于这门科学的另外一些东西。但随着新奇感的消失,我就把这一构想的实施一拖再拖,而且经常被一些事务及其他新研究分心,以至连我也不知道什么时候能够了结这件事。由于这些考虑,我最终认为,尽管这部作品还不够完善,但将它发表出来还是比冒着让它遗失的危险再等一等要好。

　　在本书中看到的论证,不像几何学中的论证那样反映出很强的确然性,二者的差异甚大,因为几何学家是用确定的、无可争辩的原理来证明他们的命题的,而这里的原理则是由它们引出的结论来检验的;这些东西的本性不允许以其他方式论证。因此,总是有可能达到常常比完全证明的程度几乎低不了多少的某种盖然度。即,当用假定的原理论证了的东西与观察中的实验所产生的现象完全一致时;尤其是当这些现象大量存在,主要是当我们能够想象和预见那些应当遵循我们所使用的假说的新现象,以及当我们发现我们的预见与事实在那点上相符时。但是,如果在我提出讨论的东西中,所有这些都如我认为的那样得到盖然性证明,那么,这当是对我探究成功的强有力的确证;如果事实不像我描述的那样漂亮,那必定就麻烦了。我倒是相信,那些喜欢了解事物起因以及能欣赏光之奇观的人们,届时将在这关于光的种种沉思之中,在对于光的著名性质的新解释之中得到某种满足,光的性质是我们双眼构造以及大大扩展双眼用途的伟大发明的主要基础。我也希望有人沿着这些端绪,比我更进一步地深入思考这个问题,因为这个主题远未穷尽。这从我指出我所留下的尚未解决的某些困难的段落中可以看到,更不用说我全然没有涉及的问题,譬如数种发光体以及涉及颜色的所有问题了;到现在为止,还没有人能夸口在这个方面获得了成功。最后,还有许多有关光的本性问题有待探究,我没有妄称已经揭示出光的本性,而我将非常感谢那些能弥补我在知识上的不足的人。

1690 年 1 月 8 日于海牙

◀惠更斯像

英译者说明

· *Note by the Translation* ·

惠更斯的《光论》已经经受住了时间的检验：他将其光波传播概念运用于阐明错综复杂的晶体双重折射现象及大气折射现象所采用的微妙技巧，即使在现在仍然总是引起光学研究者的赞美。

TREATISE
ON LIGHT

In which are explained
The causes of that which occurs

In REFLEXION, & in REFRACTION

And particularly

In the strange REFRACTION

OF ICELAND CRYSTAL

By CHRISTIAAN HUYGENS

Rendered into English
BY SILVANUS P. THOMPSON

THE UNIVERSITY OF CHICAGO PRESS
CHICAGO · ILLINOIS

就这部论著在光学科学发展中所施加的重大影响而论,本书英文版面世之前竟然已经过去了两个世纪,这似乎不可思议。这种情况或许是由于以前与受人拥护的牛顿思想相抵触的一切东西都遭到其信徒们谴责这种错误的热忱所致。然而,惠更斯的《光论》已经经受住了时间的检验:他将其光波传播概念运用于阐明错综复杂的晶体双重折射现象及大气折射现象所采用的微妙技巧,即使在现在仍然总是引起光学研究者的赞美。确实,他的波动理论远不如托马斯·杨(Thomas Young)和奥古斯丁·弗里斯内尔(Augustin Fresnel)后来发展起来的学说那样完美,而且该理论属于几何光学而不是物理光学。假若惠更斯没有横向振动的概念、干涉原理的概念或者存在有序系列波的概念,他仍然会异常清晰地理解波的传播原理;他对这个主题的阐释是处理光学问题的新时代的标志。在准备这个译本的过程中必须小心从事,以免使用了含有现代概念的言词而把后来年代的观念引入作者的原文之中。因此,本书尽可能直译。作者的少数术语需要解释。譬如,他用"折射"(refraction)一词既表示通常的现象或过程,又表示这种过程的结果:例如,他习惯于把折射光线叫做入射光线的"折射"。当一个波前或者如他说的一个"波"已经从某个初始位置到达后一位置时,他就把处于后一位置的波前叫做波的"延续"(the continuation)。他还把由这些基波前组合形成的一组基波包说成是波的"终点"(the termination);他把基波前叫做"特殊"(particular)波。鉴于法文 rayon 一词具有光线(ray of light)和圆范围(radius of a circle)双重含义这一情况,他避免在后一种意义上使用它,并且总是说半径(semidiameter)而不说范围。他关于"以太"的思考、他关于晶体结构的启发性观点以及他对于不透明性的细微解释,也许由于它们看上去似乎是现代的东西而会使读者感到诧异。任何读到他对于在冰洲石中发现的现象所进行的探索的人,都不能不对他的洞见和睿智感到惊奇。

S. P. T.

1912 年 6 月

◀《光论》英译本扉页

第 1 章

论沿直线传播的光线

· Chapter II   On Reflection ·

　　正如在几何学被用于研究物质的所有学科中所遇到的那样,有关光学的论证都立足于从经验引出的事实上。

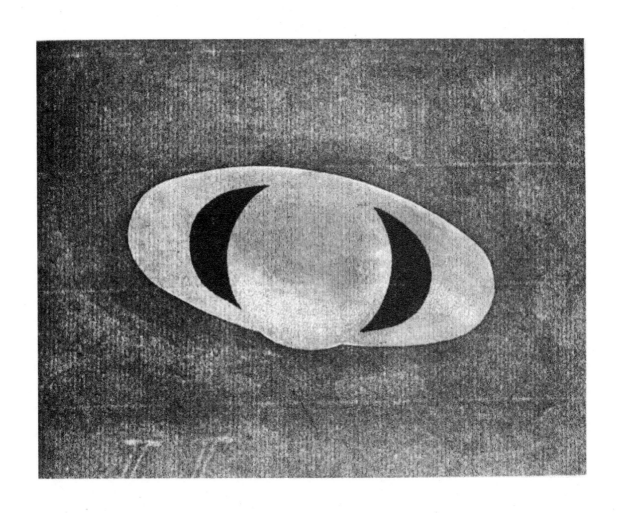

Anno M. DCLX.
XVIII Kal. Octob.

Saturno osseruato in Roma con occhial di 24 palmi

正如在几何学被用于研究物质的所有学科中所遇到的那样，有关光学的论证都立足于从经验引出的事实上。这些事实是：光线沿直线传播，反射角与入射角相等以及光线折射时方向按正弦定律改变。后者现已为人们所熟悉，它和前面的两个定律一样准确可靠。

著文涉及光学不同领域的大多数人都以认定这些事实而感到满足。但一些更具好奇心的人们却渴望考察其起因与理由，认为这些事实本身是自然现象的奇异效应。在这方面他们提出了某些有创见的东西，然而还不足以使最有才智的人不去寻求更好、更满意的解释。所以在这里，我想抛砖引玉，对自然科学的这个领域贡献我力所能及的解释，而这个领域极有理由被认为是其中最困难的一个部分。我个人认为，应该非常感谢那些人们，是他们首先拨开了笼罩这些事实的迷雾，并且给了我们希望，有可能通过清晰的推理来说明它们。不过另一方面，也使我惊异的是，甚至在这一点上，这些人为了使人信服，总是乐于提出一些绝非结论性的推理。因为我还没有发现有人对光的第一个最值得注意的现象作出过较为合理的解释，即为什么它不以除了直线以外的方式传播，来自无数不同地方的可见光怎样彼此毫无妨碍地穿过。

因此，我将试图在这本书中依据已被当今哲学承认的原则，给出一些更为清晰并且更为合理的解释，首先是光以直线传播的性质，其次是光在遇到其他物体时被反射。接着，我将解释光线在穿过不同种类透明体时受到折射的现象；在这个部分，我还将解释由大气层不同密度而引起的空气的折射效应。

此后，我将考察一种取自冰岛的晶体具有奇异折射的原因。最后我还将论述由于透明体与反射体的种种形状而使得光线汇

◀ 惠更斯手稿中的土星

聚于一点或以不同方式偏离的问题。由此人们可以容易地看到，依照我们的新理论，我们求出的不仅有笛卡儿先生为此目的天才性地发明的椭圆、双曲线和其他曲线；而且还有玻璃透镜表面该具备的形状，这时它的另一个表面已被给定为球面、平面或别的任何可能的图形。

无法想象去怀疑光是某种物质的运动。因为，人们或者去考虑它的产生，会看到在地球上它主要由无疑含有快速运动物体的燃烧与火焰造成，而燃烧与火焰会溶解和熔化许多其他的甚至那些最坚硬的物体；或者去考虑它的效应，会看到当光被汇聚，如被凹面镜汇聚时，它具有像燃烧那样的起火性质，也就是说，它使物体微粒离开。这无疑是运动的标记，至少在采用机械运动来构思所有自然效应起因的实际哲学中是这样的。我认为我们必须这么考虑，不然就放弃了一贯领悟物理学一切现象的全部希望。

还因为依照这种哲学，只要人们确信视觉兴奋只是某种物质运动对我们眼后神经作用的感应，就更有理由相信光存在于我们与发光体之间的物质运动之中。

此外，当人们考虑到光向四面八方传播的极限速度时考虑到来自不同方位甚至正相对方位的光线又是怎样彼此不受干扰穿过时，或许会清楚地认识到，当我们看到一个发光体时，光线不可能像射弹或箭穿过空气那种方式由物质从发光体传运给我们；因为那必将严重地违背光的这两个性质，尤其是第二个性质。于是，光应以另外某种方式传播，而我们有关声音在空气中传播的知识可以给我们以启迪。

我们知道，借助于空气这种看不见摸不着的物体，声音通过连续不断地从空气的一部分传递到另一部分的运动由产生它的地方向周围传播；并且这种运动的传播在所有方向进行得同样的快因而应该形成一些不断扩大的并传入我们耳中的球面。现已毫无疑问，光从发光体来到我们的眼睛，也是通过施加在这之间物质上的运动；正如所看到的那样，因为光不可能被一个物体从一个地方运载到另一个地方。另外,如果光的传播需要时间——我们即将考察这一点——就可得知,施加在介质上的这种运动是连续的,因而它也应像声音那样以球面和波的形式传播;其所以称它们为波,是由于它们和看到石头扔入水中时所产生的情形类似,呈现出圆圈那样的连续分布,尽管它们的起因不同,而且仅在一个平面上。

　　为了弄清楚光的传播是否需要时间,让我们首先想一下是否有什么能使我们信服的相反的经验事实。至于那些在地球上可以取得的经验事实,尽管远处照光证实了光通过这些距离几乎不需要时间,人们还是可以有理由认为这些距离太小,由此能得到的唯一结论是光的传播极快。笛卡儿先生主张光瞬时传播,他不无理由地将其观点建立在从月食得出的一个较好的经验基础上;然而,正如我将要证明的,这也无法使人信服。为了使结论易懂,我将采用一种与他稍许不同的方式进行阐述。

　　设 A 为太阳的位置,BD 为地球轨道或公转路径的一部分,ABC 是一条直线,我假定它与月球的圆轨道 CD 相交于 C 点(图 1)。

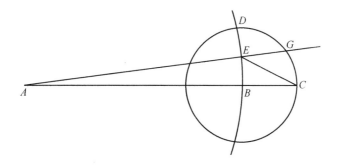

图 1

　　如果光需要时间,譬如一个小时穿过地球与月球之间的空间,那么当地球到达 B 点时,它投下的影子或亮光遮断就还不会到达 C 点,而将在一个小时后才到达那里。从地球到达 B 点的时刻算起,一小时后到达 C 点的月球将被遮暗;但是亮光遮断造成的昏暗不再经过一小时就到达不了地球。假定经过这两个小时地球到达了 E 点。那么在 E 点的地球将看到一小时前在 C 点被遮住的月球,与此同时还将看到位于 A 点的太阳。由于我依照哥白尼(Copernicus)那样假定太阳是静止的,而光又总是沿直线传播的,太阳总是在它那个地方出现。不过据说,人们一直观察到月食时的月球出现在正对太阳的黄道上那一点;然而眼下所考虑的,月球似乎在那点之后出现,相差角 AEC 的补角 GEC 那样大的角度。这一点无论如何正好同人们的经验相反,因为角 GEC 会很可观,大约为 33 度。那么,依据我们在有关土星现象起因的论文中给出的计算,地球到太阳的距离 AB 大约为地球直径的 12 000 倍,也就比相当于 30 倍地球直径的到月球的距离 BC 要大 400 倍。于是,角 ECB 几乎比大小为五分的角 BAE 大 400 倍;即地球沿其轨道在二小时内穿过的行程,角 BCE 因而约为 33 度,角 CEG 也一样,只是大五分。

不过应当注意,这一论证中的光速被假定为它从这里到月球的行程需要耗费一个小时。倘若假定它只需要一分钟的时间,很显然角 CEG 仅有 33 分;而如果它只需要十秒钟时间,这个角就将小于 6 分。再者,人们既不容易由月食的观察中发觉什么;因而也不允许从中得出光的运动瞬时的结论。

确实,我们在这里假设了一个比音速快十万倍的怪速度。因为根据我所观测的结果,声音在一秒钟或者在大约一次脉搏的时间内约传递 180 突阿斯(toise)[①]。但是,这个假设似乎应该被视为是有可能的;由于除了从某些物体向另外一些物体传递的连续运动的问题外,具有如此巨大速度的物体的传送倒并不是一个问题。鉴于以这种方式,光的所有现象都可以被解释,相反则所有的事情无法理解,我也就不反对去考虑这些事情,去假设需要时间来完成光的发射。因为在我一贯看来,即使是笛卡儿先生,他的研究曾清晰地论述了物理学的各种课题,他在这方

---

① 法国旧制长度单位,1 突阿斯相当于 1.949 米。——编者

面也的确比前人更加成功,但在处理光及其特性时,也说过一切
都充满困难,乃至于难以想象。

我用来仅作为假设的东西,最近经过勒麦先生精巧的证明,
仿佛成了既定的事实,虽然期待由他本人给出证实所必要的一
切,我也打算在这里说一说。同先前的论证一样,也是由天体观
测出发,不仅证明光的行程需要时间,而且给出需要多少时间,
光速比我刚讲的至少还要大 6 倍。

勒麦先生为此利用了绕木星旋转的众小星体造成的星食,
这些现象经常使他困惑,期望得出
其答案。如图 2 所示,设 A 为太阳,
$BCDE$ 为地球的公转轨道,F 为木
星,GN 为距离它最近的卫星的轨
道。正是由于这个卫星旋转得快,
而比其他三个卫星更适合于作此研
究。假定这个卫星在 G 点进入木星
的阴影部分,又在 H 点从阴影中
出来。

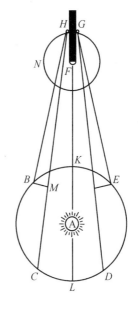

再假设地球在下弦之前的某时
刻到达 B 点,看见该卫星从阴影中
出来;倘若地球留在原处不动,经过
$42\frac{1}{2}$ 小时以后,必定会再看见它同
样地出来,因为这恰好是卫星再跑

图 2

到太阳对面绕其轨道一周所需的时间。如果这个卫星旋转了
30 次而地球始终在 B 点不动,就会每隔 $42\frac{1}{2}$ 小时看见卫星从
阴影中出来 30 次。但是地球在这段时间内已跑到了 C 点,增加
了它与木星间的距离,因而得出如果光的行程需要时间,它在 C
点就比在 B 点晚一些看到这个小星体的光亮,需要晚 30 个
$42\frac{1}{2}$ 小时,在这段时间里光走过 MC 这段空间,即 CH 与 BH

之差。类似地,在另一个弦内当地球从 D 点到 E 点逐渐接近木星时;在 E 点应当比地球在 D 点不动时早一些观察到卫星隐没到木星的阴影中。

在连续十年进行的大量星食观测中,已经发现这些差别非常明显,例如 10 分钟以上;光穿过公转轨道的直径 KL,即地球到太阳距离的两倍,需要大约 22 分钟时间。

地球从 B 到 C 或者从 D 到 E 时木星在其轨道上的运动,已包括在这一计算中;因此,显然不能认为光程迟差或星食超前是小星体运动出现的紊乱或反常。

如果考虑到直径 KL 的巨大尺寸,据我看,大约为 24 000 个地球直径,就会承认光的极限速度。如果假定 KL 不超过 22 000 个地球直径,看来在 22 分钟内穿过它,要求光速为每分钟 1 000 个地球直径,即每秒钟或每次脉搏 $16\frac{2}{3}$ 个地球直径,约一亿一千多万突阿斯。依据皮卡尔(Picard)先生 1669 年遵照国王的命令所作的精确测量,地球直径有 2 865 里格(*league*)[①],估算误差程度 25 里格,每里格等于 2 282 突阿斯。如前所述,在一秒钟的同样时间内声音仅穿过 180 突阿斯,因而光速比音速大六十多万倍。但是,这与瞬时远非同一回事,因为有限与无限完全不一样。用这种方法证实了光的连续运动后,如上所述,就可以得出光像声音的运动那样通过球面波来传播的结论。

如果说二者在这方面相似的话,那在其他方面就不同,也就是说,导致它们运动开始的原因不同;传播它们运动的介质不同;而且传播方式也不同。关于声音的产生的问题,人们知道,它是由物体整个或其中相当大的部分振动震击周围邻近的空气所引起的。但是,光的运动却必定由光亮物体上的每一点发源,不然的话,我们就分不出那个物体的各个不同部分。这一点在下文中会更明显。我相信没有什么别的方法能

----

① 长度单位,1 里格约合 3 海里。——编者

比下述假设更好地解释光的运动，即假设所有液态的光亮物体，例如火焰、太阳和星星的外表，是由飘浮在一种很难形容的介质中的微粒组成，这种介质能极快地震动这些微粒，并使它们撞击周围的比它们更细小的"以太"物质。不过我也认为，在固态的光亮物体，例如在火中，烧红了的木炭或者金属，金属或者木块微粒的激烈振动也会引起同样的光运动；固态光亮物体表面的微粒同样也会撞击"以太"物质。此外，产生光的微粒振动应该比产生声音的物体振动要更直接更迅速，因为我们看到，就像手在空气中的运动不能产生声音那样，产生声音的物体振动也不能产生光。

那么，如果询问被我称为"以太"的传递来自光亮物体运动的物质是什么，人们会看到，它与传播声音的物质不同。因为人们发现后者是我们可以真实感觉与呼吸的，当它从某个地方移开时，在那里仍然存在另一种能传送光的物质。这一点可以通过用抽气机抽出空气来密闭一个装在玻璃器皿内的发声体的方法来证明，这种抽气机是波义耳（Boyle）先生给我们的，他曾用它做过好多漂亮的实验。不过在做我所说的这个实验时，必须细心地将发声体用棉花或羽绒包住，以避免将其振动传递给装它的玻璃器皿或者传递给抽气机，这一预防措施向来被忽略了。这样一来，抽完所有的空气后，就听不到金属的声音了，尽管它仍被敲击着。

在这里，人们不仅看到，不能穿透玻璃的空气是传播声音的物质，而且看到，传播光的物质不是空气而是另一种物质，因为即使从器皿中抽掉了空气，光依旧穿过它。

最后这一点通过著名的托里拆利（Torricelli）实验能更清楚地得到证明。在这个实验中，水银下落留下的没有空气的玻璃管，能像有空气时那样传播光。这就证明了玻璃管内有一种不同于空气的物质，这种物质可以穿透玻璃或者水银，不过，不管是这还是那，空气都穿不透。在同样的实验中，如果在水银上先放一点水后再抽真空，一样可以得出结论，上述物质穿透玻璃或水，或者都穿透。

关于我所讲到的传送声音运动与光运动的不同方式，倘若考虑一下空气有一种能被压缩以至挤进此正常体积小得多的地方的性质时，就足以理解在声音情形下是如何进行的。空气按被压缩的比例尽量恢复其原状；这一特性连同其穿透性，即使在空气被压缩时也存在。这似乎表明，由更小部分构成的"以太"物质中，空气由被快速震动的到处飘浮的微粒组成。所以，声音传播的原因就是声波范围内的这些微粒稍微挤压在一起时，通过相互碰撞以恢复原状的结果。

然而光的极大速度以及它所具有的其他性质，不允许运动像这样传播。我准备在这里给出一个我以为光能够传播的方式。为此，有必要解释一下坚硬物体依次传递运动所应具有的性质。

把一些同样大小的由坚硬材料制成的球排成一条直线，并使它们彼此相切，再用一个同样的球撞击这些球中的头一个，我们发现，运动在一瞬间内就传到了它们的最后一个，并使它离开它们的行列，而我们并不觉察到其他球体曾经被撞动过，甚至于用来作撞击的那个球也同它们静止在一起了。由此可以看出，运动是以极快的速度传递的，做球的材料越坚硬，传递的速度越快。

不过有一点是确定无疑的，即运动的这个传递过程不是瞬时的，而是连续的，因而需要时间。因为如果你硬要这样说，假若运动或运动的序列不是连续地由这些球传送，则这些球就会同时获得运动，而一起往前跑；这种现象没有发生。只是最后一个球离开整个行列，获得了与撞击它们的球的速度一样的速度。此外，还有些实验表明，那些被我们当作最坚硬材料的物体，譬如硬化钢、玻璃以及玛瑙之类，不但在伸展为棒状时而且在制成球或其他形状时由于某种原因也会起到弹簧那样的作用而变形。换句话说，在它们被撞击的地方会凹进去一点儿，随即就恢复了它们原先的形状。因为我发现，在用一个玻璃或玛瑙球撞击由同样材料做成的大而相当厚并且表面平坦的物件时,先在物件上呵口气或用别的办法稍微弄点污,就会留下一些圆形的痕迹,痕迹的大小随撞击的强弱而定。显而易见,这些材料在被撞的地方凹进去,然后又弹回去:因此,必定需要时间。

现在把这种运动方式用来研究光的产生,就没有什么妨碍了。我们估计,"以太"微粒是由一种几乎达到理想硬度并具有可任意选择弹性度的材料构成的。没有必要在这里去考察这种硬度或弹性度的来源,那会使我们偏离了主题。不过,我还是要顺带提一下,我们可以设想"以太"微粒,尽管它们很小,同样也是由其他组分构成的,它们的弹性度取决于一种到处充满着的微妙物质的极快运动,使它们的结构不得不呈现为像液态物质那样极为明显和容易流过的形式。这一点与笛卡儿关于弹性的解释相符,不过我不像他那样以为孔就是圆形的空心管子。不要以为这里面有什么是荒谬或不可能的,其实恰好相反,正是这种无穷的大小不同、速度不同的微粒才使自然界出现这么多千奇百怪的效应。

虽然我们将不管弹性的实际起因,但我们仍然看到许多物体都具有这个性质,因而假定像"以太"微粒这样的微小不可见的物体也具有这一性质,也不值得奇怪。除此以外,如果企图另外寻找任何一种光连续传播的运动方式,会发现没有哪种方式,在似乎是必须均匀行进方面,比弹性方式更合适。因为,假如光运动随着参与传送的物质越多,成比例地变得越慢,光在离开光源后就不可能经过遥远距离而保持其巨大的速度。除非假设"以太"物质的弹性,它的微粒才会具有一样迅速恢复原状的性质,而不论它们是否或强或弱地被推开。因此,光将总是依照同一速度传播。

必须知道,尽管"以太"微粒不是排成一条直线,像我们举例中的那样,而是混乱的,因而它们中的任何一个都与另外几个相切。这不影响"以太"微粒发送和向前传播它们的运动。关于这

图3

方面,有必要值得再提一下一个经过实验证实了的可用于这种传播的运动定律。这个定律是,当一个球,譬如这里的 A,与其他几个相同的球 CCC 相切时,如果它被另一个球 B 撞击,使它给所有与之相切的球 CCC 都施加一个推力,把它的运动整个都发送给了它们,而后就像 B 球那样不动了(图3)。即使不假设"以太"微粒是球形的(在我看来,其实也用不着这么假设),也能很好地了解传递推力的这种性能不会不对上述的运动传播起作用。

大小相同似乎更加必要,否则根据我几年前发表的《碰撞定律》(*Laws of Percussion*),当运动从一个较小微粒向一个较大微粒传递时,应该存在运动的某种反冲。

无论如何,以后将会看到,对于光的传播,即要使传播更轻易和更有效,我们甚至也没有一点必要去作出大小相同这种假设。虽然在像光传播这样重要的问题中,作出"以太"微粒大小相同的假设,并没超出可能的范围,至少在大气层外似乎只传送太阳光和星光的浩瀚空间中是这样。

我在某种程度上已经指出,可以设想光以球面波连续传播,这一传播伴随一种在实验与天体观测中所要求的巨大速度。在这里,或许要进一步指出,尽管假定了微粒作连续运动(关于这一点有很多理由),并不妨碍波的连续传播;因为传播并不在于那些微粒的传送,而只在于一种不可避免向它们周围传递的小的扰动,不管施加在它们上面引起位置改变的是什么运动。

但是,我们还是有必要更具体地研究这些波的起源,以及它们的传播方式。首先,依据我们刚刚所作的有关光产生的论述,太阳、蜡烛或燃烧的

图4

煤这样的光亮物体上面每一个小区域，都能以该区域为中心产生其本身的波。于是，在蜡烛的火焰中标出了点 A、B、C，分别以这些点为中心作出的同心圆就表示来自它们的波。并且，对于火焰表面以及内部的每一点，都必须这样来设想（图 4）。

不过由于这些波的中心的振动不具有规则的次序，所以不能假定这些波本身以相等的距离一个接一个；假若距离像图中所标出的那样，与其用以表示来自同一中心的几个波，不如表示在相等的时间间隔同一个波的行进。

终归不必认为这种互不干扰互不抵消的数量巨大的波不可想象，同一种物质微粒可以适用于来自不同方向，甚至相反方向的许多波是确定无疑的，不仅在它被一次紧接着一次的撞击时是这样，而且对于同时施加在它上面的撞击也是这样。之所以能这样是因为运动的传播是连续的。这一点可以参照上述的一列相同的硬球来证明。如果在同一时刻，从相反的两边朝这列球撞来两个一样的球 A 和 D，将会看到，它们中的每一个都以在撞击时同样的速度反弹回来，但整列球依然保持在原来位置上，尽管运动已经沿着它们传递了两次。如果这两个相反的运动正好在中间的球 B 或者另外某一个球 C 上相遇，这个球的两边将像弹簧一样伸缩，并由此在同一时刻内传递这两种运动（图 5）。

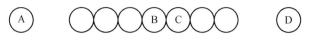

图 5

但是，一开始就显得十分奇怪甚至不可相信的一点是，由如此小的运动和微粒产生的波动竟能传播如此无限遥远，例如从太阳或星星到我们这里这么远。因为这些波的强度必定随着离开其波源而成比例地减弱，以至于每个波的作用将无疑不能单个使我们的视觉觉察到。不过考虑一下由遥远的光亮物体发出的无穷多个波是怎样组合得看起来仅为一个波，尽管它们来自这个物体上的不同点,这个波当然就有足够的强度能观察得到,就不会再感到奇怪了。于是,这些在同一时刻一个大得像太阳一样的固定的星体产生的无穷多个波,实际上构成一个单一的波,可能有足够的强度对我们的眼睛产生影响。此外,在可以想象的最小时间内,每个亮点通过撞击"以太"的那些微粒的频繁振动发出成千的波,这使它们的效应更加明显。

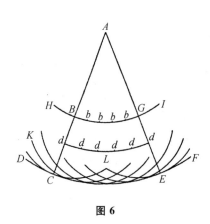

图 6

关于这些波的发射还有另外一种见解,传播波的物质的每一个微粒,应当不仅朝沿亮点出发的直线上的下一个微粒传递其运动,而且必定朝所有与它相邻和背向运动的微粒传递。因此可以得出,围绕每一个微粒,都有一个以该微粒为中心的波产生。如图 6 所示,若 DCF 是以亮点 A 为中心发出的波,在球 DCF 内的微粒 B 发出其分波为 KCL,它将在由 A 发出的主波到达 DCF 的同时,与波 DCF 在 C 点相遇。显然,波 KCL 上的只有区域 C 才与波 DCF 相遇,即只在 AB 的连线上相遇。同样,球 DCF 内的其他微粒,譬如 bb、dd 等,也会产生它们自己的波。不过这些波中的每一个单独与波 DCF 相比起来,可能是极其微弱的,波 DCF 是由所有那些波的离中心 A 点最远的表面部分组成的。另外看到,波 DCF 决定于由 A 点出发的运动在一定的时间间隔内所通过的距离,虽然在它包围的空间中存在有不与球 DCF 相邻的那些分波部分,DCF 这个波之外却没有运动。所有这一切似乎不应当伴随过于细致或微妙的差别,因为在后面我们将看到,光的性质及其反射与折射所具有的一切属性,原则上都能通过这一方法作出解释。对于至今已着手研究光波的那些人而言,这一切都是鲜为人知的。他们当中有胡克(Hooke)先生,在他的

《显微术》(*Micrangraphia*)中作了研究,还有法迪斯(Fardies)神父,他在一篇论文中已经试图利用这些波来证实反射和折射的效应。他曾让我阅读过这篇论文的一部分,由于他不久后去世而没有完成这篇论文。不过我刚才所作论述的要点,在他的论证中是没有的;而且他对其他问题的观点也与我非常不同,如果他的文章被保存下来,将来有一天会看到这一点。

我们接着讨论光的性质。我们首先注意到。波的每一个部分都应当这样传播,使其末端总是落在由亮点出发的两条直线之间。于是,以亮点 A 为中心的波的 BG 部分,将传播到由直线 ABC 和 AGE 所夹的弧 CE 上。因为,尽管包含在 CAE 范围内的微粒所产生的分波也能传播到这个范围之外,像它们正好都传播到其公切圆周 CE 上那样,它们也不会同一时刻凑合成运动被限制的一个波。

因此人们明白,至少在光线不被反射或屈折时,光为什么只沿直线传播,结果除非在从光源到物体的路径畅通之外,光就照不到该物体。例如,如果有一个被不透明物体 BH 和 GI 限制的开口 BG,正如以上所揭示的那样,由 A 点出发的光波将总是被直线 AC 与 AE 所限制;而传播到 ACE 范围之外的分波微弱到以至于不能在那里发亮。

无论我们把开口 BG 做得多么小,总有同样的理由使得那里的光在直线之间穿过,因为这个开口总是大得足以包含大量由难以想象小的"以太"物质微粒,所以看起来光波的每一个小部分必定沿着从亮点出发的直线行进。那么,这样一来,我们可以把光线当做直线。

此外,通过以上有关分波微弱的讨论,可以看出"以太"微粒不必要一样大,尽管一样大小更方便于运动的传播。事实上,在与较大的微粒撞击时,不一样大的微粒随着它的一部分运动而反弹,但这只是产生了一些背向亮点的不能发光的某些分波,而不是像 CE 那样由许多波组合而成的一个波。

光波的另外一个性质,也是最不可思议的性质,是来自不同的或者甚至相对方向的光波,能够毫无阻碍地相互穿过。由此也可以得出,一群旁观者可以在同一时刻通过同一开口看到不同的物体。而且两个人可以同时看到对方的眼睛。依据对光的作用所作的解释,光在相互穿过时是怎样不相互破坏或者不相互干扰,这些我已经提到过的效应就很容易想象了。依我看来,如果遵循笛卡儿的观点,认为光只是达到运动的连续压力,这些效应就完全不容易解释。因为这个压力不可能同时从两个相反方向,对两个没有互相接近趋向的物体施加作用。因而,就不可能理解我刚才所说的现象,即两个人能互相看到对方的眼睛,或者两个火把能互相照亮对方。

第 2 章

论 反 射

· *Chapter* Ⅱ *On Reflection* ·

解释了光波在均匀物质中传播的效应以后，下一步我们将考察当光波遇到其他物体时发生的现象。首先，我们将弄清楚，怎样用这些同样的光波来解释光的反射，以及为什么反射会保持角度相等。

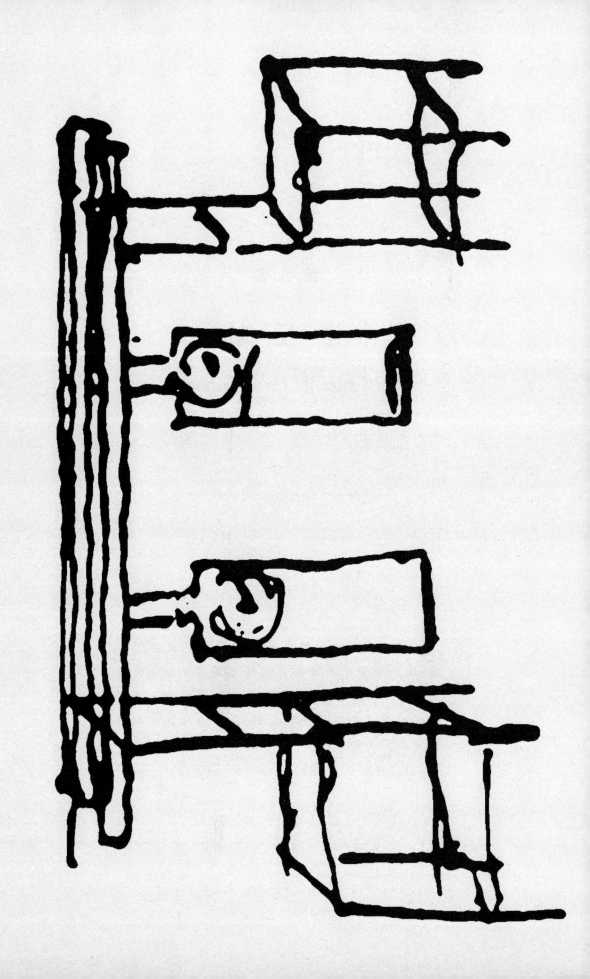

解释了光波在均匀物质中传播的效应以后,下一步我们将考察当光波遇到其他物体时发生的现象。首先,我们将弄清楚,怎样用这些同样的光波来解释光的反射,以及为什么反射会保持角度相等。

设有某种金属、玻璃或其他物体的一个表面 AB,平滑而光亮(图 7)。我先假定它是完全均匀的(我将一直使用这个假定,直到本章结尾处理一些不均匀问题止)。再设一条倾斜于 AB 的线 AC,表示光波的一部分,而光波的中心离得非常远,以至 AC 可以被视为一条直线。由于我们好像在一个平面中来整个地考虑这个问题,设想本图所在的平面,是经过波的中心球面波的剖截面与 AB 平面正交。在整个讨论中只作这一次说明就够了。

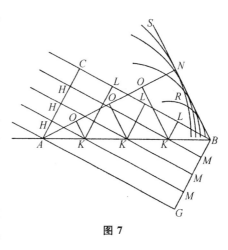

图 7

波 AC 上的 C 点沿着直线 CB,经过一段时间间隔行进到平面 AB 上的 B 点,可以假定 CB 从亮中心出发,并与 AC 垂直。在同样这段时间间隔内,同一个波上的 A 点,受到阻碍而不能或者至少部分地不能将其运动传播到 AB 平面以外,而不得不在该平面上方的物质中,沿着等于 CB 的距离继续运动,如前所述,发出它自身的球面分波。这个波在这里由圆周 SNR 表示,其中心为 A 点,半径 AN 与 CB 相等。

如果大家进一步考察波 AC 上的其他一些部分 H,就可以看到,它们不仅沿着平行于 CB 的直线 HK,到达了表面 AB,而

◀惠更斯手稿中对钟摆观察的原始记录。

且还以 K、K、K 为中心在透明的空气中产生球面分波，这里用一些半径等于 KM 的圆周来表示，换句话说，这些半径等于 HK 延长到与 AC 平行的直线 BG 处的延长部分。显而易见，所有这些圆周有一个公切线 BN，即从 B 点作出的那条直线，它与以 A 点为中心以等于 BC 的 AN 为半径的第一个圆相切。

直线 BN（由 B 与过 A 的垂线的垂足 N 之间的点组成）本身是由所有这些圆周构成的，它限定由波 AC 的反射所引起的运动；而且在 BN 上发生的运动比其他任何地方都强得多。所以，依照前面的解释，BN 是波上 C 部分到达 B 点时 AC 波的传播。因为除了平面 AB 下方的直线 BG 以外，再没有其他像 BN 那样的线，是上述所有圆的公切线；在这里假设了运动可以传递到与平面上方一样的介质中，直线 BG 是波 AC 的传播。如果你想要知道波 AC 是如何连续地传播到 BN 的话，你只需在上述图形中，画出平行于 BN 的直线 KO，以及平行于 AC 的直线 KL。这样你就看到平直波 AC 逐渐屈折为各个 OKL 部分，并在 NB 处再次变直。

这里很明显，反射角等于入射角。由于三角形 ACB 和 BNA 都是直角三角形并有一公共边 AB，而且边 CB 又与边 NA 相等，则这些边对应的角相等，即角 CBA 等于角 NAB。而且正像垂直于 CA 的 CB 标记入射线的方向那样，垂直于 BN 的 AN 标记了反射线的方向，因此，这些光线对于平面 AB 具有相同的倾角。

不过在考虑上述论证时，人们可能会认为，在本图的平面中 BN 为圆形波的公切线的确是真的，但是实际上作为球面波的这些波还有无数类似的公切线，即那些由直线 BN 经过 B 点绕轴 BA 旋转所产生的锥面上的直线。于是剩下的就是要证明在这个问题上并不存在什么困难，而且通过同样的论证，看到为什么入射线与反射线总是位于与反射平面垂直的同一个平面内。注意，被认为只是一条直线的波 AC 产生不了光。因为一束可见光线，不管它怎么窄，总有一个宽度。因此，表示波在行进时构成光线，有必要用某种平面图形来代替 AC，就像我们已经采用的方法那样，通过假定光点在无穷远处，表示为图 8 中的圆 HC。依照前面的论证容易看到，到达平面 AB 的这个波 HC 上的每一段都在 AB 上产生它的分波。在 C 到达 B 点时这些分波会有一个公切面，即一个类似于 CH 的圆 BN，并且这个圆被一个平面从中间垂直地相交，该平面也与圆 CH 和椭圆 AB 同样地相交。

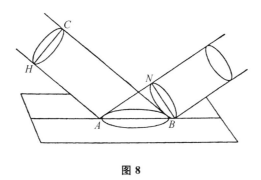

图 8

也可以看到，除了圆 BN 以外，所谓的分波球面不会再有其他的公切面；因此，正是在这一平面上，存在着比其他任何地方更多的反射运动，从而持续从波 CH 来的光。

在前面的论证中，我曾指出，入射波的 A 段的运动本身不能或者至少不能全部地传播到平面 AB 之外。因此必须注意，尽管"以太"物质的运动可能将其本身部分地传播到反射体，但这不能改变决定反射角的波的行进速度。因为在同一种物质中，轻微的撞击与强烈的撞击应当一样快地产生波。这一点出自我们以上所说过的像弹簧那样起作用的物体的性质，即无论压缩多少，它们反冲的时间相等。同样在光的一切反射中，对于任何物体，反射角总是应当等于入射角，不管该物体是否有一种可能吸收部分入射光运动的性质。并且实验表明，事实上没有哪一种磨光了的物体违背这个规律。

不过，在我们的论证中最值得提及的事情是，不像所有试图解释光效应的人们假设的那样，不要求把反射面考虑为一个均匀的平面；而只需要互相靠近放置的反射体的物质微粒所可能具有的那种光滑程度所得到的平面；这些微粒比"以太"物质的微粒要大些，关于这一点在我们讨论物体的透明性与蔽光性时还会涉及。由于反射面像这样由聚集在一起的微粒组成，而"以太"微粒在上面又比较小，显然不能以那些作者一贯采用的方法，类比球投向墙上时所发生的情况来证明反射角与入射角相等。但是在我们的方法中能毫无困难地作出解释。例如，由于应当设想在考虑的最小可见面中有无数微小的水银微粒，像一堆尽可能地撒平的沙粒那样排列着，就我们的情况而言，这个可见面就变得像擦亮的玻璃一样平。虽然与"以太"微粒比较起来，它始终是粗糙的，很明显我们所说的全部反射球面波的中心却几乎在一个均匀平面上，以至公切面能够按照光产生所需要的那样，精确地同它们吻合。在我们的论证方法中，只有这一点是必要的条件，不需要能引起相反作用的各处所反射的运动剩余部分，就使得所说的角度相等。

第 *3* 章

论 折 射

　　采用磨光物体表面反射光波解释反射作用的同样方法，我们来解释透明性以及在透明体内光波传播的和穿过所引起的折射现象，这些透明体既可以是像玻璃那样的固体，也可以是像水、油等那样的液体。

采用磨光物体表面反射光波解释反射作用的同样方法，我们来解释透明性以及在透明体内光波传播的和穿过所引起的折射现象，这些透明体既可以是像玻璃那样的固体，也可以是像水、油等那样的液体。不过，为了使波在这些物体中传播的假设不至于显得奇怪，我将首先说明，可以设想有可能不只一种模式。

首先，如果"以太"物质完全不能穿入透明体，则透明体的微粒就应该像"以太"微粒那样，能够连续地传播波的运动，只要假设它们像"以太"那样也具有起弹簧作用的性质。当考虑水和其他透明液体时，这一点很容易想象，因为它们的固性似乎不允许它们作除了它们同时以一个整体运动以外的其他运动。然而，这是可以避免的，因为这种固性不是我们看来的那种，说得确切些，这些物体根据它们凸凹不平的形状，不过是由一些相互靠得近的微粒构成的，这些微粒靠某种其他物质从外面加压结合在一起。主要是由于能简易地表现它们的稀薄性，磁旋物质在那里穿过，导致吸引力。而且不能认为这些物体有一种像海绵或软面包那样的结构，因为用火加热使它们变形，从而改变物体中微粒的位置。那么，正如已经讲过了的那样，物体是彼此邻接的微粒组成的复合物，而不是一个实心体。既然如此，这些微粒收受的运载光波的运动，只是由它们的某一部分传到另一部分，在这种情况下不需要微粒脱离其位置或者打乱，运动可以丝毫不损害复合物的表观固性而恰当地产生作用。

我所说的外压不应该理解为来自空气的压力，它是不够的，而应该理解为来自某种更精细的物质的压力。这一压力是很久以前我在实验中偶然发现的。在水里不含空气的情况下，虽然已经把空气从封闭管子的容器抽掉，压力继续存留在下端开口

▲在 1671 年绘制的一幅展示科学仪器的图画中，惠更斯制作的摆钟位于图画中心。

的这根管子中间。

那么可以用这种方式来想象固体的透明性,而无须设想传播光的"以太"物质能穿透固体或者在它里面找到进入的缝隙。但是,事实上"以太"物质不仅穿透了固体,而且还非常容易,前面提到的托里拆利实验就是一个证明。因为在玻璃管上部水银和水下落后留出的地方,由于光的穿透,显然立即被"以太"填满了。不过,这是检验透明体和其他各种物体中透明度的另一种论据。

光穿过一个四周封闭的空心玻璃球时,球内与球外一样充满着"以太"物质是肯定的。如上所述,这种"以太"物质由只是相互邻接的微粒组成。那么,假若"以太"像这样被关在球内而不能从玻璃的缝隙中出来,当球的位置改变时,"以太"就不得不随着球一起运动。因而,当把球置于一个水平面上时,要使球具有一定的速度所需要的力,几乎与它装满了水或者水银时一样。因为每一个物体对外加运动速度的抵抗,与所包含的随着运动的物质的量成正比。但是,正好相反,人们发现球对于运动效应的抵抗,只是正比于组成玻璃的物质量。由此可见,球内的"以太"物质肯定没有被关住,而是非常自由地流出来了。以后我们将证明,可以照此方法猜测有关不透明体的透明度。

接着来看解释透明性的第二种模式,似乎可能更合适些,即认为光波是由均匀地填充透明体间隙的"以太"物质传递的。由于光波连续自由地穿过透明体,所以透明体始终充满着"以太"。人们甚至可以证明,这些间隙比构成物体的相连接的微粒占据着更大的空间。因为,如果我们以上所说的是正确的,使物体具有一定水平速度所需要的力,正比于它包含的相连接的物质;并且如果力的比例遵守重力定律,就像实验所证实的那样,那么构成物体的量也遵守它们的重力比例。我们知道水只有同样体积水银的十四分之一重,于是水物质不是占据整体存在空间的十四分之一。它准是占据得还要少。由于水银还没有金重,而金物质也绝不是密实的,正如下述事实表明的那样,磁旋物质造成的吸引力非常随意地穿透它。

但在这里也许有人会问,如果水是如此稀薄的物体,并且它的微粒只占据了其表观体积中这么小的一部分,非常奇怪它还能如此强烈地抵抗压力而不让它本身被人们一向企图施加的各种力所压缩,在受到压力时甚至保持其整个的液性。

这个困难不小,但可以通过下述方法来解决。通过组成水的微粒的振动,覆盖水液体的精细物质的剧烈而快速的运动维持住这种液性,而不管谁曾有意给它施加过力。

既然透明体的稀薄性如上所述,就容易设想光波由填充微粒缝隙的"以太"物质传递。此外,也会相信光波在物体内部行进时应该稍微慢一些。因为微粒造成了一些小的迂回。我将要说明光速不同的物质中的折射。

在这么做以前,我简述一下关于透明性设想的第三个也是最后一个模式。假设光波的运动在占据物体缝隙的"以太"物质微粒中的传递,与在组成物体的微粒中的传递无关,使得运动在两种微粒中从一种向另一种传递。以后将看到,这个假设能用来很好地解释某种透明体的双折射。

假如有人以下述理由提出反对,即如果"以太"微粒比构成透明体的微粒小(因为"以太"微粒在透明体微粒的间隙中穿过),则它们可以传递运动,不过稍小些,可以作出的回答是,这些物体的微粒本身又是由更小的微粒组成的,可能正是这些次级微粒接受"以太"的运动。

另外,如果透明体的微粒比"以太"微粒的反冲稍微缓慢些,这不妨碍我们的假定,光波的行进在这些物体内比在这些物体外的"以太"物质中要慢。

所有这些就是我所发现的光波穿过透明体的最可能的模式。要作一点补充的是,这些物体与那些不透明体不一样,由于"以太"物质容易穿透它们,看起来似乎尤其如此,没有什么物体是不透明的。类比用以证实玻璃密度小以及容易为"以太"穿透的空心球的推理方法,也可以证明金属和其他种类的物体都具有同样的穿透性。譬如一个银制的球,球是封闭的,它无疑包含着传递光的"以太"物质,因为"以太"物质像在空气中一样存在于那里。还有,把球封闭起来置于一个水平面上,它只根据组成球的银物质量来抵抗施加给它的运动,因而必定得出同上的结论,封闭在球内的"以太"物质不随球运动;所以银跟玻璃一样很容易被这种物质穿透。于是,银和其他不透明体的微粒之间被大量的"以太"物质均匀地填满,又由于"以太"可以传递光,所以看起来这些物体都应该是透明的,然而实际情况并非如此。

于是人们就会问,它们为什么不透明?是否因为组成它们的微粒不硬?换句话说,由比它更小的微粒组成的微粒,在受到"以太"微粒的压力时,能否改变它们的形状并借此使运动衰竭从而阻碍光波持续?不是这样的。因为,如果金属的微粒不硬的话,擦亮的银和水银怎么会这样强有力地反射光呢?我在这里找到的最有可能的解释,就是认为金属作为几乎最合适的实在的不透明物体,在它们的硬微粒中混有一些不硬的微粒,使得一部分微粒反射而另一部分微粒阻碍穿透;另一方面,如上所说,透明体只包含具有反冲本领的硬微粒,同"以太"微粒一起传播光波。

我们现在转到关于折射效应的解释方面来,像前面所作的那样,假定光波在透明体内通过,而且在其中减慢速度。

折射的主要性质是,在空气中的光线,譬如 AB,倾斜地落

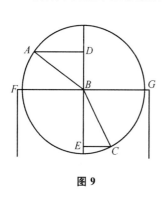

图 9

在一个透明物体的擦亮的表面 FG 上,在入射点 B 处屈折,以垂直分割表面的直线 DBE 为界,使角度 CBE 小于角 ABD,即在空气中与该垂线所夹的角(图 9)。这些角的大小可以通过以 B 点为中心画出一个与半径 AB、BC 相截的圆得到。从交点向直线 DE 所作的垂线 AD、CE,称为角 ABD、CBE 的正弦,它们之间有一个固定的比值,对于一个至少给定的透明体,入射光线的所有倾角,它们的比值是相同的。这

一比值在玻璃中非常接近于 3 比 2；在水中，非常接近于 4 比 3；
在其他透明体中，也同样有所不同。

　　与这一点类似的另一个性质是，折射对于进入和离开透明
体的光线之间，是互换的。换句话说，如果进入透明体的光线
AB 被折射成 BC，那么同样地，这个物体内的光线 CB，在穿出
时被折射成 BA。

　　接着，为了用我们的原理来解释这些现象的原因，假设直线
AB 表示位于 C 方和 N 方的不同透明材料的分界平面（图 10）。
我这里所说的平面，并不意味着完全平坦，而像我们在研究反射
时那样来理解，并且理由也是同样的。设直线 AC 代表光波的
一部分，假定其中心离得非常远，使得这一部分可以被认为是一
条直线。波 AC 上的点 C 在一定的时间间隔内将沿着直线 CB
推进到平面 AB，可以被设想是从光亮中心出发，而且与 AC 正
交。如果透明体物质与"以太"物质能同样快地传播波的运动，
那么，在相同的时间间隔中，A 点将沿着与 CB 平行而且相等的
直线 AG，到达 G 点；如果透明体的物质传送光波运动与"以太"
物质一样快，波 AC 上的所有点应当到达 GB。但是，我们假设
透明体物质传送这种运动要慢些，例如，慢 $\frac{1}{3}$。于是，透明体中
A 点的运动像前面所说的那样产生自己的球面分波，将传播开
等于 $\frac{2}{3}CB$ 的距离。这个分波用圆周 SNR 表示，它的中心为 A，

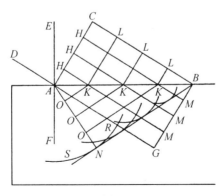

图 10

半径等于 CB 的 $\dfrac{2}{3}$。如果依次考虑波 AC 上的其他点 H，就会发现，在 C 点到达 B 点的同时，它们不仅沿着与 CB 平行的直线 HK 到达了表面 AB，而且还在透明材料中以 K 点为中心产生分波，在这里用一些半径等于 $\dfrac{2}{3}$ 的 KM 长度的圆周表示，这些半径也等于 HK 到直线 BG 的延长线的 $\dfrac{2}{3}$；如果两种透明材料具有相同的穿透性，半径就将等于整个 KM 的长度。

所有这些圆周有一条公切线 BN，也就是我们先前考虑的从 B 点所作的与圆周 SNR 相切的那一条直线。因为容易看到，从 B 到 AN 落在 BN 上的垂足 N，其他那些圆周都将与这同一条 BN 相切。

正是由这些圆周上的小弧线所组成的直线 BN，使波 AC 在透明体内传播的运动终止，而且 BN 上的运动比其他地方更大。我们不止一次说过，由于这个原因，这条直线就是波 AC 在它的 C 点到达 B 点时的传播。因为平面 AB 下方的其他任何直线都不像 BN 那样，是所有这些分波的公切线。如果知道波 AC 是怎样逐渐到达 BN 的，需要做的只是在同一图形中画出所有平行于 BN 的直线 KO 以及平行于 AC 的直线 KL。那就可以看到作为一条直线的波 CA，各点接连地变成了曲折的 LKO，在 BN 处再变成一条直线。这一点在前面的论述中已经很明显，没有必要作进一步解释。

在上述图形中，如果画出了与平面 AB 正交于点 A 的直线 EAF，由于 AD 垂直于波 AC，表示入射光线的应当是 DA，而表示折射光线的是垂直于 BN 的 AN，因为光线只不过是波的各个部分行进时沿着的直线。

由此容易识别折射的这种主要性质，即角 DAE 的正弦与角 NAF 的正弦之比总是为同一值，而不管光线 DA 的倾角如何。并且这一比值也是 AE 方向透明物质中的波速与 AF 方向透明物质中的波速之比。因为，假定 AB 为一个圆的半径，那么

角 BAC 的正弦就是 BC，角 ABN 的正弦就是 AN。而角 BAC 又等于角 DAE，因为它们加上角 CAE 后都是直角。角 ABN 又等于角 NAF，因为它们加上角 BAN 后都是直角。因此，角 DAE 的正弦与角 NAF 的正弦之比，就等于 BC 比 AN。而 BC 与 AN 之比又等于 AE 方向物质中的光速与 AF 方向物质中的光速之比；因此，角 DAE 的正弦与角 NAF 的正弦之比也就等于所说的光速之比。

所以，为了看一看当光波进入一种比它源出的那种物质中运动传播更快的物质中时（假定这一比为 3 比 2）折射会是什么样子，只需要重复我们所采用过的解释与论证，仅仅各处用 $\frac{3}{2}$ 来代替 $\frac{2}{3}$ 就行了。在图 11 中，通过同样的推理求得，当波 AC 上的 C 点到达表面 AB 上的 B 时，波 AC 上的各个部分行进到 BN 那样远，使得垂直于 AC 的 BC 与垂直于 BN 的 AN 之比等于 2 比 3。最后，还有一个同样的比值，是角 EAD 的正弦与角 FAN 的正弦之比。

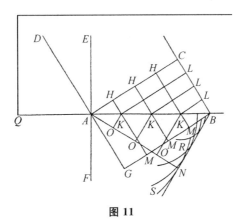

图 11

由此，可以看到光线进入和离开同一透明体的折射的互易关系，即如果落在表面 AB 上的光线 NA 被折射到 AD 方向，那么光线 AD 在离开透明体时将被折射到 AN 方向。

也可以看出这种折射中的一个值得注意的现象的原因：这一现象是这样的，超过某一个给定倾角的入射光线 DA 就开始不能进入另外的透明物质。如果角 DAQ 或者角 CBA 取这样的值，使得三角形 ACB 中的 CB 等于或者大于 AB 的 $\frac{2}{3}$，那么 AN 就不能构成三角形 ANB 的一条边，因为它等于或者大于 AB。因此，任何地方都找不到波 BN 的部分，当然也就找不到属于它的垂线 AN。因而入射光线 DA 不能进入表面 AB。

当波速的比值像我们的例子中那样对于玻璃与空气为 2 比 3 时，要使光线 DA 能够折射穿透，角 DAQ 就必须大于 48 度 11 分，当速度比值十分接近于水与空气的 3 比 4 时，角 DAQ 就必须超过 41 度 24 分。这一点与实验完全一致。

在这里也许会问：既然波 AC 与表面 AB 的相遇应该在另一方的物质中产生运动，那么为什么在那里却没有光线穿过呢？如果还记得我们前面讲过的内容，那么对这个问题的回答就简单了。因为，尽管它在 AB 另一方的物质中产生了大量的分波，但是这些波在同一时刻没有一条公切线（直的或者弯曲的）；于是越过 AB 表面没有一条线终止波 AC 的运动，或者没有任何地方使运动聚集得足以产生光。容易看到这一说法的真实性，假定 CB 比 AB 的 $\frac{2}{3}$ 大，如果以 K 点为中心以 LB 的 $\frac{2}{3}$ 长度为半径画出相应的圆，越过 AB 平面激发的这些波没有公切线。因为这些圆一个包一个并且都通过 B 点。

值得注意的是，从角 DAQ 小于允许折射光线 DA 进入另一种透明材料的角度起，就会发现表面 AB 上发生的内反射在亮度上大多了。通过三棱镜实验很容易实现这一点，而且我们的理论能够为此提供解释。如果角 DAQ 仍然大得足以使光线 DA 穿透，可以很明显地看到，由波的 AC 部分的出来光到达 BN 时，被汇聚到一个最小的空间中。随着角 CBA 或角 DAQ 的变小，波 BN 似乎更快地变小，直到角度减小到刚才所指出的极限时，波 BN 就汇聚成一点。换句话说，当波 AC 上的 C 点到达 B 时，波 AC 的传播 BN 将整个地缩小到同一点 B 上。同样，当 H 到达 K 时，AH 也将整个地缩小到同一点 K 上。由此显而易见，根据前面已交代过的反射定律随着波 AC 到达 AB 表面，将产生大量的沿着那个表面的运动，这些运动也应当在透明体内传播，也应当有特别加强的子波在表面 AB 上产生内反射。

　　因为入射角 DAQ 减小一点就会使原先不小的 BN 缩小为零（当这个角在玻璃中为 49 度 11 分时，角 BAN 还有 11 度 21 分；而当这个角度只减小了 1 度时，角 BAN 就被减小到 0 度，于是 BN 就被缩小为一点），由此可见，当入射角的取值使光线不再去折射穿过，内反射会从模糊突然变得明亮起来。

　　现在来考虑通常的外反射，也就是入射角 DAQ 足够大，使得折射光线能穿透表面 AB 时所发生的反射。这种反射应当贴着在透明体外所连接的物质微粒发生。看来，反射是在空气或其他物质的微粒以及"以太"微粒之中产生的，而且大一些。另一方面，这些物体的外反射是在构成它们的微粒中发生的，这些微粒也比"以太"的微粒大，因为后者能在它们的缝隙中流动。事实上，在那些实验中还有一些反例，当把空气从容器和管子中抽掉，即使没有空气的微粒的贡献，内反射也能发生。

　　此外，经验告诉我们，这两种反射差不多一样强，在不同的透明物体中，这些物体的折射越大，反射就越强。于是可以明显看到，玻璃的反射比水强，钻石的反射比玻璃强。

　　我准备以一个值得注意的定理的论证来结束这个折射理论。该定理与折射理论有关，即位于不同介质中的两点，光线要从其中一点传播到另一点就得照这种方式折射，在连接这两种介质的平面上使光线花费最少的允许时间。在一个平面上的反射，发生的情况完全一样。费马（Fermat）先生第一个指出了折射的这种性质，他同我们一样与笛卡儿先生的观点正好相反，认为光在玻璃和水中比在空气中走得慢些。不过他还假定了一个我们刚才单靠速度的快慢而证明出的正弦的常数比值。更确切些来讲,他不仅假定速度不同而且还假定光线的传播所需的时间最小,并由此推导出正弦的常数比值。他的论证非常长,可以在他的已出版的著作中,以及在笛卡儿先生的通信集中看到。因此,我在这里给出另一个简易的证明。

设 KF 为平面(图 12);A 点在光容易传播的介质中,譬如空气,C 点在另外一种很难穿透的介质,例如水中。再假定光线从 A 经过 B 到达 C,在 B 点按照我们前不久证明的定理折射;也即是说,画出与平面正交的 PBQ,使角 ABP 的正弦与角 CBQ 的正弦之比,等于 A 点所处介质中的光速与 C 点所处介质中的光速之比。要证明的是光沿 AB 和 BC 穿过所需要的时间,是各种可能值中最小的一个。首先不妨假定光可以沿其他路径传播,譬如沿 AF 和 FC,折射点 F 与 B 点离 A 远一些;作 AO 垂直于 AB,FO 平行于 AB;BH 垂直于 FO,FG 垂直于 BC。

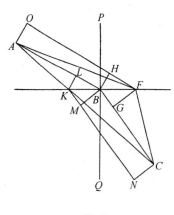

图 12

那么,由于角 HBF 等于角 PBA,角 BFG 等于角 QBC,因而可以得到,角 HBF 的正弦与角 BFG 的正弦之比,等于介质 A 中的光速与介质 C 中的光速之比。而如果我们将 BF 看做圆的半径,那么这些正弦值就等于直线 HF 与 BG 的长度。于是直线 HF 与 BG 之比,就等于所说的速度比。因此,假定光线为 OF,那么光沿 HF 传播的时间应当等于在介质 C 中沿 BG 传播的时间。而沿 AB 传播的时间又等于沿 OH 传播的时间;于是,沿 OF 传播的时间就等于沿 AB 和 BG 传播的时间。此外,沿 FC 传播的时间又大于沿 GC 传播的时间,因此沿 OFC 传播的时间将大于沿 ABC 传播的时间。同时 AF 又大于 OF,于是沿 AFC 传播的时间将比沿 ABC 传播的时间更长。

现在, 假定光线沿 AK 与 KC 从 A 点到达 C 点; 其中折射点 K 比 B 点离 A 点近些, 作 CN 为 BC 的垂线, KN 平行于 BC; BM 垂直于 KN, KL 垂直于 BA。

这里, BL 和 KM 是角 BKL 和角 KBM 的正弦; 也就是角 PBA 和角 QBC 的正弦。因此, 它们之间的比值就等于介质 A 中的光速与介质 C 中的光速之比。于是沿 LB 传播的时间就等于沿 KM 传播的时间; 又因为沿 BC 传播的时间等于沿 MN 传播的时间, 所以沿 LBC 传播的时间就等于沿 KMN 传播的时间。而沿 AK 传播的时间又大于沿 AL 传播的时间, 因此沿 AKN 传播的时间就大于沿 ABC 传播的时间。同时, KC 又比 KN 长, 于是沿 AKC 传播的时间将比沿 ABC 传播的时间更长。由此可见, 沿 ABC 传播的时间是最短的可能值; 这一点将会得到证实。

第 4 章

论空气的折射

· Chapter IV On Refraction of the Air ·

显而易见，当物质不是均匀的，而是使运动在其中一边比另一边传播得更快的一种结构，光的波就不再是球面的：而需要随连续的运动在相同时间里通过的不同距离来确定它们的形状。

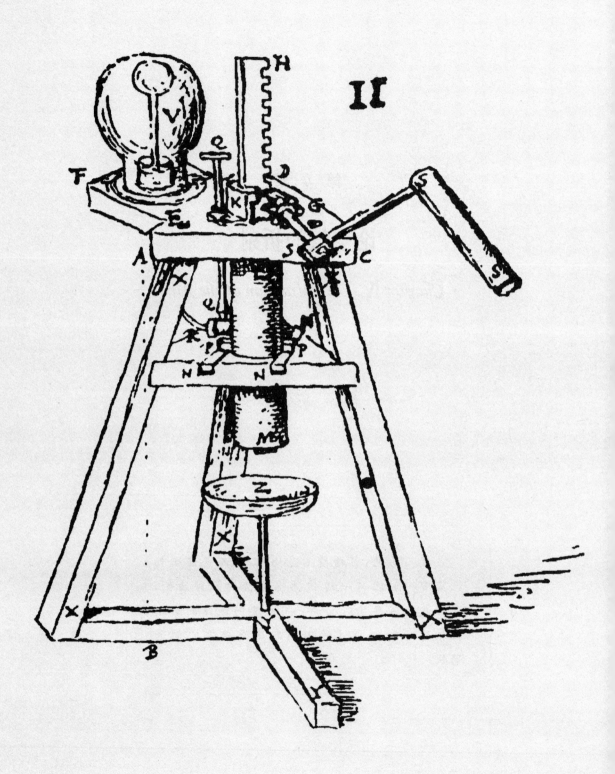

　　我们已经说明了在任何均匀物质中构成光的运动是怎样通过球面波传播的。显而易见，当物质不是均匀的，而是使运动在其中一边比另一边传播得更快的一种结构，光的波就不再是球面的；而需要随连续的运动在相同时间里通过的不同距离来确定它们的形状。

　　因此，我们将首先解释空气中发生的折射，从这里到云层和云层之外。这种折射效应很值得一提，因为通过它们我们常常能看到一些本来已被地球的球体所遮蔽的东西，譬如岛屿以及人们在海上看到的山顶。也正是因为这种效应，太阳和月亮看起来在它们真正升起之前就已经升起来了，而落下去时又似乎迟一些；以至于经常看到月食出现时太阳仍然地平线上。同样，如天文学家所知道的，也是由于这种折射效应，太阳和月亮的高度以及所有星星的高度看起来总是比实际上高一些。不过有一个实验更明显地表现了这种折射效应。实验是在某个位置上固定一个望远镜，使之能观察到半里格或更远距离外的物体，譬如一座尖塔或一栋房子。那么，如果你在一天的不同时间中来观察，并以同一种样子固定望远镜，你就会发现物体上的同一点并不总是出现在望远镜筒孔的中部，而通常在早晨和傍晚当地面上有较多水汽时，这些物体好像升高了一些，以至于有一半或一半以上看不到了；而到正中午当水汽消散时它们显得较低。

　　那些以为折射现象只在性质不同的透明体的隔离表面上发生的人应当发现，很难对我刚才提到的那些现象给出一个解释。但是根据我们的理论，这件事却是十分容易的。众所周知，我们周围的空气，除了飘浮在曾交代过的"以太"物质中的自身微粒以外，还充满了因热作用蒸发的水微粒。一些十分明确的实验进一步地证实，如果人们登得更高一些的话，空气的密度将成比例地

◀1688 年惠更斯手绘的真空泵插图

减小。无论水和空气微粒是否凭借"以太"微粒参与构成光的运动,反弹都不如"以太"微粒迅速,即无论这些空气和水的微粒对于"以太"过程的运动传播造成的对抗与阻碍是否迟滞了"以太"过程,都可以得出,在"以太"微粒中飞来飞去的这两种微粒必定使空气从相当高的地方到地面逐渐变得不容易传播光波。

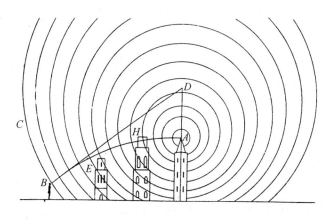

图 13

由此,波的形状应该变得接近于图 13 所示:即,如果 A 是一盏灯或者是一座尖塔上的可见点,那么它发出的波应该向上传播得宽广些,向下不太宽广,而在其他方向则或多或少地接近于两端。由此必然得出,除了与地平线垂直的那一条直线以外,所有与波正交的线都从 A 点的上方穿出。

设把光传到观察者 B 的波为 BC,与波垂直相交的直线为 BD。因为在我们看来我们借以判断物体方位的光线或者直线同到达我们眼睛的波的正交线没有什么两样,所以依照上述说法来理解,显然 A 将被感觉到是位于直线 BD 上,因而比实际要高。

同样,如图 14,如果设地面为 AB,大气层的顶部为 CD,这里的 CD 可能不是一个轮廓分明的球面(因为我们知道随着人们登高,空气按比例变得稀薄,使得高处的空气的压力是如此之小),来自太阳的光波以这样一种方式,例如,它们在没有进入大气层 CD 前与直线 AE 正交,则当它们进入大气层后,在高空比在地面附近前进得更快。因此,如果 CA 是把光载至 A 点观察者的波,它的 C 区域将前进得最快;而与这个波正交的直线 AF 决定了太阳的视在位置,比沿 AE 看见的实际的太阳位置要高。由此可能产生以下现象,没有水蒸气时本来不应该被看到的太阳,由于直线 AE 碰着地面,通过折射在线 AF 上被看到。不过由于水汽稀薄只是些微地改变光波,所以角度 EAF 几乎不会超过半度。而且这些折射并非在所有天气下都是一致的,尤其是对于 2 度到 3 度的小仰角情形,这是由于自地面升起的水汽量的不同而引起的。

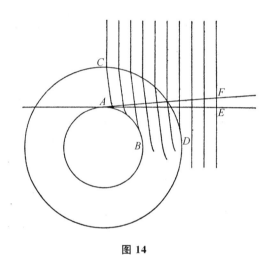

图 14

这也是为什么尽管在相同的地点观察,在某个时刻一个远距离的物体会被另一个稍近距离的物体遮蔽,而在另一个时刻它却可能被观察到。这个效应的原因在我们将要论及的关于光线的弯曲的内容中,会表现得更为明显。从上面的解释中似乎可以得出一个结论:光波的一小部分的行进或传播就是我们称之为光线的东西,在一个透明度不均匀的大气中,这些光线应该是弯曲的,不再像它们在均匀介质中那样笔直。因为正如我们将要证明的那样,光线必定像图 13 那样,沿着与所有波正交的线 AEB,从物体传送到眼睛;而且也正是这条线决定了位于中间物体能否阻碍我们看到目标。尽管尖塔 A 点看起来似乎升到了 D 点，但由于塔 H 位于二者之间，它还是不会为眼睛 B 所观察到，因为 H 同曲线 AEB 相交了。而曲线下方的塔 E，就不能阻碍人们观察到 A 点。现在，根据地面的空气密度比其上空的大这一事实，光线 AEB 的曲率将变大：以至于在某一时刻它将从顶点 E 的上方穿过，使得眼睛 B 能够观察到 A 点；而在另一时刻它却被同一塔 E 所截断，使得同样的眼睛看不见 A 点。

为了证明这种光线弯曲同我们前面所有的理论是一致的，我们假定 AB 为来自 C 方的光波的一个小部分，而这一光将被我们认为是直线（图 15）。又假定 AB 同水平面垂直，B 比 A 靠近地面。因为水蒸气在 A 点的阻尼比在 B 点小，来自 B 点的部分波传播过一个较短距离 BE 时，来自 A 点的分波传播过一个距离 AD，而

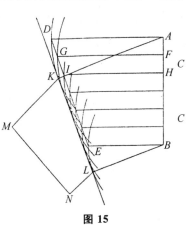

图 15

AD 与 BE 都与水平面平行。另外，设 FG、HI 等直线由直线 AB 上的各点划向线 DE（DE 是直线或者可被认为是直线），并假定 A 与 B 之间不同高度上大气的不同透明度由这些线来表示；那么当来自 A 点的部分波传播过空间 AD 时，来自 F 点的部分波将传播过空间 FG，来自 H 点的部分波将传播过空间 HI。

如果以 A 和 B 为圆心，画出表示来自这两点的波传播的圆 DK 和 EL，并作直线 KL 同这两个圆相切，很容易看出 KL 这一条直线将是所有以 F、H 等为圆心所画的其他圆的公切线，并且所有切点都将落在垂线 AK 和 BL 所夹的这个线段上。于是，线 KL 将包络来自 AB 上各点的分波的运动；并且在同一时刻，KL 之间的运动将比在其他地方要强，因为无数个圆在一起构成了这条直线。因而 KL 将成为波 AB 部分的传播，正如我

们在解释反射和正常折射时所说的那样。显而易见，AK 与 BL 将向空气中不太透明的那个方向倾斜，因为 AK 比 BL 要长并与它平行，所以线 AB 与 KL 被延长后将在 L 那一边相交。而角 K 是直角，因此角 KAB 应为锐角，也就小于角 DAB。如果用上述的同样方法来考察波 KL 部分的传播，就会发现再过一段时间后它将到达 MN，并且垂线 KM 和 LN 比 AK 和 BL 更加倾斜。这足以证实，正如我们所说的那样，光线将沿与所有波正交的曲线传播下去。

第 5 章

论冰洲石的奇异折射

• Chapter V   On the Strange Refraction of Iceland Crystal •

有一种取自冰岛——北海中纬度 66 度的一个岛屿的晶体或透明石头，它的外形和其他性质，尤其是奇异折射性值得特别关注。

Baubrun Pinx.   N.Dupuis Scul.

JEAN DOMINIQUE CASSINI

De l'Acad.ᵉ Royale des Sciences.
Né à Perinaldo, dans le Comté de Nice, le 8 juin
1625. Mort à Paris, le 14 Septembre 1712.

1．有一种取自冰岛——北海中纬度 66 度的一个岛屿的晶体或透明石头，它的外形和其他性质，尤其是奇异折射性值得特别关注。尤其是由于在各类透明物体中唯有这一类不遵循关于光线的通常规则，所以我认为有必要仔细地研究奇异折射性的原因。我甚至是不得已而进行这一研究，因为这种晶体的折射似乎推翻了我们先前对于规则折射的解释；恰恰相反，正如以后将会看到的，在同一原理下，晶体的奇异折射有力地证实了我们的解释。在冰岛找到的一些大晶体中有的达 4 到 5 磅重。不过在其他国家也有发现，我就有一些这样的晶体，其中一部分是在法国香巴尼的特洛伊斯城（Troyes in Champagne）附近找到的，另外一部分出自于科西嘉岛（Corsica），尽管它们都不太透明而且只是些小片片，简直不能观察到任何折射效应。

2．已公开的关于冰洲石的第一手资料来源于伊拉斯莫斯·巴塞林那斯（Erasmus Bartholinus）先生，他已经给出了冰洲石及其主要现象的描述。但是在这里我并不准备放弃给出我自己的描述。这里为了给那些可能没看过他的书的人们一些指导，也是由于就某些现象而言，他的观察和我所作的那些观察之间存在着细微差别：因为我非常严谨地考察这些折射性质，使得在着手解释它们的原因之前就有十分的把握。

3．由于这种石头坚硬而且易于被劈开，它应被视为一种云母而不是一种晶体。因为铁钉在它上面弄一个切口，就像在任何其他比重相等的云母或雪花石膏上弄一个切口那样容易。

◀卡西尼像。在惠更斯发现土卫六后，卡西尼又发现了四颗土星卫星（土卫八、土卫五、土卫四和土卫三），并于 1675 年发现了土星光环的卡西尼环缝。

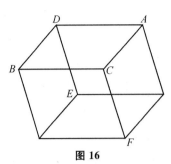

图 16

4. 现有的冰洲石碎片具有斜平行六面体的外形；六个面中的每一个面都是平行四边形；可以顺着与每两个相对面平行的三个方向劈开。如果你愿意的话，所有的六个面都可以是相等的相似菱形。图 16 表示一片这种晶体。所有的平行四边形的钝角，这里 C 和 D，都是 101 度 52 分。因此锐角（如 A 和 B）为 78 度 8 分。

5. 在立体角中，有两个彼此相对的角，如 C 和 E，它们之中每一个都是由三个相等的平面钝角所组成的。其他六个立体角则由二个锐角与一个钝角组成。所有我刚才讲述的内容都已被巴塞林那斯先生在他的论文中同样地说明，我们的一些细微差别只是角度的数值。此外，他还详细叙述了这种晶体的其他一些性质，即当用布摩擦后，它会像琥珀、钻石、玻璃和西班牙蜡一样吸引稻草及其他一些轻小物体。把一片晶体用水盖一天或者更长一段时间，它的表面会失去天然的光泽。如果将浓硝酸泼在晶体上面，尤其是像我所发现的，如果晶体被研成了粉末，会产生起泡现象。通过实验我还发现，它在火中加热时会变成红色，而没有其他变化或减小透明度。尽管如此，非常猛强的火会把晶体熔解。冰洲石的透明度几乎不比水和岩石晶体逊色，并且它还是无色的。但是，光线却以不同方式穿透它，并且产生了那些我正将试图解释其原因的不可思议的折射现象。关于这种晶体的形式与异常结构的推测，将留到本书的末尾。

6. 我们已知的所有其他透明体中，只存在着一种单一简单的折射，然而在这种物质中却存在着两种不同的折射。其效应是，透过它所看到的物体，尤其是那些正对它而放置的物体，有两个影像；并且照在其某一表面上的一束太阳光会自己分裂为两束穿过晶体。

7．对于其他那些透明体，还存在着另一个普遍性的规律，即垂直照在表面的光线将不被折射地笔直穿过，而斜照的光线则总是被折射。但是，在这种晶体中，垂直光线会被折射，也存在着垂直穿过的斜照光线。

8．为了更详细地解释这些现象，首先，假定有一块这种晶体 ABFE（图 17）。设组成等角立体角 C 的三个平面角之一的钝角 ACB 被直线 CG 分为两个相等的部分。设想晶体被一个过这条直线和边 CF 的平面所分割，该平面应当垂直于表面 AB，并且其在晶体内的截面将构成一个平行四边形 GCFH。我们称这一截面为晶体的主截面。

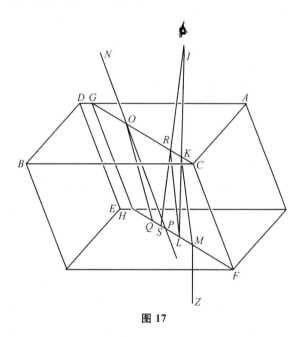

图 17

9．现在，如果我们遮盖住表面 AB，仅在直线 CG 上的 K 点留一个小孔，并将它暴露在太阳下，使得太阳光线从上方垂直地对着它，那么光线 IK 将在 K 点自己分裂为两束，一束将沿 KL 垂直地继续下去，另一束将沿直线 KM 分离开。这里的 KM 位于平面 GCFH 上，并与 KL 构成一个倾向立体角 C 那一边的大约为 6 度 40 分的角；并且当它在晶体的另一面出现时,它又将变得与 IK 平行而沿着直线 MZ。因为在这种异常折射中,由折射光线 MKI 看到的点 M,我们认为是由 I 到达眼睛的,由此必定得出,通过同样的折射,由折射光线 LRI 将看到点 L,结果是倘若离眼睛的距离 KI 非常大的话,LR 将与 MK 平行。那么,点 L 看起来就似乎在直线 IRS 上;但是,在正常折射中,这个点看起来又似乎在直线 IK 上,因此它必定被判断为双的。同样,如果 L 是放在晶体上的一张纸或者其他东西上的一个小孔,当把它翻转过来朝向日光时,孔看起来好像就有两个,而且这两个孔看来随着晶体厚度的增大而彼此分开。

10. 另外,如果我们转动晶体,使得一束入射太阳光 NO 将在平面 GCFH 上继续行进,它与 GC 构成 73 度 20 分的角,也就几乎与棱边 CF 平行,CF 与 FH 构成 70 度 57 分的角。那么依据我们将在最后所作的计算,这束光线将在 O 点自己分裂为两束,一束将沿着与 NO 在同一直线的 OP 继续下去,并同样不折射地从晶体的另一侧穿出;另一束将被折射而沿着 OQ 继续下去。必须注意,通过 GCF 或者与之平行的那些平面才是特殊的,位于这些平面上的所有入射光线在进入晶体后,继续保持在这些平面内并变为双重的。我们以后将要看到,与晶体相交的其他那些平面内的光线,情况完全不一样。

11. 首先,我通过这些实验和其他一些有关光线在这种晶体中受到的双重折射的实验认识到,有一种折射是遵循正常规则的,光线 KL 和 OQ 就属于这种折射。这就是我为什么要把这种正常折射从其他折射中区别开来的原因;通过精确的观察来对这种折射进行测量,我发现其入射线与反射线同垂线所夹角的正弦比极其接近 5 比 3,这一结果同巴塞林那斯的发现一样,比岩石晶体或者玻璃的正弦比 3 比 2 要大。

12. 精确地进行这些观察的手段如下所述。如图 18 所示,在置于完全平坦桌面之上的一张纸上,画出黑线 AB 以及

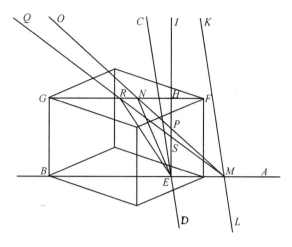

图 18

另外两条与它垂直相交而又彼此相距的黑线 CED 和 KML。它们之间距离的大小依照所要考察的光线的倾斜度而确定。然后，把晶体置于交点 E 上，使得线 AB 与晶体下表面的钝角平分线重合或平行。当眼睛位于线 AB 的正上方时，看起来仅是单线，而且还会看见，通过晶体看到的部分与露在晶体外的部分汇集在一条直线上。但是，线 CD 看起来是双的，并且能分出由于正常折射而出现的像。当人们用双眼来观察它时，它似乎比另一个像上升得更高些，或者，把晶体在纸上转一圈，它保持不动，而另一个像移动并又完全移回来。然后，让眼睛位于 I 点（总是保持在与 AB 垂直的平面内），以便看到由线 CD 通过正常折射而形成的像，与它在晶体外的剩余部分成为一条直线。在晶体的表面上标记一个点 H，它在所出现的交点 E 的正上方。再将眼睛向 O 方向移动，并始终保持在与 AB 垂直的平面内，使得由正常折射形成的线 CD 的像，与不经过折射所看到的线 KL，在一条直线上出现。然后在晶体上交点 E 出现的地方标记点 N。

13. 那么，就可以知道线 NH、EM 和 HE 的长度与位置，其中 HE 为晶体的厚度。在图上分别描出这些线，并连接 NE

和 NM。NM 与 HE 相交于 P 点。折射比则是 EN 与 NP 的比。这是因为它们之间的比值等于角 NPH 与角 NEP 的正弦比。这两个角则分别等于入射线 NO 与反射线 NE 与表面的垂线所夹的角。我已经说过，这一比值非常精确地等于 5 比 3，并且对于各种倾角的入射线都是如此。

14. 我也采用这种观察方式来研究冰洲石的异常折射或不规则折射。如上所述，在 E 点的正上方已经找到和标记了 H 点，我就观察线 CD 经过异常折射造成的外形。让眼睛位于 Q 点，使得这个外形与没有折射的线 KL 在同一条直线上，于是定出了三角形 REH 与 RES，并随之定出了角 RSH 与 RES，即入射线与反射线同垂线所构成的角。

15. 但是我发现在这一折射中，ER 与 RS 的比，不像正常折射中那样是一个常数，而是随着入射线倾斜程度的改变而改变。

16. 我也发现，当 QRE 成为一条直线时，即当入射线进入晶体不折射时（正如我在这种情形下所断定的，通过异常折射看到的 E 点在线 CD 上出现，看起来像没有折射），角 QRG 如上所述是 73 度 20 分，因而它不是与晶体棱边平行的光线，正像巴塞林那斯所认为的那样，棱边与光线相交，光线是直线而没有折射，因为夹角如我们上面所述仅为 70 度 57 分。提到这点是为了使人们不至于徒劳地想凭借它与棱的平行性来研究这种光线表现独特性质的缘由。

17. 继续进行寻找这种折射本质的观察，我最终认识到，它遵循以下不平常的规则。按前面的规定，以晶体的主截面作平行四边形 $GCFH$，单独标出（图 19）。我发现，来自对侧的两束光线，如这里的 VK 和 SK，当它们的倾角相等时，它们的折射线 KX 和 KT 与底线 HF 相交时，总是使 X 和 T 到 M 的距离同样远，这里 M 是垂直光线 IK 的折射线落到的地方。这种情形对于晶体的其他截面而言，也会发生。不过，在讨论那些还具有其他特性的情形之前，我们将研究一下我曾报告过的那些现象的起因。

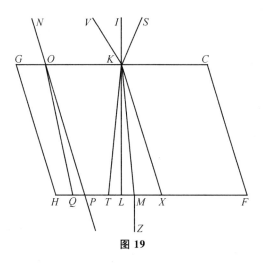

图 19

正是在采用球面光发射解释普通透明体的折射之后，我才继续有关这种晶体性质的考察，而在此以前我不能够作出任何发现。

18．由于存在着两种不同的折射，我设想也存在着两种不同的光波发射形式，并且其中一种可能在贯穿晶体的"以太"物质中发生。依据以上的解释，这种物质比构成晶体的微粒多得多，单独存在时是透明的。假定这些波具有普通的球面形式，在晶体内比在晶体外传播得慢，并由此产生上述的折射，我认为波的这种发射是这种石头中观察到的正常折射。

19．对于产生不规则折射的另外一种发射，我曾希望试用椭圆波，或更确切些，回转椭球波来做。依照我解释透明性的最后一种模式，我假定这些波在弥漫于晶体的"以太"物质中和在构成晶体的微粒中都将一样地传播。在我看来，这些微粒的配置或规则排列都有助于形成回转椭球波（关于这一点，只要求光在某一个方向上传播比其他方向快一点），并且由于其外形和角度是确定不变的，我毫不怀疑在这种晶体中存在着相同和相似微粒的这种排列。对于这些微粒以及它们的构形与分布，我将在本书的结尾提出我的猜测并给出一些证实它们的实验。

20. 在观察了呈现六角形结构的普通〔岩石〕晶体内的一种可靠现象之后，我对于我所设想的光波双重辐射就更有把握了，这种晶体因其规则性似乎是由有确定外形并且整齐排列的微粒组成。既然如此，这种晶体就像那些来自冰岛的晶体一样，也会产生双重折射，虽然现象不太明显。从这种晶体上切下一些具有不同截面并抛光了的棱柱体，透过它们观察蜡烛的火焰或窗户玻璃格，我都看到，每一个东西都呈现为双的，尽管这些像相距并不远。既然它们老是有这样小的长度，由此我明白了为什么这种物质透明却不能用在望远镜上的原因。

21. 依照我先前建立的理论，这种双折射似乎需要光波的一种双重辐射，两种波都是球面的（因为对于这两种波，折射都是规则的），只是其中一束波比另一束行进得慢些。因此，正如我在冰洲石情形下所作的那样，只要假定物质是传递这些波的媒介，就十分容易解释这种现象。这样，承认在同一物体中有波的两种辐射就没什么麻烦了。由于可能曾经有人反对，在组成由具有确定外形和规则堆积的相同微粒的两种晶体时，微粒留下的充满"以太"物质的空隙不足以去传递我们在那里给定的光波，我假定这些微粒具有一种罕见的构造，更恰当地说，假定它们由其他更小的微粒所组成，"以太"物质可以自由地在它们之间穿过，从而排除了这一困难。此外，从有关物体是由更小的物质组成的论证，也必定得到这一点。

22. 除了球面波外又假定了这些回转椭球波之后，我开始考察它们是否可以用于解释不规则折射现象以及怎样通过这些现象来决定回转椭球的外形与方位：对于这一点，通过以下程序我至少已经取得了预期的成功。

23. 我首先考虑到形成的光波的结果，对于垂直照射在透明体的平坦表面上的光线，光波应当这样在其中传播。假定 AB 为表面的露出部分（图 20）。并且，因为依据前面的理论，来自于遥远光源并垂直于一个平面的光线不是别的，而是平

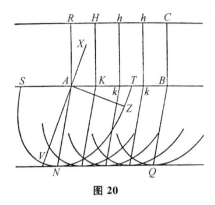

图 20

行于那个平面的光波的一部分的入射,所以我假定与 AB 平行并且等于 AB 的直线 RC 为光波的一部分。在这一部分光波中,诸如 RHhC 等无穷多个点将在表面 AB 上交于 AKkB。正如前面在处理折射时解释的那样,这里的这些波必定是半回转椭球形的,而不是从通常折射体最后那些点中的每一个所发出的半球形分波。假定它们的轴(确切地说是长轴直径)与表面 AB 不垂直,如图,回转椭球 SVT 的半轴或者主半径为 AV,它表示当波 RC 到达 AB 之后由 A 点出发的分波。我所指的长轴或长轴半径,是因为同一椭圆 SVT 可以被看做回转椭圆的截面,它的轴与 AV 垂直。不过就目前而言,一些因素还没有确定,我们不妨只在由这张图所给出的椭圆截面中来考虑这些回转椭球。现在设由 A 点出发的波 SVT 传播时需要某一段时间,由其他的点 KTB 也必定同时传出与 SVT 一样的波,并且处于一样的位置。所有这些半椭圆的公切线应当是波 RC 照在 AB 之后的传播。这些波所处的地方,是由无数多个中心沿着线 AB 上的椭圆弧组成的切线。切线上的波的运动比其他地方要强烈得多。

24. 显然,这根公切线 NQ 平行于 AB,长度与 AB 相等,但并不正对着它,因为它夹在直线 AN、BQ 之间。AN、BQ 是以 A 和 B 为中心的椭圆的长轴,而与它们相配的短轴不在直线 AB 上。通过这种方法,我理解了原先看来十分困难的一件事,即一束垂直于表面进入透明体的光线是怎样受到折射的。人们可以看到,到达孔 AB 的波 RC 从那里继续向前,在平行线 AN 与 BQ 之间传播,而本身又保持与 AB 平行,使得这里的光与通常的折射不同,不是沿着与波垂直的线传播,而是沿着与波斜交的线传播。

25. 接下来研究在晶体中这些回转椭球的位置和形状,我

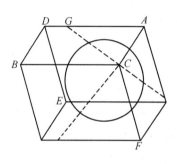

图 21

认为六个表面的确都能产生一样的折射。取一个平行六面体 AFB,它的钝角立体角 C 由三个相等的平面角组成(图 21)。设想它中间的三个主截面,其中一个垂直于表面 DC 并通过棱边 CF,另一个垂直于表面 BF 并通过棱边 CA,第三个垂直于表面 AF 并通过棱边 BC;我们知道入射光线在这三个平面内的折射是完全类似的。除非回转椭球的轴就是立体角 C 的轴,否则就没有任何位置能使回转椭球与三个截面有同样的联系。结果我看到,这个立体角的轴,即从 C 点穿过晶体所作的与棱边 CF、CA、CB 有相等倾角的直线,就是确定设想的由晶体内部或者晶体表面的某一点出发的那些回转椭球位置的直线,因为这些回转椭球都应该相似,并且它们的轴互相平行。

26. 随后再考虑三个截面中的某一个的平面,如图 22 所示,即通过 GCF 的平面,它的角度等于 109 度 3 分,因为角 F 上方的角度等于 70 度 57 分。同时,设想一个以 C 点为中心的回转椭球波,我们知道,它的轴必定在这个平面上,并且在图 22 中我用 CS 来表示它的半轴。通过计算(将与其他内容一起,在讨论的结尾给出)求角 CGS 的值,我得到它为 45 度 20 分。

27. 再来了解这个回转椭球的形状,即其椭圆截面的互相垂直半径 CS 与 CP 的比,我认为椭圆与平行于 CG 的直线 FH

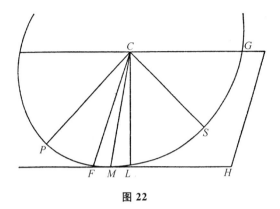

图 22

的切点 M，应该使 CM 与垂线 CL 成 6 度 40 分的夹角。因为，这么做后，这个椭圆就满足我们以上关于光线垂直照射与垂线 CL 之间有相同倾角的表面时折射的论述。这样安排以后，取 CM 为 100 000，后面将给出的计算求得长轴半径 CP 等于 105 032，短轴半径 CS 等于 93 410，它们的比值非常接近于 9 比 8。因此，这一回转椭球类似于一个被压扁的球，可以通过椭圆绕其短轴旋转而得。我还求得，平行于切线 ML 的半径 CG 的值为 98 779。

28. 现在转过来研究倾斜入射光线的折射。依据我们的回转椭球波假设，我发现这些折射依赖于晶体外"以太"中的光速与晶体内的光速的比例。譬如，假定这个比例使光在晶体中形成回转椭球 GSP，如同刚才说的那样，它在外部形成一个半径等于以后将确定的线段 N 的球，以下就是求入射光线折射的方法。如图 23 所示，设有一束光线 RC 照射在表面 CK 上。作 CO 垂直于 RC，横切角 KCO，调节 OK 使之等于 N 并垂直于 CO。然后作与椭圆 GSP 相切的线 KI。再过切点 I，联结 IC，它就是所求的光线 RC 的折射。将会看到，这一点的证明同我们用来解释普通折射的证明完全一样。因为，光线 RC 的折射，不是别的而是波 CO 的 C 部分在晶体中继续的行进。在光由 O 到达 K 的时间内波的 H 部分将沿直线 HX 到达表面 CK，并且

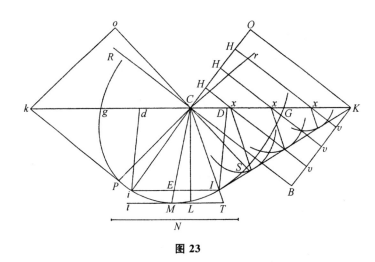

图 23

以 X 点为中心在晶体中产生某种类似于半回转椭球 $GSPg$ 的半回转椭球面分波,位置也一样。回转椭球面分波的长轴直径和短轴直径与线 XV(线 HX 延长到平行于 CO 的 KB 的延长部分)的比,等于回转椭球 $GSPg$ 的长、短轴直径与线 CB 或者 N 的比。显而易见,所有这些在这里由椭圆表示的回转椭球的公切线就是直线 IK。因此,直线 IK 是波 CO 的传播;而 I 点是 O 的传播,这一点与普通折射中的证明一致。

为了寻找切点 I,众所周知的是必须找出 CD,即 CK 和 CG 的比例第三项。作与已知线 CM 平行的线 DI,CM 是与 CG 配对的直径。联结 KI,它与椭圆相切于 I 点。

29. 现在,当我们找到了光线 RC 的折射线 CI 后,同样地,作 Co 垂直于 rC,并遵循前面的论证步骤可以找到从另一边入射的光线 rC 的折射线 Ci。由此可以看到,如果光线 rC 同 RC 的倾斜角度一样,线 Cd 必定等于线 CD,因为 Ck 等于 CK,而 Cg 等于 CG。因此,Ii 被与 DI 和 di 平行的线 CM 在 E 点截为两个相等部分。因为 CM 是与 CG 配对的直径,所以 Ii 平行于 gG。于是,如果把折射线 CI 与 Ci 延长到切线 ML,相交于 T 与 t 点,则 MT 与 Mt 相等。这样,通过我们的假设,很好地解释了上述现象，即考虑到与晶体表面平行的方向上的偏离，如果有两束光线以相同的倾角但从相对的两边入射，如这里的光线 RC 与 rC，那么它们的折射线将同样地偏离垂直于晶体表面入射光线的折射线所沿着的那条线。

30．为了求与 CP、CS、CG 成比例的线 N 的长度，必须通过对晶体截面上的不规则折射的观测来决定。我发现，N 与 GC 的比值只比 8 比 5 稍小一点。考虑到以后我将谈到的其他一些观测和现象，我取 N 等于 156 962，求得半径 CG 等于 98 779，使得这一比值为 8 比 5 $\frac{1}{29}$。N 与 CG 的这一比值可以称为折射比。类似的，在玻璃中这一比值为 3 比 2。

31．在图 24 中，与以前那样，取晶体表面 gG，椭圆 GPg，线段 N，以及垂直入射光线 FC 的折射线 CM，其中 CM 偏离 FC 6 度 40 分。再假定另外有一束光线 RC，求它的折射线。

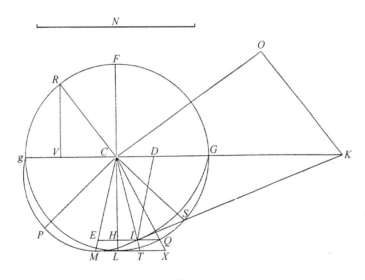

图 24

以 C 为中心，CG 为半径作圆周 gRG，它与光线 RC 相交于 R 点。作 RV 垂直于 CG。再作 CV，使它与 CD 之比等于 N 与 CG 之比。作 DI 平行于 CM，它与椭圆 gMG 相交于 I 点；再连

接 CI，它就是所求的光线 RC 的折射线。它可以这样证明。

取 CO 垂直于 CR，横切角 OCG，调节 OK 使之等于 N 并与 CO 垂直，同时画出直线 KI。如果能证明出 KI 是与椭圆在 I 点相切的直线，那么，至此 CI 是光线 RC 的折射线的证明就很明显了。因为角 RCO 是直角，所以容易看出，直角三角形 RCV 与 KCO 相似。于是，CK 与 KO 之比就等于 RC 与 CV 之比。而 KO 等于 N，RC 等于 CG，则 CG 与 CV 之比就等于 CK 与 N 之比。通过作图，CV 与 CD 之比就跟 N 与 CG 之比一样。那么，CG 与 CD 之比也就跟 CK 与 CG 之比一样。因为 DI 平行于 CG 的配对直径 CM，所以 KI 与椭圆在 I 点相切；这一点尚需证明。

32. 人们发现，正如在普通介质的折射中，入射光线和折射光线与垂线之间夹角的正弦之比为一个常数那样，在 CV 与 CD 或 CV 与 IE 之间也存在着这么一个比例常数。也就是说，入射光线与垂线之间夹角的正弦，和椭圆中这一光线的折射线与直径 CM 之间的水平截距，它们之间也存在着这么一个比例常数。如上所述，CV 与 CD 之比等于 N 与半径 CG 之比。

33. 在改变话题以前，我在这里作点补充，把这种晶体的普通折射和不规则折射放在一起比较时，下述事实值得注意，即如果 $ABPS$ 是光在某一段时间间隔内在晶体内传播开的回转椭球（如上所述，这种传播方式适用于不规则折射），那么内切球面 $BVST$ 就适用于普通折射情况下光在这同一时间间隔中的传播。

我们在这前面已经指出，线段 N 是光在空气中传播的球面波的半径，而在晶体内，光通过回转椭球 $ABPS$ 传播。如图 25 所示，N 与 CS 的比等于 156 962 比 93 410。如上所述，普通折射的比等于 5 比 3；也就是说，N 作为空气中球面光波的半径，在同样的时间间隔内，光在晶体内的传播也会构成一个球面，不过它的半径与 N 的比应该等于 3 比 5。那么 156 962 与 93 410

之比等于 5 比 3 再减去 $\frac{1}{41}$。因此，对于晶体中的规则折射光足够接近并且可能精确地沿球面 $BVST$ 运动，而对于晶体中的不规则折射，光沿回转椭球面 $BPSA$ 运动，并且在晶体外的空气中沿半径为 N 的球面运动。

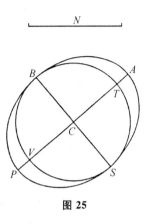

图 25

按照我们所作的假设，尽管光在晶体中有两种不同的传播方式，显然只有在垂直于回转椭球的轴 BS 的方向上，光的传播才会比其他方向快些。而在其他方向上，即在不行于轴 BS（晶体的钝角上的轴）的方向上，光的速度相同。

34. 我现在要指出，对于刚才已经看到的折射比，必然导致一个值得注意的性质，倾斜照射在晶体表面的光线不经过折射进入晶体。作与以前一样的假定，取光线 RC 与同一表面 gG 成 73 度 20 分的角 RCG，倾斜入射到晶体的同一边（关于这种光线我们在前面已经提到过）。如图 26 所示，如果采用以上交代过

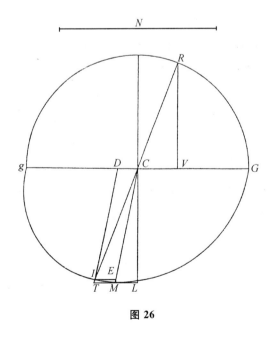

图 26

的步骤来研究折射线 CI，就会发现它与 RC 精确地构成一条直线。实验一致表明，这条光线完全没有偏转。这一点在下面的计算中会得到证实。

与前面一样，取 CG 或者 CR 等于 98 779；CM 等于100 000，角 RCV 等于 73 度 20 分，则 CV 等于 28 330。因为 CI 是光线 RC 的折射线，所以 CV 与 CD 之比等于 156 962 与 98 779 之比，即等于 N 与 CG 之比；于是 CD 等于 17 828。

既然 gD，DC 的乘积与 DI 的平方之比等于 CG 的平方与 CM 的平方之比，则 DI 或者 CE 等于 98 353。而 CM 与 MT 之比，又等于 CE 与 EI 之比，于是 MT 等于 18 127。把它加上11 609长的 ML（即取 CM 为长等于 100 000 的半径时，6 度40 分角 LCM 的正弦），得到 LT 等于 27 936。它与 LC99 324 的比等于 CV 与 VR 的比 29 938，即 73 度 20 分角 RCV 的余角的正切值与半径之比。由此看出 $RCIT$ 是一条直线，这一点已得到证明。

35. 此外，依据我们以下的论证可以看到，通过晶体的另一个表面出现的光线 CI 应当十分笔直地穿出。它表明这种晶体中得到的折射可逆性关系，与其他透明体一样。换句话说，如果光线 RC 遇到晶体 CG 后折射成 CI，折射线 CI 从晶体的平行对平面中出来，取为 IB，它的折射线 IA 平行于光线 RC。

作与上述同样的假定，取 CO 垂直于 CR，表示波的一部分（图27），它在晶体中的延续为 IK，于是 C 点沿直线 CI 传播，而 O 点到达 K 点。现在，如果取与前段时间同样长的第二段时间，波 IK 上的 K 点在这段时间里将沿平行并且等于 CI 的直线 KB 前进，因为波 CO 上的每一点到达表面 CK 后，都应该像 C 点那样在晶体中继续进行传播，并且在这同样的时间内以 I 点为中心，在空气中产生一个半径 IA 等于 KO 的球面分波。因为 KO 也是在相等时间内穿过的。同样，如果考虑波 IK 上的其他点，譬如 h，它将沿着 hm 平行于 CI 向前，与表面 IB 相交，而 K 点穿过等于 hm 的距离 Kl。而当它走完剩下的一段 lB 时，以 m 点为中心将产生一个半径为 mn 的分波。mn 与 lB 之比,等于 IA 与 KB 之比。由此或见,半径为 mn 的波与半径为 IA 的波将有相同的切线 BA。晶体之外光波 IK 各点与"以太"表面 IB 相碰所形成的球面分波,情形也是一样。于是,当光由 K 点到达 B 点时,光波 IK 在晶体外精确地传播到切线 BA。因此,垂直于 BA 的 IA 是光线 CI 穿出晶体后的折射线。那么很明显,由于 IB 等于 CK,IA 等于 KO,并且角 A 和角 O 都是直角,故 IA 平行于入射光线 RC。

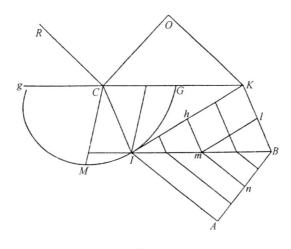

图 27

由此可见,根据我们的假设,折射的可逆性关系在晶体中与在普通的透明体中一样好地成立。事实上,观测所得到的结果正是这样。

36. 现在我考虑晶体的其他截面及其折射,正如将要看到的那样,许多值得注意的现象都与它们相关。

设 ABH 为一块平行六面体晶体(图 28),它的上表面 $AEHF$ 是一个完整菱形,它的钝角被直线 EF 平分,锐角被垂直于 FE 的直线 AH 平分。

我们以下要考虑的截面通过线 EF 与 EB,同时还与平面 $AEHF$ 正交。这一截面上的折射与普通介质中的折射一样。过入射线并且与晶体表面正交的那个平面,正是求折射线的平

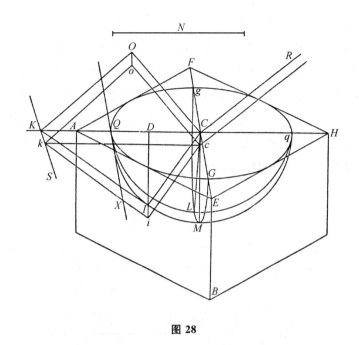

图 28

面。但是,这种晶体的其他每个截面的折射却具有如下奇异性质:折射线总是离开入射光线所在的垂直于表面的那个平面,朝晶体倾斜的方向偏转。我们将揭示出这些现象的原因,首先是过 AH 的截面的现象,同时按照我们的假设给出如何确定折射线。设过 AH 并与平面 $AFHE$ 正交的平面上,有入射光线 RC;在这种晶体内求折射线。

37. 设 AH 与 FE 相交在中心 C 上,光在晶体内传播形成半椭球面 $QGqgM$。再假定它与平面 $AEHF$ 相截的椭圆为 $QGqg$,长轴直径为 Qq,位于线 AH 上。Qq 也必定是回转椭球面的长轴直径之一;因为回转椭球的轴位于通过 EFB 并与 QC 垂直的平面上,所以 QC 也与回转椭球面的这个轴垂直,因此 QCq 是回转椭球的长轴直径之一。而这个椭圆的短轴半径 Gg 与 Qq 的比,已在前面的第 27 节中所给出,等于 CG 与回转椭球长轴半径 CR 之比,即 98 779 比 105 032。

设光在晶体中以 C 为中心形成回转椭球面 $QGqgM$ 的时间

内在空气中穿过的距离为线段 N。在 CR 与 AH 的平面内,作 CO 垂直于 CR。横切角 ACO,调节直线 OK,使之等于 N 并与 CO 垂直。它与直线 AH 的交点为 K。因此,假定 CL 垂直于晶体 $AEHF$ 的表面,CM 为垂直照射在这一表面上的光线的折射线。并过直线 CM 和 KCH 作一平面,在回转椭球面截得半边椭圆 QMq。由于角 MCL 给定为 6 度 40 分,这个半边椭圆被给定了。的确,依据第 27 节作出的解释,与回转椭球面在 M 点相切的平面,应当平行于平面 QGq,其中 M 点是直线 CM 与回转椭球面的交点。如果过 K 点作 KS 平行于 Gg,它也与椭圆 QGq 在 Q 点的切线 QX 平行。如果设想一个过 KS 并与回转椭球面相切的平面,切点就必然在椭圆 QMq 上,因为通过 KS 的这个平面,以及与回转椭球面在 M 点相切的平面,都平行于回转椭球面的切线 QX。证明将在本书的结尾给出。设这个切点为 I,作 KC、QC 和 DC 使之成比例。作 DI 平行于 CM,连接 CI。CI 就是所求的光线 RC 的折射线。显然,如果认为垂直于光线 RC 的 CO 是光波的一部分,我们可以证明当 O 点到达 K 点时,C 点在晶体内可以到达 I 点。

38. 正如论反射的那一章中一样,在证明入射光线与反射光线总是位于垂直于反射面的同一个平面时,我们考虑了光波的宽度,在这里我们也同样必须考虑光波 CO 在直径 Gg 上的宽度。取宽度 Cc 在角 E 那边,平行四边形 $COoc$ 为光波的一部分。作出平行四边形 $CKkc$,$CIic$,$KIik$ 和 $OKko$。在线段 Oo 到达晶体表面上的 Kk 的时间内,波 $COoc$ 上的各点都将沿平行于 OK 的直线到达矩形 Kc,此外,从它们的入射点出发,在晶体内产生与回转半椭球 QMq 相似并且位置一样的回转半椭球分波。在 Oo 到达 Kk 同一时刻,所有这些回转半椭球面必定与平行四边形 $KIik$ 相切。这是很容易理解的,因为在这些回转椭球中,所有那些中心沿着线段 CK 的回转半椭球都与这一平面在线 KI 上相切(这一点可以用我们求通过 EF 的主截面上斜射光线的折射的方法来证明)。那些中心位于线 Cc 上的回转半椭球都

与同一平面 KI 相切于直线 Ii。所有这些半回转椭球面都与回转半椭球面 QMq 相似。由于平行四边形 Ki 与所有这些回转椭球面相切,当 Oo 到达 Kk 时,这同一个平行四边形正好是波 $COoc$ 在晶体内的传播,因为它构成了运动的终端,而且也因为在这里出现的运动量比在其他任何地方都大。于是,可以看到波 $COoc$ 上的 C 点传播到 I 点,也就是说,光线 RC 被折射成了 CI。

由此注意到,晶体这一截面的折射比等于线 N 与半径 CQ 的比。依照前面给出的过 FE 的截面情形的同样方法,可以方便地找到入射光线的折射线。证明也相同。显然,这里所说的折射比小于过 FEB 的截面上的折射比,因为在那里这一比值等于 N 与 CG 的比,即 156 962 比 98 779,非常接近于 8 比 5;而在这里这一比值等于 N 与回转椭球面的长轴半径 CQ 之比,为 156 962 比 105 032,非常接近于 3 比 2,只不过稍小一点。这一点同实验观测中的发现完全吻合。

39. 此外,折射比的不同导致了这种晶体的一个非常奇异的效应。把它放在一张写了字母或者作了其他任何标记的纸上,如果人的双眼从过 EF 的截面的上方进行观察,就会看到,不规则折射使这些字母上升,比人眼从过 AH 的截面所看到的要高些。通过与折射比为 5 比 3 的晶体普通折射相比较,这种上升的差别就显示出来了。在普通折射中,字母总是上升得一样高,并且比不规则折射上升得高些。人们看到的字母和写这些字母的纸好像在同时处于两个不同的层次。当眼睛处于第一种位置时,即位于过 AH 的平面,这两个层次的距离得比当眼睛位于过 EF 的平面的另一种位置时大四倍。

我们将证明折射造成的这个效应。它可以使我们依据眼睛的不同位置同时确定晶体下方放置的物体的一点的视在位置。

40. 首先让我们看一下,过 AH 的平面的不规则折射,把晶体的底部提高了多少。设图中的平面分别表示经过 Qq 和 CL 的截面,在这一截面中有一束光线 RC(图 29)。与前面一样,设

过 Qg 与 CM 的半椭圆平面,朝前一个倾斜,倾角为 6 度 40 分。这一平面中,CI 就是光线 RC 的折射线。

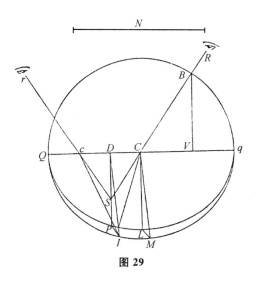

图 29

如果现在考虑晶体底部的点 I,被观测的光线 ICR、Icr 在点 Cc 处同样地折射离 D 点的距离应该相等。这两条光线在 Rr 进入两只眼睛。确实,I 点看起来似乎上升到了直线 RC 与 rc 的交点 S 上。S 位于垂直于 Qq 的 DP 上。如果作 DP 的垂线 IP,它位于晶体的底部。长度 SP 就是点 I 在底面上的视在上升高度。

在 Qq 上作半圆,它与光线 CR 相交于 B,过 B 作 BV 垂直于 Qq。与前面一样,取这一截面中的折射比等于线段 N 与半径 CQ 的比。

那么,以上在第 31 节中已经证明,作为求折射线的方法,VC 与 CD 之比等于 N 与 CQ 之比;而 VB 与 DS 之比,等于 VC 与 CD 比。因此,VB 与 DS 之比,就等于 N 与 CQ 之比。设 ML 垂直于 CL。因为我假定眼睛 Rr 离晶体一英尺左右,因而角 RSr 就很小,VB 可以被视为等于半径 CQ,DP 等于 CL。于是 CQ 与 DS 之比,就等于 N 与 CQ 之比。而 N 的值等于156 962,CM 等于100 000,CQ 等于 105 032。于是 DS 就等于70 283。BL 等于99 324,是 6 度 40 分角 MCL 的余角的正弦。在这里 CM 被取

为半径。那么，被认为是等于 *CL* 的 *OP*，与 *DS* 之比就等于
99 324 与 70 283 之比。由此，这一截面的折射引起的 *I* 点上升
高度就求出来了。

41. 现在，在上图之前的那个图形中，作过 *EF* 的截面。设
CMg 是在第 27 节和 28 节中考虑过的半椭圆，它是切割以 *C* 点
为中心的回转椭球面波而得到的（图 30）。在椭圆上取 *I* 点，为

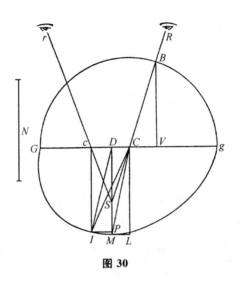

图 30

晶体的底部。设被观测的折射光线 *ICR* 与 *Icr* 到达眼睛，*CR*
与 *cr* 对于晶体表面 *Gg* 有相同倾角。由此，如果作 *ID* 平行于
CM，距离 *DC* 与 *Dc* 相等。其中我假定 *CM* 为垂直照射在 *C* 点
上的入射光线的折射线。通过第 28 节中的证明，容易看到这一
点。的确，点 *I* 看起来应该出现在 *RC* 直线与 *rc* 延长线的交点
S 上，落在垂直于 *Gg* 的线 *DP* 上。如果作 *IP* 垂直于 *DP*，距离
PS 就是点 *I* 的视在上升高度。在 *Gg* 上作半圆，与 *CR* 相交于
B。从 *B* 点作 *BV* 垂直于 *Gg*。设 *N* 与 *GC* 的比为这一截面的
折射比，与第 28 节一样。由于 *CI* 就是半径 *BC* 的折射线，*DI*
平行于 *CM*，根据我们在第 31 节中的证明，*VC* 与 *CD* 之比就必
定等于 *BV* 与 *DS* 之比，而 *BV* 与 *DS* 之比，又等于 *VC* 与 *CD* 之
比。作 *ML* 与 *CM* 平行。因为我还是假定眼睛离晶体很远，*BV*

可认为等于半径 CG，因此，DS 将是线段 N 与 CG 的比例第三项。DP 也可认为等于 CL。那么，CG 等于 98 778，CM 等于 100 000，N 等于 156 962。于是，DS 就等于 62 163。而 CL 也确定了，等于 99 324，与第 34 节和第 40 节中所说的一样。由此，PD 与 DS 之比就等于 99 324 与 62 163 之比。这样人们就能够得到由于这一截面的折射使底部的点 I 上升的高度。显然，这一高度比在前面那个截面折射造成的上升高度要大，因为在那里的 PD 与 DS 之比等于 99 324 比 70 283。

通过晶体的正常折射，我们以上曾经说过，其折射比为 5 比 3，点 I 或者点 P 从底部上升的高度，等于高度 DP 的 $\frac{2}{5}$。如图 31 所示，由表面 Cc 同样折射的光线 PCR 与 Pcr 来观察 P 点，这一点必然出现在垂线 PD 的 S 上，它是 RC 与 rc 延长线的交点。已知线 PC 与 CS 之比等于 5 比 3，因为它们分别等于角 CSP 或角 DSC 的正弦与角 SPC 的正弦。因为 PD 与 DS 之比，被认为等于 PC 与 CS 之比，而两只眼睛 Rr 又假定离晶体很远，所以上升高度 PS 将等于 PD 的 $\frac{2}{5}$。

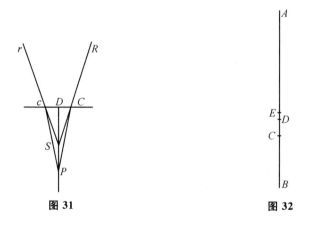

图 31　　　　　　　　　　　图 32

42. 如果取直线 AB 为晶体的厚度（图 32），点 B 在底部，按所求得的上升高度在 C、D、E 点上分割这一直线，使得 AE 等于

AB 的 $\frac{3}{5}$，AB 与 AC 之比等于 99 324 与 70 283 之比，AB 与 AD 之比等于 99 324 与 62 163 之比。AB 的分割如图所示。人们发现，这与实验完全符合。换句话说，如果把眼睛放在沿菱形的短轴切割晶体的平面之上，规则折射将把字母提高到 E 点，而且会看到，放置字母的底面被不规则折射提高到了 D 点。而如果把眼睛放在沿菱形的长轴切割晶体的平面之上，规则折射将像前面一样把字母提高到 E 点，但是不规则折射则只将它们提高到 C 点。这使得间距 CE 等于原先看到的间距 ED 的 4 倍。

43. 在这里，我仅指出一点，对于眼睛的两种位置，由不规则折射产生的像，都不出现在由规则折射产生的像的正下方，而是随着离开晶体的等边立体角的多少而偏离。事实上，这是根据所有关于不规则折射作出的论证而得的。尤其是由最后这些论证表明，点 I 通过不规则折射出现在垂线 DP 的 S 上，在这条线上，点 P 应当是通过规则折射产生的像，而不是 I 点的像，它几乎在同一点的正上方，比 S 高一些。

除了我们刚才考察过的两个位置以外，关于眼睛放在其他位置时点 I 的视在上升高度，通过不规则折射产生的像总是出现在高度 D 与 C 之间。D 和 C 是当人绕着静止晶体从上往下看时逐一地出现的。所有这些仍然同我们的假设一致。除了我们已经研究过的两种截面以外，我在这里给出求晶体的其他截面中不规则折射的方法以后，人们就会相信这一点。取晶体的一个表面，设这个表面上有一椭圆 HDE。椭圆的中心 C，就是光传播的回转椭球面的中心。回转椭球的截面就是这个椭圆。设入射光线为 RC，求它的折射线。

作一平面通过光线 RC，它与椭圆 HDE 的面垂直，并沿直线 BCK 把它截断（图 33）。在过 RC 的同一平面中作 CO 垂直于 CR。横切角 OCK，调节 OK 使之垂直于 OC 并等于线段 N。其中，我假定线段 N 是光在晶体内传播过回转椭球 $HDEM$ 的时间内，它在空气中走过的路程。在椭圆 HDE 的平面中，过点

K 作 KT 垂直于 BCK。那么, 如果通过直线 KT 作一个与回转椭球面在 I 点相切的平面, 直线 CI 就是光线 RC 的折射线。这一点由第 36 节中的论证容易推导出来。

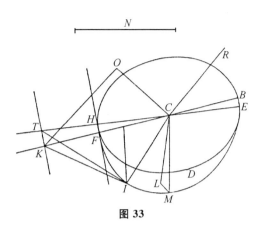

图 33

但是, 必须证明怎样确定切点 I。作一条平行于线 KT 的线 HF, 它与椭圆 HDE 相切。设切点为 H。再沿 CH 作一条直线与 KT 相交于 T。设想一个过 CH 和 CM(我假定它是垂直入射光线的折射线)的平面。该平面把回转椭球切为椭圆截面 HME。依据本章结尾部分将要证明的引理, 过直线 KT 并与回转椭球面相切的平面, 的确与椭圆 HME 上的一点相切。这一点就是我们要求的 I 点, 因为过 PK 所作的平面, 只能与回转椭球面相切于一点。点 I 很容易确定, 因为只需要用我们前面给出的方法, 在椭圆平面上由 T 点作切线 TI 就可以了。由于椭圆 HME 是给定的, 它的配对半径为 CH 和 CM; 因为过 M 点所作的平行于 HE 的直线同椭圆 HME 相切, 正如我们在第 27 节和第 23 节中所看到的, 这一点得自于下述事实, 即过 M 点所作的平行于平面 HDE 的平面, 与回转椭球面相切于 M 点。此外, 对于过光线 RC 和 CK 的平面, 这一椭圆的位置也是给定的。由此就容易找到光线 RC 的折射线 CI 的位置。

必须注意, 同一椭圆 HME 适用于寻找任何可能位于过 RC 与 CK 的平面中的其他光线的折射线。因为依据前不久引用的引理,每一个平行于直线 HF 或 TK,并与回转椭球面相切的平面,都与这个椭圆相切。

为了看一看由我们的假定所推导出的每一种现象是否与事实上的观察一致,我已经非常详细地考察了这种晶体的不规则折射的性质。这么做并没有对我们的假定和原理提供丝毫的证明。但是我打算在这里附加的内容,却再一次不可思议地证实了他们。这就是:这种晶体中存在着不同的截面,由它们构成的表面所产生的折射,依据前面的理论作出的预言精确地与他们应该的结果一致。

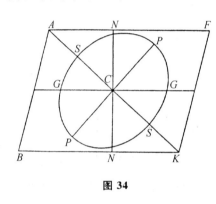

图 34

为了解释这些截面是什么,设 $ABKF$ 是通过晶体 ACK 的轴的立截面,在它上面有一个光在晶体中以 C 点为中心传播的回转椭球的轴 SS。将 SS 从中间垂直截断的直线,PP,就是一个长轴半径中的一个(图 34)。

在由平行于晶体相对外表面的天然截面中,这里用线 GG 来表示,依据我们前面理论中的解释,表面上的折射将由回转半椭球面 GNG 来决定。同样地,过 NN 用一个垂直于平行四边形 $ABKF$ 的平面来切割晶体,在这个表面上发生的折射由回转半椭球面 NGN 来决定。如果过 PP 用一个垂直的平行四边形的平面切割晶体,那么在这一表面上发生的折射就应该由回转半椭球面 PSP 来决定。对于其他情形,也是一样。不过我发现,如果平面 NN 几乎与平面 GG 垂直,在 A 边作角 NCG 等于90 度 40 分,那么回转半椭球面 NGN 就变得与回转半椭球面 GNG 类似,因为平面 NN 与 GG 以相同的倾角 45 度 20 分倾向于轴 SS。因此,如果我们的理论是真实的,必定有这样的结论,过 NN 的截面所形成的表面,应该同过 GG 的截面所形成的表面产生的折射一样。不仅截面 NN 的表面如此,而且所有能够以 45 度 20 分角度与这一轴倾斜的平面,它们所形成的截面也是一样。因此,存在着无穷多个平面,它们与晶体的天然表面或者与晶体劈裂面中的任何一个平行的截面,产生完全一样的折射。

我还看到,用一个过 PP 并与轴 SS 垂直的平面切割晶体时,这一表面的折射应该能使垂直入射光线在那里不发生偏转。而对于斜射的光线,就总是为与规则折射不同的一种不规则折射。在这一折射下,晶体下面的物体上升的高度将比在另外的那种折射下低些。

同样地,用任意一个过轴 SS 的平面,譬如本图中的平面,来切割晶体时,垂直入射光线应该不受折射;而对于斜射光线,不规则折射依入射光线所在平面的位置而不同。

这些情况事实上也是如此。于是,我毫不怀疑地认为在任何地方都可能得到类似的成功。由此我得出结论,人们可以用这种晶体制造出类似于那些自然形状晶体的固体,它们可以在其所有表面上产生与自然表面上一样的规则折射和不规则折射。不过它们不是沿着平行于它们表面的方向,而是以完全另外一种方式劈裂的。人们还可以利用它来仿造锥体,这些锥体可以有四边形、五边形、六边形或者人们需要的任何多边形的底面,除了底面以外它们的表面可以同晶体的天然表面一样地产生折射,而不折射垂直入射的光线。这些表面应该同晶体的轴成 45 度 20 分的角度,底面应该是垂直于这条轴的截面。

最后,人们还可以利用它来制造三棱镜或者人们所需要的任何多面棱镜,不管是棱面还是底面都不能折射垂直入射光线,尽管它们都能对倾斜入射的光线产生双折射。立方体被包括在这些棱镜中,它的底面是垂直于晶体轴的截面,而其他面则是平行于这一轴的截面。

从所有这些进一步看到,引起不规则折射的原因根本不是由于这种晶体的构成具有薄层排列并且能在三个方向劈开。企图在这里寻找原因是徒劳的。

为了使那些有这种石头的人能够通过自己的经验来发现我刚才讲过的事实,我准备在这里陈述我切割和抛光它所采用的步骤。使用宝石工匠的切割轮或者采用锯开大理石所用的方法,切割是容易的。但是抛光却很困难,并且采用普通的方法,人们不仅不能使它们透明而且还经常会破坏表面的光滑。

通过多次试验以后,我最后发现这一操作不能使用金属板,而应该使用一块粗糙的并且不光滑的镜子玻璃。在这块玻璃上放上细沙和水以后,人们可以采用同加工眼镜玻璃那样的方法一点一点地把晶体磨平,只是要逐渐减少材料。然而我还不能使它完全清晰透明;但是这些表面所需要的均匀性,已经使人们比在劈裂石头得到的总是有些不均匀的表面,能更好地观察到折射效应。

即使表面只是一般地光滑,如果人们把它放在油或者蛋清上摩擦,它会变得相当透明,使得折射在里面能十分清晰地被鉴别。要想抛光天然表面以消除其不均匀性,这种辅助手段是特别需要的;因为人们无法使它们像其他截面表面一样明亮,那些越不接近这些天然平面的截面就越能很好地被抛光。

在结束关于这种晶体的论著以前,我准备补充述说我在写完所有前面内容后发现的另一个奇异现象。尽管我至今还无法找到其原因,我也不愿因此而放弃对它的叙述,而使别人有机会研究它。看来似乎有必要在我刚才所作的假定之外,再作进一步的假定。经过这么多次的试验所证实了的假定,不会因此而失去它们的可行性。

这一现象是,取两块这种晶体,并把其中一块放在另一块之上。更确切地说,在两块晶体间空开一段距离,并固定它们。如果其中一块的所有边都与另一块的那些边平行,那么一条光线,譬如 AB 将在第一块上依两种折射,规则折射和不规则折射,分为两条,即 BD 和 BC(图35)。然后它们进入另一块晶体,每一条光线在那里穿过,而本身不会再进一步分裂成为两条。不过,受到规则折射的那一条,如这里的 DG,将在 GH 再次受到规则折射,另外一条 CE 在 EF 受到不规则折射。这种现象不仅出现在这种排列下,而且还出现在每一块晶体的主截面位于同一平面内的其他所有情形下。这里并不要求两个相邻表面平行。从空气中入射到下面的晶体的光线 CE 和 DG 为什么不像原先的光线 AB 那样分裂自己,这一点很不可思议。也许有人会说,光线 DG 在穿透上面的一块晶体时失去了用于不规则折射的物质运动所必需的某些东西;而同样地,CE 则失去了用于规则折射的物质运动所必需的那些东西。但是又有另外一种现象推翻了这一推理。这种现象是,使两块晶体的主截面平面垂直放置时不论相邻的两个表面是否平行,来自规则折射的那束光线如 DG,在下面一块晶体上将只受不规则折射;相反,来自不规则折射的那束光线,如 CE,将只受到规则折射。

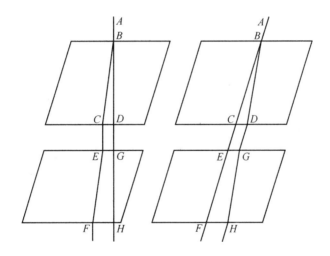

图 35

除了我刚提到的那些情形以外,在无穷个其他所有的位置,光线 DG 和 CE 经过下面的晶体的折射,再次将它们各自分为两条。因此一条光线 AB 成为四条光线,对应着晶体之间的不同位置,有时候它们同样亮,有时候它们中间的一些比另一些亮。不过把它们聚集到一起也不会比单条光线 AB 更亮。

保持光线 *CE* 和 *DG* 不变，考虑对下面的晶体位置的依赖，如何使它们都分裂为两条，如何使它们都不分裂，以及光线 *AB* 在上面如何分开的。似乎不得不得出结论，光波在穿过第一块晶体时，由它带来了某种结构或者某种排列。当它遇到处于某一位置的第二个晶体结构时，它们就变成能用于两种折射的两种不同类型的物质，而遇到另一位置的第二个晶体时，它们只变成这两种物质中的一种。至今我还没有找到令我满意的答案来解释这是怎么发生的。

那么就把这个课题留给别人去做。我将转到关于这种晶体的不规则外形的原因，以及为什么它能容易地沿平行于它的任意一个表面的三个方向劈开上来。

有许多物体，植物、无机物和结晶盐，它们都是按某一规则角度和规则外形构成。在花中，有些花的花瓣是按规则的多边形排列的，多边形的边数可以为 3、4、5 或者 6，但不能更多。无论就这一多边形外形而言，还是就它为什么不能超过 6 而言，都值得很好地研究。

岩石晶体通常生长为六面体的长条，而人们找到的钻石则呈现为四个顶点和四个抛光面。有一种扁平岩石由各边稍微内弯的圆角五边形一个正对着一个地堆叠起来。由海水生成的灰盐颗粒，多数呈立方体，或者至少为角形体。而在其他类型的盐的结晶体和糖的结晶体中，总可以找到有相当平坦表面的其他一些立角体。小雪片总是呈六角星形落下，而且有时是有直边的五角形。在开始结冰的水中，我经常观察到一种扁平而又薄的冰片，它中间的光线分裂为 60 度角倾斜的光线。所有这些情况都值得仔细研究，以确定大自然在那里怎样和以什么方式起作用。不过它还不是我现在彻底处理这些现象的目的。看来，一般来讲，这些产物中出现的规则性是组成它们的小而不可见的相同微粒排列的结果。至于冰洲石，如果存在着一些由细小圆形微粒构成的四面体，譬如 *ABCD*（图 36）。微粒不是球形的而是扁椭球形，由椭圆 *GH* 绕其短轴 *EF* 旋转而得

到（*EF* 与长轴之比约为 1 与 8 的平方
根之比）——我认为 *D* 点的立体角将
等于这一晶体的钝角等面角。进一
步，我认为如果这些微粒轻轻地黏在
一起。在打破这个四面体时，它就顺
着平行于那些黏结点的平面裂开。采
用这种方法，容易看出，由此可以形成

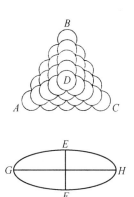

图 36

与另一张图中表示的棱柱形晶体。原
因是，按这种方式裂开时，一个完整的
层片很容易同其相邻的层片分离。由
于每一个椭球必定只与相邻层片的三个椭球分离，而且这三
个椭球中只有一个与它的扁表面接触，另外两个在边上。这
些表面能够轮廓分明地光滑地分开的原因是，如果相邻表面
的任何椭球要从所依附的正在分离的表面上跑出来，它必须
与连接它的其他六个椭球分开，其中四个椭球是以扁表面紧
贴着它。那么，由于不仅晶体的顶角而且它的分裂方式，都与
我们的观察恰好一致，就有理由相信微粒就是这样的形状和
这样的排列。

　　鉴于巴塞林那斯先生提到，他曾偶然发现过一些三角锥体，
这种棱柱形晶体极有可能是由锥体的裂解形成的。但是若一个
物体内部只是由那些小椭圆组成和堆叠，不管它的外部形状如
何，依据我刚才作解释的推理，在破裂时的确会产生一样的棱柱
体。是否还有其他原因来证实我们的猜想，是否不存在与此矛
盾的原因存在，有待于再研究。

　　也许有人反对说，这样构成的晶体还能够依另外两种方式
劈开；一种是沿着与锥体底面平行的平面，即三角形 *ABC*；另一
个平面平行于沿着与 *GH*、*HK*、*KL* 连线标志的平面（图 37）。
我认为对于这两种情况而言，虽然它们都是可能的，但是比平行
于锥体三个平面中任何一个的那些情况要困难得多。因此，在

敲击晶体使其破裂时，它总是顺着这三个平面裂开，而不是顺着另外两个方向裂开。如果有许多具有上述外形的椭球，把它们排列成为一个锥体，就会看到为什么那两种分割方式比较困难。因为在与底面平行的分割方式中，每个椭球必须与其在扁平表面上黏结的三个椭球分开，这种黏结比在边上的黏结更紧。另外，这种分割也不会沿着整个层片发生，因为一层中的每一个椭球几乎不会被同层中围着它的六个椭球束缚住，它们只是在边上接触它；因而它很容易与邻层粘连在一起。由于同样的原因，其他的椭球也会与它粘连，这就导致了不均匀的表面。通过实验也能看到，在一个稍微粗糙石头上研磨晶体时，直接对着等边立体角，人们确实发现沿着这一方向非常容易弄碎它，而以后抛光时采用这一方式弄平表面时就很困难。

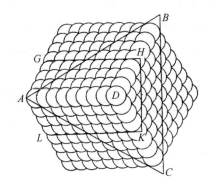

图 37

关于沿平面 $GHKL$ 分割的另一种方式，可以看到每一个椭球必须同邻层的四个椭球分开，其中两个椭球与它在扁平表面上黏结，另外两个在边缘上。因而这一种分割方式同样比平行于晶体的某一个表面的分割方式困难。正如我们已经说过的，在这种分割方法中，每个椭球同邻层的三个椭球分开，而这三个椭球中只有一个同它在扁平表面上相接触，另外两个仅仅在边缘。

从以上最后一种方式,使我认识到晶体中存有薄层的,却是我所拥有的一块半磅重的晶体。就像以上提到的用平面$GHKL$劈裂棱柱那样,沿着纵长方向劈开它,颜色看来就像是通过整平面散开的彩虹,即使已裂开的两块仍旧连在一起。所有这一切都证明,这种晶体的结构确实如我们以上所述。对此,我再补充以下实验:用小刀沿某一天然表面来刮晶体,如果从等边钝角的方向下刮,即从锥体顶点向下刮,就会发现这样刮很困难;但是,如果反向刮,就能容易地弄出一个割口。这显然是小椭球的位置所决定的。在前一种方式中,小刀会在椭球上面滑动,但在后一种方式下,小刀将从下部就像刮鱼鳞一样刮动他们。

我不准备讨论有关这么多相似而且一样大的微粒产生的任何问题,也不准备讨论它们为何如此完美地排列;无论它们是先形成再集中,还是在形成时就迅速这么排列,在我看来,都有可能。要得出这么深奥的真理,所需求的知识将远大于我们已有的知识。我只顺便补充一点,按上述假设,与轴平行排列的各个小椭球,成为形成椭球形光波的原因之一。

本章已经假定的计算

巴塞林那斯先生在他的有关这种晶体的论著中,取表面上的钝角为 101 度,我说的是 101 度 52 分。他指出他直接在晶体上测量了这些角度。要很精确地测量是困难的,因为像图 38 中的棱 CA 和 CB 通常是弯曲不直的。于是,为了更准确些,我宁愿去实际地测量钝角。这些钝角使表面 $CBDA$、$CBVF$ 彼此倾斜,换句话说,作 CN 垂直于 FV,CO 垂直于 DA,形成的角 OCN 就是这个钝角。我发现这个角度等于 105 度,并且它的补角 CNP 应该等于 75 度。

为了由此求钝角 BCA,设想一个以 C 为中心的球面,在它

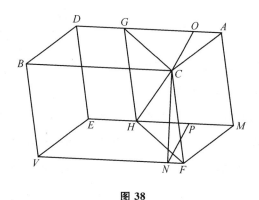

图 38

上面有一个球面三角形,由包围立体角 C 的三个平面横截形成。在这个等边三角形(即图 39 中的 ABF)中,我发现它的每一个角应该为 105 度,即等于角 OCN;而每条边对应的角度应该为角 ACB、ACF 或者 BCF。再作弧 FQ 垂直于边 AB,并在 Q 点将它分为两个相等部分。三角形 FQA 就有一个在 Q 点的直角,一个等于 105 度的 A 角,一个等于一半 A 角即 52 度 30 分的角。因此斜边 AF 将等于 101 度 52 分。弧 AF 就等于图中这种晶体的 ACF 角的大小。

在图 38 中,如果平面 CGHF 切割晶体使得它平分钝角 ACB 和角 MHV。在第 10 节中已经指出,角 CFH 应该等于 70 度 57 分。这一点在上述的球面三角球 ABF 中也容易看出来。显然,弧 FQ 与晶体中的角 CFH 的补角 GCF 一样大。现在已求得弧 FQ 等于 109 度 3 分。于是它的补角 70 度 57 分,就是角 CFH 的大小。

在第 26 节中指出,直线 CS,即图 38 中的 CH,是晶体的轴时,也就是说,它与三条边 CA、CB 和 CF 倾斜相同的角度 GCH 等于 45 度 20 分。这一点也可以通过上述球面三角形方便地算出。作平分 BF 并与 FQ 相交于 S 点的弧 AD,点 S 就是三角形的中心。从图 39 中很容易看出,弧 SQ 等于表示晶体的图中角 GCH 的大小。在直角三角形 QAS 中,已知 A 等于 52 度 30 分,

边 AQ 等于 50 度 56 分；因此边 SQ 就等于 45 度 20 分。

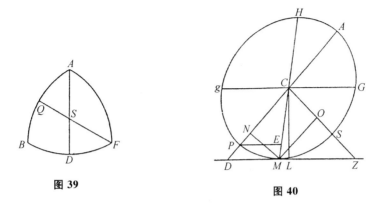

图 39　　　　　　图 40

在第 27 节中需要证明，以 C 点为中心的椭圆 PMS（图 40），与直线 MD 在 M 点相切，CM 与垂直于 DM 的 CL 构成的角 MCL 等于 6 度 40 分，而短轴半径 CS 与 CG（它与 MD 平行）构成 45 度 20 分的角 GCS。——我说，它需要证明，若 CM 等于 100 000，椭圆的长轴半径 PC 就等于 105 032，而短轴半径 CS 等于 93 410。

延长 CP 和 CS，使它们与切线 DM 相交于 D 和 Z 点。从切点 M 作 MN 和 MO 与 CP 和 CS 垂直。因为角 SCP 和角 GCL 是直角，所以角 DCL 就等于 45 度 20 分的角 GCS。把 45 度 20 分的角 LCP 减去 6 度 40 分的角 LCM，得 38 度 40 分的角 MCP。考虑长为 100 000 的半径 CM，38 度 40 分角的正弦 MN 就等于 62 079。在直角三角形 MND 中，MN 与 ND 之比就等于半径与 45 度 20 分的正切之比（因为角 NMD 等于角 DCL 或者角 GCS），即等于 100 000 与 101 170 之比。由此得出，ND 等于 63 210。不过，CM 等于 100 000 时，NC 等于 78 079，因为 NC 是 38 度 40 分角 MCP 的补角的正弦。因此，整条线段 DC 等于 141 289。由于 MD 与椭圆相切，DC 与 CN 的比例中项 CP 等于 105 032。

同样，因为角 *OMZ* 等于角 *CDZ* 或 *LCZ*，等于 44 度 40 分，是角 *GCS* 的补角。所以，半径与 44 度 40 分角的正切之比等于 *OM* 即 78 079 与 *OZ* 即 77 176 之比。而 *OC* 等于 62 479，因为 *OC* 等于 *MN*，即 38 度 40 分角 *MCP* 的正弦。因此整条线段 *CZ* 等于139 655，而 *CZ* 与 *CO* 的比例中项 *CS*，等于 93 410。

在同一个地方，我们曾指出 *GC* 等于 98 779。为了证明这一点，在同一图中，作 *PE* 平行于 *DM*，与 *CM* 相交于 *E*。在直角三角形 *CLD* 中，边 *CL* 等于 99 324（*CM* 等于100 000），这是因为 *CL* 是 6 度 40 分角 *ICM* 的补角的正弦。又由于角 *LCD* 为 45 度 20 分，与角 *GCS* 相等，所以边 *LD* 等于 100 486。于是，减去 *ML* 即 11 609 之后，留下 *MD* 等于 88 877。那么 *CP* 即 105 032 与 *PC* 即 66 070 之比，等于 *CD*（它等于141 289）与 *DM* 即 88 877 之比。而 *PE* 的平方同 *Cg* 的平方之比，等于 *ME* 与 *EH* 之积（确切地说，*CM* 与 *CE* 的平方差）同 *MC* 的平方之比，也等于 *PE* 的平方与 *gC* 的平方之比。那么 *DC* 与 *CP* 的平方差，与 *CD* 的平方之比，也等于 *PE* 的平方与 *gC* 的平方之比。而 *DP*、*CP* 与 *PE* 已知，由此求得 *GC* 等于 98 779。

已经假定的引理

如果一个回转椭球面与一条直线相切，同时又有两个或者更多的平面与这条直线平行，尽管它们彼此之间不平行，所有与这条直线和平面相联结的点位于同一个椭圆上。该椭圆由一个通过回转椭球中心的平面形成。

设 *LED* 为回转椭球（图 41），它与线 *BM* 在点 *B* 相切，也与平行于这条直线的平面在点 *O* 和点 *A* 相切。需要证明点 *B*、*O*、*A* 位于同一个椭圆上，这个椭圆是回转椭球上由经过其中心的平面产生的。

经过线 *BM*，点 *O* 和 *A*，作彼此平行的一些平面，把回转椭

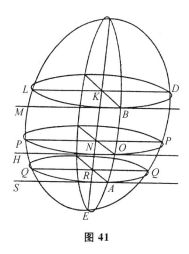

图 41

球截成椭圆 LBD、POP 和 QAQ；这些椭圆相似并且具有类似的
位置。它们的中心 K、N、R 都在该回转椭球的同一条直径上。
这条直径也是经过回转椭球中心的平面截成的椭圆的直径。它
与所说的三个椭圆平面正交。所有这些都在阿基米德（Archi-
medes）的《圆锥体与球体》（*Conoids and Spherods*）一书的定理
15 中给出了证明。此外，过点 O 和 A 所作的后两个平面，在切
割与回转椭球在这个点相切的两个平面时，形成直线 OH 和
AS。很容易看到，这两条直线与 BM 平行，并且所有这三条直
线 BM、OH 和 AS 在 B、O 和 A 点与椭圆 LBD、POP 和 QAQ
相切，由于它们位于这些椭圆平面内，同时又位于回转椭球相
切的那些平面内。现在假定点 B、O 和 A 作有直线 BK、ON 和
OR 穿过各椭圆的中心，如果过这些中心又已作有与切线 BM、
OH 和 AS 平行的直径 LD、PP 和 QQ，那么这些直径与前面说
的 BK、ON 和 AR 将是共轭（配对）的。因为这些椭圆相似并
且同样地放置，它们的直径 LD、PP 和 QQ 又互相平行，所以，
它们的共轭直径 BK、ON 和 AR 必定互相平行。同时如上所
述，这些中心 K、N 和 R 在回转椭球的同一条直径上，所以这
些平行线 BK、ON 和 AR 必定位于过回转椭球直径的同一平

面。结果，点 R、O 和 A 就在这个平面截成的那个椭圆上。这一点已得到证实。显然，如果除了点 O 和 A 以外，还存在着其他平行直线 BM 的平面与回转椭球相切的切点。证明也是一样的。

第 *6* 章

论起折射和反射作用的透明体的形状

· *Chapter VI   On the Figures of the Transparent Bodies* ·

　　我将在这里给出一种简易而自然的采取同样原理的实用图形推导方法。通过折射或反射,这些图形可以根据需要发散或汇集光线。

在阐明了如何根据我们关于不透明体和透明介质性质提出的假设得到反射和折射的特性之后,我将在这里给出一种简易而自然的采取同样原理的实用图形推导方法。通过折射或反射,这些图形可以根据需要发散或汇集光线。尽管到目前为止我还没有看到利用折射图形的工具,这不仅因为按照这些图形以必需的精度加工望远镜片有困难,而且还因为折射本身存在着一种妨碍光线完好一致的性质,牛顿先生已用实验作了充分的证实,我也不愿放弃这一发现,可以说因为它表现了它的特征,还因为它发现了折射光线与反射光线的统一描述,进一步证实了我们的折射理论。还有,将来或许有人会找到目前尚未发现的用途。

为了着手讨论这些图形,先假设需要找到一个表面 CDE,它把来自 A 点的光线汇聚到点 B(图 42)。而该表面的峰为直线 AB 上的给定点 D。我认为无论折射还是反射,只要使表面像这样,从 A 点到曲线 CDE 上的各点,再从这些点到聚焦点的光程(这里的光程是直线 AC 和 CB,直线 AL 和 LB,以及直线 AD 和 DB)的传播时间相等。运用这个原则求这些曲线就变得容易了。

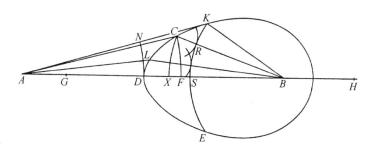

图 42

对于反射表面,因为直线 AC 与 CB 的和应该等于 AD 与 DB 的和,显然 DCE 应当是一个椭圆(图 43)。而对于折射,假

◀土星环上的卡西尼环缝。

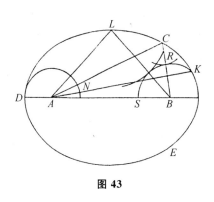

图 43

定已知介质 A 与 B 中的光速比,例如为 3 比 2（如我们所知,这与折射中的正弦比是一样的）,只需作 DH 等于 DB 的 $\frac{3}{2}$;并以 A 点为中心画段弧 FC,与 DB 相交于 F。再以 B 点为中心,以等于 FH 的 $\frac{2}{3}$ 的 BX 为半径,画另一段弧。两段弧的交点为所求的曲线应该通过的那些点中的一个。因为该点是按这种方法找到的,很容易立即证明沿 AC、CB 所需要的时间等于沿 AD、DB 所需要的时间。

假定直线 AD 表示光在空气中经过这段距离 AD 所需要的时间,显然,等于 DB 的 $\frac{3}{2}$ 的 DH,表示光在介质中沿 DB 所需要的时间,因为随着速度减小,所需要的时间成比例增加。于是,整个直线 AH,将表示沿 AD、DB 所需要的时间。同样,直线 AC 或 AF 表示沿 AC 所需要的时间。等于 CB 的 $\frac{3}{2}$ 的 FH,表示在介质中沿 CB 所需要的时间。因此,整条线 AH 表示沿 AC、CB 所需要的时间。由此可见,沿 AC、CB 所需要的时间等于沿 AD、DB 所需要的时间。同样可以证明,如果 L 与 K 是曲线 CDE 上的另外的一些点,那么沿 AL、LB 所需要的时间以及沿 AK、RB 所需要的时间,也总是用直线 AH 所表示。于是,等于上述沿 AD、DB 所需要的时间。

为了进一步地证明通过这些曲线旋转形成的表面,使所有自 A 点到达它们的光线,以同样的方式趋向 B 点,假定曲线上有一点 K,距离 D 比 C 远些,以致直线 AK 落在从外部折射的曲线上（图 44、45）。以 B 点为中心作弧 KS,它与 BD 相交于 S,与直线 CB 相交于 R。再以 A 点为中心作弧 DN,与 AK 相交于 N。

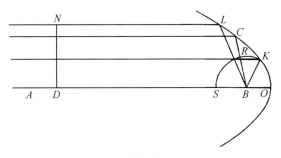

图 44

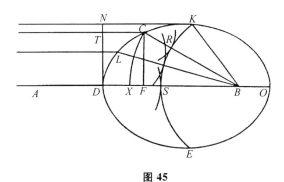

图 45

因为沿 AK 和 KB 所需要的时间,等于沿 AC 和 CB 所需要的时间,如果从前者扣除沿 KB 的时间,并从后者扣除沿 RB 的时间,那么剩下来沿 AK 的时间等于沿 AC 和 CR 两部分的时间。因此,光沿 AK 传播的时间里,它也沿 AC 传播并且又以 C 为中心以 CR 为半径在介质中形成了一个球面分波。因为 CB 与圆周 KS 正交,所以该分波与此圆周相切于 R。同样地,如果人们考虑曲线上的另一点 L,得到当光沿 AK 传播时,它也沿 AL 传播并又以 L 为中心形成一个与上述圆周 KS 相切的分波。曲线 CDE 上的其他所有点都是如此。那么,在光到达 K 点时,弧 KRS 将包络自 A 点出发经过 DCK 的传播的光运动。因此,这段圆弧构成由 A 点发源的波在介质中的传播;可以由弧 DN,或者由其他离中心点 A 更近的弧来表示。而弧 KRS 上的各个部分将顺序沿垂直于它们的直线传播,也就是说,沿趋向

中心 B 的直线传播（可以用我们以上证明球面波是沿来自其中心的直线传播的这一方法来证明），并且正是波的各个部分的光程本身构成了光线。显然：所有这些光线都趋向于 B 点。

也可以用下述方法来决定用作折射的曲线上的 C 点和其他所有点：在 G 点分割 DA，使 DG 等于 DA 的 $\frac{2}{3}$；以 B 点为中心，作圆弧 CX，与 BD 相交于 X；再以 A 为中心作另一圆弧，半径 AF 等于 GX 的 $\frac{3}{2}$；或说得确切些，如上述作了圆弧 CX 之后，只需要作直线 DF 等于 DX 的 $\frac{3}{2}$，再以 A 为中心画出弧 FC；显而易见，这两种构造方法都将回归于我们前面所讲的第一种方法。并且通过后一种方法可以看到，这些曲线正是笛卡儿先生在他的《几何》中称做的第一类卵形曲线。

在这种卵形曲线中只有其中的一部分适用于折射即 DK，如果 AK 是切线，K 是终点。至于其他部分，笛卡儿指出，如果有某种特性能使光强（或者，我们应当说是光速，但他不会这么说，因为他认为光的运动是瞬时的）按 3 比 2 的比例增加的材料制成镜面，那么它可以用于反射。但是我们曾经证明，在我们关于反射的解释中，镜面的物质是不可能产生这一现象的，它完全是不可能的。

从有关这种卵形曲线的论证出发，很容易找到一种图形将平行入射线汇聚到一点。采取同样的考虑，如图 46 所示，只是假定 A 在无穷远处发出平行的光线，卵形曲线就变成了正椭圆，其图形同卵形曲线没有什么两样，只是先前为圆周上一段弧的 FC，在这里变成了一条垂直于 DB 的直线。因为光波 DN 也同样由一条直线表示，不难看出这一波上所有点沿平行 DB 的直线传播到表面 KD，然后朝向点 B 并于同一时刻到达那里。至于用作反射的椭圆，显然它在这里变成了一条抛物线，因为它的焦点 A 可以被视为与另一个焦点 B 相距无穷远，B 就是这条抛物线的焦点，所有平行于 AB 的光线的反射线都趋向它。这些效应的证明与前面的证明一样。

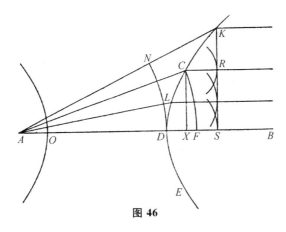

图 46

通过代数计算很容易得到,用于折射的曲线 CDE 是一个椭圆,它的长轴半径与焦距之比为 3 比 2,即折射比。给定 DB 为 a,它的未确定的垂线 DT 为 x,TC 为 y;则 FB 为 $a-y$;CB 为 $\sqrt{xx+aa-2ay+yy}$。而曲线的性质要求 TC 的 $\frac{3}{2}$ 与 CB 之和等于 DB,正如在上述图形中所要求的那样,因而方程式应为 $\frac{2}{3}y+\sqrt{xx+aa-2ay+yy}$ 等于 a。这一方程简化后为 $\frac{6}{5}ay-yy$ 等于 $\frac{9}{5}xx$。也就是说,作了 DO 等于 DB 的 $\frac{6}{5}$ 后,DF 与 FO 的乘积将等于 FC 平方的 $\frac{9}{5}$ 倍。由此可见,DC 是一个椭圆,其轴 DO 与特性参数之比为 9 比 5;于是 DO 的平方与焦距的平方之比为 9 比 $9-5$ 即 9 比 4,因此 DO 与焦距之比为 3 比 2。

此外,如果假定 B 点在无穷远,我们会发现 CDE 不再是第一类卵形曲线而是一个正抛物线,它使来自 A 点的光线变得平行。结果,那些在透明体内平行的光线在外面汇聚于 A 点。必须注意,CX 与 KS 变成了垂直于 BA 的直线,因为它们表示中心在无穷远处的圆上的弧。垂线 CX 与弧 FC 的交点为 C 点,这一点是曲线所应该通过的点。同理,光波 DN 上的所有部分

到达表面 KDE 之后,平行地同时到达 KS 直线。它的证明同第一类卵形曲线的证明一样。另外,同前面同样简单的计算发现,这里的 CDE 是一个抛物线,其轴线 DO 等于 AD 的 $\frac{4}{5}$,特性参数等于 AD。由此,很容易证明出 DO 与焦距之比为 3 比 2。

这是圆锥曲线用于折射的两种情形,同笛卡儿在他的《屈光学》($Dioptrique$)中所作的解释一样,他首先发现了关于折射中这些曲线的用途,以及我们刚才讨论的第一类卵形曲线的用途。第二类卵形曲线适用于汇聚于一给定点的光线,在这种卵形曲线中,如果接受光线的表面的顶点为 D,那么另一个顶点将位于 B 和 A 之间,或者落在 A 点以外,其具体位置依据 AD 与 DB 之比值的大小而定(图 47)。后一种情形,与笛卡儿称做第三类卵形曲线中的情形相同。

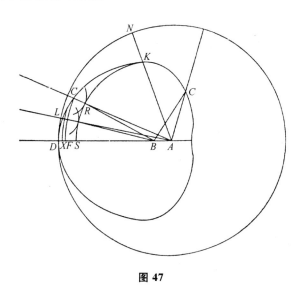

图 47

第二类卵形曲线的求解和图形与第一类卵形曲线的情况相同,其作用的证明也相同。不过值得注意的一点是,这一类卵形曲线在一种情形下将变成为完全的圆,即当 AD 与 DB 的比和折射比相同时。在这里该比值应如我在很久以前所观察到的那样为 3 比 2。第四类卵形曲线能运用于一些不可能存在的反射,没有必要提出来了。

至于笛卡儿先生发现这些曲线的方法，由于他本人没有对此作过说明，在我所知道之前也没有谁对此作过说明，因而在这里我顺带提一下我对这一点的看法。假定我们想要找一个由曲线 KDE 旋转而成的表面，使从 A 点入射的光线转向 B 点。那么考虑已知的另一条这样的曲线，它的顶点 D 在直线 AB 上（图 48）。用 G、C、F 等点将它分割成无穷多小段，从这些点向 A 点作直线，表示入射光线。再从这些点向 B 点作另外的直线，然后以 A 点为中心画弧 GL、CM、FN、DO，它们与来自 A 点的光线在 L、M、N、O 等点相交。通过点 K、G、C、F，画弧 KQ、GR、CS、FT，它们又与传播向 B 点的光线在 Q、R、S、T 等点相交。又假定直线 HKZ 与该曲线在 K 点相交。

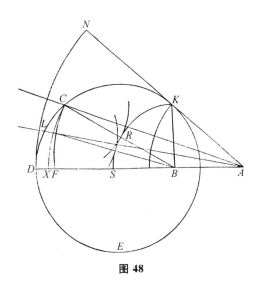

图 48

那么如图 49，AK 为入射光线，KB 则为它在介质内的折射线，依据笛卡儿先生所知道的折射定律，必定可以得到角 ZKA 的正弦值与角 HKB 的正弦值之比为 3 比 2，这一比值就是玻璃的折射比。确切地讲，角 KGL 的正弦值与角 GKQ 的正弦值之比，应该等于该比值，这里已考虑到 KG、GL、KQ 短小而认为它们是直线。如果 GK 取为圆的半径，这些正弦值就是 KL 与

GQ。于是，LK 与 GQ 之比就为 3 比 2；MG 比 CR、NC 比 FS、OF 比 DT 也是同样的比值。那么所有前者之和与所有后者之和的比，也应当等于 3 比 2。通过延长弧 DO 与 AK 相交于 X，KX 就是前者的和。延长弧长 Q 与 AD 相交于 Y，后者的和就是 DY。于是 KX 与 DY 之比就应该等于 3 比 2。由此可见，曲线 KDE 有以下性质，即从曲线上某一点，譬如 K，作直线 KA 和 KB、AK 超出 AD 的部分与 DB 超出 KB 的部分之比为 3 比 2。可以类似地证明在这条曲线上任意取另外一点，譬如 G，AG 超出 AD 的部分 VG，与 BD 超出 DG 的部分 DP 之比，也为同样的比值 3 比 2。通过这一原则，笛卡儿先生在他的《几何》中构造出了这些曲线，并且他还很容易地认识到，在平行光情形下这些曲线将变成为抛物线与椭圆。

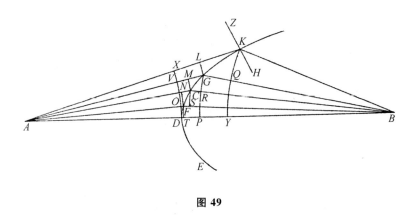

图 49

现在，让我们回到我们自己的方法上，并看一看，当玻璃的一边为给定图形时，另一边所要求的曲线是如何通过我们的方法毫无困难地找到的。这一给定图形不仅可以是平面，球面或者某一圆锥截面（这是笛卡儿提出该问题时所给出的限制，他把这一问题的解决留给了后人），而且还可以是完全任意的图形，也就是说，通过旋转任意给定曲线所得到的图形，对于给定曲线，人们只需要知道如何画出它的切线就可以了。

如图 50，假定给定图形是通过某一曲线 AK 绕轴 AV 旋转而得到的,并且玻璃在这一边接收到来自 L 点的光线。此外,假定玻璃中部的厚度 AB 为已知,并且我们要求光线完全汇聚在点 F 上,无论发生在表面 AK 上的第一次折射如何。

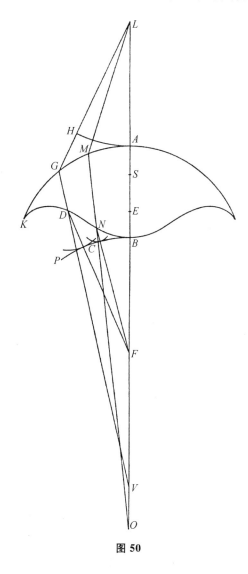

图 50

我认为这一问题的唯一要求是构成另一表面的周线 BDK 应当这样:光线从 L 点到表面 AK,再从那里到表面 BDK 以及再到点 F 的行程应当处处时间相等,并且在每一情形下所需要的这一时间都等于光沿直线 LF 穿过所需要的时间，而直线 LF 的 AB 部分位于玻璃之中。

假定 LG 是照在弧 AK 上的一束光线。它的折射线 GV 将由过 G 点作出切线来确定。GV 上的点 D 必须满足 FD 加上 DG 的 $\frac{3}{2}$，再加上直线 GL，等于 FB 加上 BA 的 $\frac{3}{2}$，再加上直线 AL。很清楚，它们的和是一个给定的长度。确切地讲，从其中减去已知的 LG 的长度之后，只需要在 VG 的范围内调整 FD，使得 FD 与 DG 的 $\frac{3}{2}$ 之和等于一个给定直线的长度就可以了。

这是一个简明的问题：D 点是曲线 BDK 应该通过的那些点之一。同样，画出另外一束光线 LM，找出其折射线 MO 之后，在这一直线上可找到点 N，如此下去进行所需要的次数。

为了证实这一曲线的作用，以 L 为中心画一圆弧 AH，与 LG 相交于 H；以 F 为中心画圆弧 BP，再在 AB 上作 AS 等于 HG 的 $\frac{3}{2}$；作 SE 等于 GD。考虑到 AH 是 L 点发源的光波，A 点的光波必定在它从 H 段到达 G 点的时间里，沿 AS 进入透明体。如上所述，假定折射比为 3 比 2。我们知道从 G 点入射的光波从那里沿线 GD 传播，因为 GV 是光线 LG 的折射线。因为 GD 与 SE 相等，在光波由 G 点到达 D 点的时间里，位于 S 点的另一段光波将到达 E 点。但当后者由 E 点传播到 B 点时，位于 D 点的那段波就已经将它的分波传播到空气中，分波的半径 DC（假定分波与 DF 相交于 C 点）等于 EB 的 $\frac{3}{2}$，因为介质外的光速与介质内的光速比为 3 比 2。于是很容易证明，这个光波与弧 BP 在点 C 相切。由于在作图中，$FD+\frac{3}{2}DG+GL$ 等于 $FB+\frac{3}{2}BA+AL$；减去相等的量 LH 与 LA，那么余下的量 $FD+\frac{3}{2}DG+GH$ 等于 $FB+\frac{3}{2}BA$。又从一边减去 GH，从另一

边减去与之相等的 $\frac{3}{2}AS$，余下的量 $FD + \frac{3}{2}DG$ 就等于 $FB +$ $\frac{3}{2}BS$。而 $\frac{3}{2}DG$ 又等于 $\frac{3}{2}ES$，因此 FD 就等于 FB 与 $\frac{3}{2}BE$ 之和。同时 DC 等于 $\frac{3}{2}EB$，从两边减去这些相等长度后，余下的 CF 等于 FB。由此显而易见，当光线从 L 点沿 LB 到达 B 点时，半径为 DC 的那个波，将同时与弧 BP 相切。可以类似地证明在这一时刻顺着其他光线，譬如 LM、MN 传播的光运动到达弧 BP。由此可以得出，正如经常说到的，穿过玻璃厚度以后的光波 AH 的传播，为球面波 BP，上面的各段将沿直线即光线，向中心点 F 传播。这一点已得到证实。同样，这些曲线在所有可能假定的情况下都能被找到，将在我附加的一两个例子中得到充分证实。

如图 51，设有一个给定的玻璃表面 AK，它是由曲线 AK 绕轴 BA 旋转而成的，其中 AK 可以是直线也可以是曲线。又设轴上有一给定的点 L。玻璃的厚度 BA 也给定；需要求的是另一个表面 KDB，它能将其接收到的平行于 AB 的光线偏转，使得它们在给定表面 AK 再次折射后能全部汇聚到 L 点。

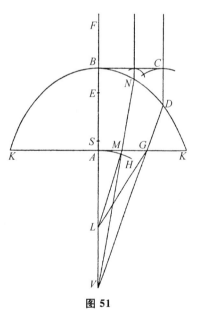

图 51

从点 L 向给定直线 AK 上的某一点作直线 LG，并把它看作一束光线，那么可以求出它的折射线 GD。并且当这条线沿一边或者另一边延长后，与直线 BL 相交，其交点在这里为 V 点。又作 AB 的垂线 BC，由于我们假定了光线互相平行，所以它表示来自无穷远点 F 的光波。光波 BC 上的各部分将同时到达 L 点，更确切地说,发源于 L 点的光波的各个部分,将同时到达直线 BC。为此,必须在线 VGD 上找到点 D,使得在作了 DC 平行于 AB 之后,CD 加上 $\frac{3}{2}DG$ 再加上 GL 的和,可以等于 $\frac{3}{2}AB$ 加上 AL;或更确切地讲,从两边减去给定的 GL,CD 加上 $\frac{3}{2}DG$ 必定等于一个给定长度。与前面的作图相比这已是一个较为简单的问题。这样找到的 D 点将是曲线应该通过的那些点之一。证明将与前面的相同。据此,也可以证明,来自 L 点的光波在穿过玻璃 $KAKB$ 之后,将呈直线形,如 BC;也就是说,光线将变得平行。由此反过来可以得到,照射在表面 KDB 上的平行光将汇聚于 L 点。

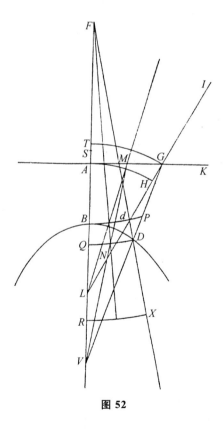

图 52

如图 52,再假定有一给定的表面 AK,它有绕 AB 轴旋转而得到的任何所需要的形状。假定中部的玻璃厚度为 AB，又假定点 L 是玻璃后方轴上给出的一个点；同时假定照在表面 AK 上的光线是朝向这个点的。我们需要的是求一个表面 BD，它能使从玻璃中出来的光线，看起来似乎是玻璃前方的点 F 出来的。

在线 AK 上取任意一点 G，然后作直线 IGL，它的 GI 部分将表示入射的一束光线，其折射线 GV 就可以求出。必须在这条折射线上找到点 D，曲线 DB 应该通过它。假定点 D 已经找到：在距离 LG 大于 LA 时，以 L 为中心作圆弧 GT，与直线 AB 相交于 T。不然的话，必须以同一中心画弧 AH，与直线 LG 相交于 H 点。这段圆弧 GT（或者另外一种情况下的 AH）将表示一束入射的光波，它的光线朝向点 L。同样，以 F 点为中心作圆弧 DQ，表示一束由 F 点发源的光波。

于是，光波 TG 在穿过玻璃以后，必然形成波 QD。由此我观察到，光在玻璃中沿 GD 传播所需要的时间，必定等于它沿 TA、AB 以及 BQ 三段所需要的时间，其中仅有 AB 段在玻璃中。或者更确切地说，作 AS 等于 $\frac{2}{3}AT$ 之后，我注意到，$\frac{3}{2}GD$ 应该等于 $\frac{3}{2}SB$ 加上 BQ。把它们从 FD 或 FQ 中减去之后。FD 减去 $\frac{3}{2}GD$ 应该等于 FB 减去 $\frac{3}{2}SB$。最后的这个差，是一个给定长度。我们所需要做的所有事情，就是从给定点 F 作与 VG 相交的直线 FD，使得它满足以上所述。这是一个与用于这些作图方法中的第一个问题十分类似的一个问题。在那个问题中，FD 加上 $\frac{3}{2}GD$ 应等于一个给定的长度。

在证明中，必须注意，由于弧 BC 落在玻璃内，所以必须设想一个与之同心的并位于 QD 另一边的弧 RX。那么，证明了光波 GT 上的 G 段到达 D 点的同时，T 段到达 Q 点，就很容易作图得出，当 Q 段到达 R 点时，在 D 点产生的分波将与弧 RX

相切。于是这一圆弧应同时包括来自波 *TG* 的光运动；在这里所有其他的光波都被包括在内。

揭示了寻找这些用于完全汇聚光线的曲线的方法之后，剩下的就是要解释一件值得注意的情形，即有关球面、平面或者其他表面的不同等折射，如果忽略了这种情形，就会使人们怀疑我们先前重申过几次的观点，即光线与沿着与光波垂直的直线传播。

在某一情形下，例如，如图 53 所示，光线平行照射在球面 *AFE* 上面折射后彼此相交于不同点。在透明体中，与聚焦光线正交的光波会是什么样子呢？它们不会是球面的。当所说的这些光线开始彼此相交时，光波又会变成什么样子呢？通过对这一困难的解决，我们将看到产生了一些值得注意的东西，尽管光波不会继续完整，但也决不会中断，正如它们穿过依据要求设计的玻璃时我们所看到的那样。

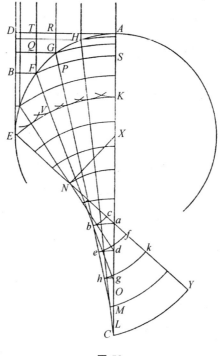

图 53

依据上面的证明，从球面顶点所作的与平行于入射光线的轴正交的直线 AD，表示光波。当光波的 D 段到达球形表面 AGE 上的 E 点时，它的其他部分将也到达同一表面上的 F、G、H 等点，并以这些点为中心形成球面部分波。与所有这些分波相切的表面 EK，为光从 D 段到达 E 点的时间内波 AD 的继续传播。如果我们设想在凸形曲线 ENC 上放有一条松开的细线，它的末端 E 构成了曲线 EK，那么线 EK 不是一段圆弧，而是另一条曲线 ENC 的渐屈线。ENC 同所有平行的光线的反射线 HL、GM、FO 等相切。假定了这种曲线是这样作成的，我们将证明由中心点 F、G、H 等形成的光波都与它相切。

曲线 EK 以及其他由曲线 ENC 以不同长度的细线作出的渐进展开曲线与所有的光线 HL、GM、FO 等正交，使得这些光线在两条这种曲线之间所夹的部分都相等。这一点取自于我们的《摆钟论》（$de\ Motu\ Pendulorum$）中的证明。假定入射光线互相之间距离十分接近，如果我们考虑其中的两束，RG 与 TF，作 GQ 垂直于 RG。如果我们再假定与 GM 在 P 点相交的曲线 FS，是由从 F 点开始的曲线 NC 的渐进展开，其中这一点 F 也即线 FS 所延伸到的地方。我们可能假设小段 FP 是一条垂直于光线 GM 的直线，同样，假设弧 GF 是一条直线。而 GM 是光线 RG 的折射线，并且 FP 又与它垂直，正如以上解释笛卡儿的发现时所证实的那样，QF 与 GP 之比必定为 3 比 2，即折射比。对于其他所有小弧 GH、HA 等，情况也类似。也就是说，在包围它们的那些四边形中，与轴平行的边与其对边之比等于 3 比 2。于是，其中一组之和与另一组之和的比，也等于 3 比 2。换句话说，假定 V 为曲线 EK 与光线 FO 的交点，TF 与 AS 之比，DE 与 AK 之比，以及 BE 与 SK 或者 DV 之比，都等于 3 比 2。而作直线 FB 垂直于 DE，BE 与光在透明体外传播从 F 点发出的球面波的半径之比也为 3 比 2。显而易见，在 V 点，光线 FM 与光波相交，与曲线 EK 正交。因此，光波同曲线 EK 相切。用同样的方法可以证明，对于以上提到的所有由点 G、H 等产生的那些光波,情况也是如此。在波 ED 上的 D 段到达 E 点时,它们到达曲线 EK。

现在开始讨论在光线彼此交叉之后,光波会变成什么样子。结论是,它们将由此扭弯,并由两个邻接的部分组成,其中一部分是曲线 ENC 在一个方向上的一条渐屈线,而另外一部分是同一条曲线在相反方向上的一条渐屈线。于是,波 KE 向聚焦位置前进时变成 abc,其中 ab 由 c 端固定的曲线 ENC 上 bc 的渐屈线形成,bc 由 E 端固定的 bE 的渐屈线形成。同一光波随后变成为 def,再变成为 ghk,并最终变成为 Cy。并由此光波的传播不再扭弯,而总是沿着曲线 ENC 的渐屈线行进,递变为末端在 C 的某条直线。

在这条曲线上甚至有一个部分 EN 是笔直的,其中 N 是从球面中心 x 所作的垂直于光线 DE 的折射线上的垂足。这里假定折射线与球面相切。光波的扭弯从 N 点开始,一直到曲线 c 的末端。它通过取 AC 比 Cx 等于折射比 3 比 2,可以作出。

曲线 NC 上可能需要的其他一些点,可以利用巴罗(Barrow)先生在他的《光学讲义》(*Lectiones Opticoe*)一书的第 12 节中为别的目的而证明的一个定理来求得。值得注意的是,需要找出与这条曲线长度相等的一条直线。因为它与线 NE 之和等于已知的线 CK。由于 DE 与 AL 之比等于折射比,所以从 CK 中减去 EN 后,余下的部分就等于曲线 NC。

同样,在凹球面镜反射中扭弯的波也可以求得。如图 54,假定 ABC 是过轴线的一个内凹半球面的某一截面,半球面的中心为 D,它的轴 DB 平行于入射光。所有这些照在四分之一圆周 AB 上的光线的反射线,都将与端点 E 是半球面焦点的曲线 AFE 相切,换句话说,该点将半径 BD 分为两个相等部分。该曲线应当通过的这些点可以通过下述方法找到。过 A 点作某一弧 AO,并作长度为其 2 倍的另一弧 OP。再在 F 点把弦 OP 分割,使得 FP 部分为 FO 部分的 3 倍。那么,F 即为所求的一个点。

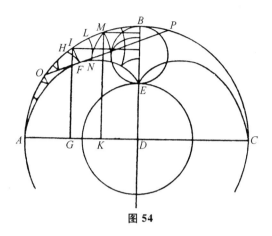

图 54

因为平行光线仅仅是照在凹形表面上的平行于 *AD* 的光波的垂线，当它们顺次地传播到表面 *AB* 时，它们通过反射形成了扭弯的光波。这种光波由两条曲线组成，它们是曲线 *AFE* 在两个相反方向的渐屈线。因而，取 *AD* 为入射波，当 *AG* 部分到达表面 *AI* 时，即当 *G* 段到达 *I* 点时，曲线 *HF* 与 *FI* 一起构成了波 *AG* 部分的传播，其中曲线 *HF* 与 *FI* 分别是从 *F* 点出发的曲线 *FA*、*FE* 的渐屈线。此后不久，当 *AK* 部分到达表面 *AM* 时，*K* 段到达 *M* 点，曲线 *LN* 与 *NM* 将一起构成这个部分的波的传播。这种扭弯的光波将这样继续传播下去，直至 *N* 点到达焦点 *E*。用凹面镜对着太阳，可以在烟雾或者扬尘中看到曲线 *AFE*。应当知道，即当一个圆 *EB* 在另一个以 *D* 为中心以 *ED* 为半径的圆中滚动时，不是别的，而唯有这一条曲线是 *E* 点在圆 *EB* 的圆周上画出的曲线。因而它是一种摆线，可以通过几何方法来求那些点。

与前面曲线的测定方法极为类似，利用这些波可以证明和求出，它的长度正好等于球面直径的 $\frac{3}{4}$。虽然也可以使用其他一些方法，我从选题中略去了它们。由 $\frac{1}{4}$ 圆弧，直线 *BE* 和曲线 *EFA* 所围成的面积 *AOBEFA*，等于扇形 *DAB* 面积的 $\frac{1}{4}$。

惠更斯的父亲康斯坦丁·惠更斯

16世纪,荷兰进行了历史上最早的资产阶级革命,建立了荷兰共和国。到17世纪前期,荷兰经济繁荣、文化昌盛、科学技术迅速发展,产生了许多杰出的思想家、艺术家、科学家。

1629年惠更斯出生于荷兰海牙。惠更斯的父亲康斯坦丁·惠更斯是一位荷兰外交官和诗人。与惠更斯同时代,在荷兰生活着笛卡儿、斯宾诺莎、伦勃朗、哈尔斯这样的哲学、科学和艺术大师。他们与惠更斯父子都有交往,年轻的惠更斯从他们那里得到不少教诲。

荷兰海牙郊区 风车是荷兰的标志性景观

伦勃朗(Rembrandt, 1606—1669)代表作之一《木匠之家》

斯宾诺莎（Baruch Spinoza, 1632—1677）

哈尔斯(Frans Hals, 约 1580—1666)代表作《吉卜赛女郎》

斯宾诺莎是西方近代哲学史重要的理性主义者，重要著作有《伦理学》《神学政治论》、《政治论》《哲学原理》《理智改进论》等。

伦勃朗是 17 世纪欧洲绘画的三大支柱之一，是荷兰 17 世纪现实主义绘画的代表，荷兰最伟大的画家，也是欧洲艺术史上开宗立派的大师级人物。在伦勃朗的手里，光和影成为表达主题和情感的有力艺术语言。他使用的色彩，常带有一种金属和宝石般的高贵感，使粗陋的物象也变得华美悦目。

哈尔斯的肖像画画面气氛热烈，洋溢着乐观主义精神，是欧洲现实主义肖像画发展的高峰。

荷兰莱顿大学校园景

1645—1649 年，惠更斯在荷兰莱顿大学和布雷达大学求学。

荷兰莱顿市景

伽利略曾通过望远镜观察过土星，他发现"土星有耳朵"，后来又发现土星的"耳朵"消失了。伽利略以后的科学家对此问题也进行过研究，但都未得要领。"土星怪现象"当时是天文学的一个谜。

"旅行者2号"1981年拍摄的土星照片

当惠更斯将自己改良的望远镜对准这颗行星时，他发现在土星的旁边有一个薄而平的圆环，而且它很倾向地球公转的轨道平面。伽利略发现的"土星耳朵"消失，是由于土星的环有时候看上去呈现线状。

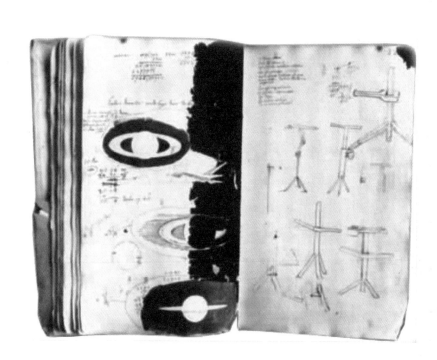

惠更斯的笔记本。在左页上是惠更斯发现土星环的记录。

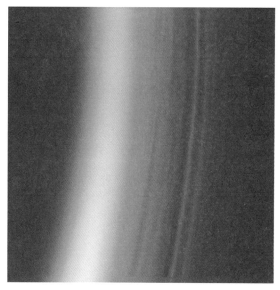

1980 年"旅行者"探测器拍摄的土卫六照片

土卫六的大气层照片

　　1655 年,惠更斯最先发现土星的卫星,并将其命名为泰坦(土卫六)。土卫六是环绕土星的 47 颗卫星中最大的一颗,也是太阳系中唯一拥有浓厚大气层的卫星。

泰坦

　　古希腊神话中,泰坦神共有十二位,他们是地母该亚和天神乌拉诺斯所生。其中克罗诺斯和瑞亚成为第二代神王和神后。克罗诺斯因为预言自己的统治将被子女们推翻,所以他把妻子瑞亚生下的每个孩子都吃掉。后来瑞亚用一块布包裹着石头替换了宙斯。宙斯长大后推翻了克罗诺斯的统治,成为天神。天神宙斯和海神波塞冬以及冥王哈得斯都是泰坦神克罗诺斯和瑞亚的儿子。

　　在右边这件古罗马时期的浮雕中,神后瑞亚正在为年幼的宙斯哺乳。为了不让克罗诺斯听到宙斯的哭声,瑞亚的两个祭司将盾牌敲得叮咚作响。

法国国王路易十四（Louis XIV，1638—1715）

路易十四实行"朕即国家"的专制统治，采用重商主义，推动工商业发展。

路易十四也大力支持艺术和科学的发展。1699年，路易十四将法国皇家科学院从柯尔培尔的图书馆迁往卢浮宫。

柯尔培尔长期担任路易十四的财政大臣和海军国务大臣，是法国重商主义的代表人物。

柯尔培尔也是科学和艺术的慷慨资助者。1666年，柯尔贝尔提供自己的图书馆作为当时巴黎一些著名科学家聚会和学术交流的场所，成立了法国皇家科学院。这就是现在法兰西科学院的前身。

惠更斯很长一段时间都是法国皇家科学院的领袖人物。

柯尔培尔（Jean Baptise Colbert，1619—1683）

这幅1698年的版画记录了法国国王路易十四参观法国皇家科学院时的盛况。为了迎接路易十四,科学院将各种科学仪器搬到院子里的空地上集中摆放。

法兰西学院坐落在巴黎塞纳河畔,与卢浮宫隔岸相望。图为法兰西学院正门。

"惠更斯号"探测器发回的土卫六照片

惠更斯像。1695年惠更斯在海牙去世。和牛顿一样,惠更斯终身未婚。

  "卡西尼－惠更斯"号于1997年10月15日从肯尼迪发射中心发射升空,它是美国国家航空航天局、欧洲航天局和意大利航天局的一个合作项目,其主要任务是对土星系进行空间探测。"惠更斯号"是"卡西尼号"携带的子探测器,于2005年1月14号成功登陆土卫六。

"惠更斯号"与"卡西尼号"分离时的情形(模拟图)。左下角是土卫六,中间是"卡西尼号",土卫六和"卡西尼号"之间是"惠更斯号",右下角是带着光环的土星。

附 录 I

惠更斯评传

A. E. 贝尔

· *Appendix* I ·

A. E. BELL

　　毫无疑问，克里斯蒂安·惠更斯是有史以来最伟大的科学天才之一。他把望远镜从一种娱乐玩具转变成为一个研究所需的强有力的仪器，使光学得以深入研究并获得成果。他发现了土星环和土卫六。

CHRISTIAN HUYGENS

AND

THE DEVELOPMENT OF SCIENCE
IN THE SEVENTEENTH CENTURY

By

A. E. BELL, Ph.D., M.Sc.

Head of the Science Department, Sandhurst
Formerly Head of the Science Department, Clifton College

LONDON
EDWARD ARNOLD & CO.

前　言

毫无疑问,克里斯蒂安·惠更斯是有史以来最伟大的科学天才之一。他把望远镜从一种娱乐玩具转变成为一个研究所需的强有力的仪器,使光学得以深入研究并获得成果。他发现了土星环和土卫六。他集中精力对猎户座星云进行了研究。他定量地研究了引力问题,得到了关于潮汐力效应和地球形状的正确思想。在其伟大的著作《摆钟论》中,他发现了力学系统,并澄清了混合钟摆和等时降落轨迹的全部内容。他解决了当时相当棘手的弹性碰撞等问题。他被认为是光的波动学说和物理光学的发起者,与牛顿和伽利略一样,他的名字永垂青史。通常人们认为罗伯特·胡克与惠更斯一样受到笛卡儿学说的影响,具有同等的高度精神境界和发明创造才能和直觉。在广义上,他们的活跃有一些相似处。最大的不同在于,惠更斯是一个伟大的数学家和定量方法的代表,发现了精确测量和数学之间所需要的关系,而胡克仅仅做出工作的第一阶段。

对惠更斯作了上述介绍后,自然要问怎样比较他和牛顿。这是在以后篇幅中所要讨论的问题,但没有恰当的答案。从某种意义上,惠更斯最大的不幸是他生长在笛卡儿具有强大影响的时代,笛卡儿是他父亲的一位好朋友,常常到他家拜访,是惠更斯大学老师的导师。惠更斯的许多假说吸取了笛卡儿的思想,以至于他站在了牛顿的对立面。从这方面来说,很容易认为他与笛卡儿一样,笛卡儿的思想在牛顿的《原理》出版以后大部分被该原理取代。但这是一个严重的错误。如果不是他不明智地把自然规律应用到天上,不是把科学的任务理解为揭示某种机制而最终形成一个定律,他仍然为人类科学做出了重大贡献。即使牛顿不欠惠更斯的,他也必定要感激惠更斯。他以另外一种方式受恩于惠更斯,因为对于像惠更斯这样有身份地位的科学家的不满情绪,促使牛顿对自然原理恢复了活力。科学解释的进展可以看做排除多余要素,从虚构的性质中解放出来的一个过程,直到得到真实成功的抽象的步骤。

然而,从某种意义上说,惠更斯是一个令人惊奇的现代思想家,他具备人类同样面临的拥有科学和专业知识的意向。作为一位科学研究者,他是一个新领域的创造者,理智地对待科学带来的特点。路易十四精力充沛的外交大臣柯尔培尔在历史上第一次把退休金资助惠更斯和其他科学家。当然,柯尔培尔把他的眼光放在商业利益和智力发展的基础之上。基于对荷兰商业的妒忌,柯尔培尔幸运地把当时荷兰最著名的科学家作为法国的强大同盟。惠更斯的一生令人惊奇的特征是,具有法国人的礼貌,满足于国王图书馆给他的自由。即便路易十四在荷兰战争中决定能否永久破坏荷兰新建立的独立的时期,惠更斯仍待在巴黎的办公室里。除此之外,惠更斯还把其巨著《摆钟论》捐献给了皇家资助者。

应该承认惠更斯身体不很好,没有强壮的身体。与帕斯卡一样,他长期遭受疾病的折磨,与斯宾诺莎一样,身体不具有阳刚气。通常认为在战争年代,除了职业军人大家不会关心其他什么人了。如果惠更斯离开巴黎,他最好去保卫荷兰,与哥哥康斯坦丁(小)一样从事外交工作,或者与英国的数学家约翰·瓦利斯一样从事解码工作,或者与其普通士兵一样被杀害。在那个时代，人们不希望那些具有专业基础的人放弃他们的追求。惠更斯的科学工作受益于他在巴黎这一观点，其实站不住脚。在海牙附近，他过着隐居的生活，只有与巴黎和伦敦通信，才是他唯一激动的事情。对惠更斯和大多数科学工作者来说，所有社会上和政治上的事情，都被看做对从事物理研究的干扰。从一开始，人类的科学研究就在揭示人类文明的真实原因。当惠更斯在 1672 年决定待在巴黎的时候，这一观点也许被他看清楚了。

从一出生，惠更斯就生活在法国的强大影响下。在巴黎他吸收了宗教不可知论和精神自由的流行思想。他的严肃认真的态度不允许他放纵。惠更斯的思想与当时其他科学家格格不入，与其后的 18 世纪的百科全书编纂人倒很相似，因为他抛弃了加尔文派的教义，如同抛弃天主教义一般。

尽管强大的政治影响和腐败广泛存在，惠更斯生活的时代，却是人类科学具有丰硕成果的年代之一。科学是来自于人类灵感的高级活动，令人惊奇的发现应当归功于人类思维的自由。"就是那个时代"，亨利·鲍威尔写道，"那时，所有人的思想都处于激烈的动荡中，智慧和学习的情绪不断前进，把他们自己从世俗的束缚中解脱出来。在这种环境下，哲学如春潮来临"。当时，一些伟大的思想家对进步的必然性缺乏信心。惠更斯在比较他当时的时代时，十分谨慎。但他天然的思想，与之后 18 世纪和 19 世纪人类的科学革命联系起来了。

然而，至少说来有一位现代作家对现代文学过于讲求开放自由加以了指责，并指出了 17 世纪英国文艺复兴的许多消极影响。在欧洲大陆，对宗教信仰的侵袭，实际上不亚于在英国。斯普纳特主教在 1667 年写了对王族社会的保护，他认为科学不会削弱社会所接受的一些观点。但他没想到，对迄今还没解决的问题的探讨，将会是无止境的。他认为关于宇宙完整的科学只需一代或两代人的聪明智慧的劳动就行了。在这些劳动中，实验总是先于理解。"对上帝创生问题的研究，会对上帝进行赞扬，但更进一步的研究，会发现不能把科学上所发现的东西融合到教义中去。"这就是牛顿和波义耳当时所面临的问题，但惠更斯与他们不一样。在当时的科学家中，只有他发现，追求科学所需的毅力与传统的宗教信仰有相似之处。正如当时在法国和英格兰一样，一些神学家支持寻求自然科学原理的计划。思想解放的阿贝斯和提出异议的主教都赞同，通过科学研究去寻求神的伟大和对人类的利益。前者通常会趋向于笛卡儿学派。

惠更斯思想最显著的特征，同时也是他的优点和短处，是他对一些特殊问题的不安和对那些靠推测所得到的概括的怀疑。在研究笛卡儿的工作时，他产生这些怀疑。他对斯宾诺莎思想的态度可以按这种方式去理解。由于斯宾诺莎的哲学运用的是笛卡儿方法，惠更斯对他产生了怀疑。惠更斯发现这个方法不能让我们对自然给予理解，他自己对新的科学方法作出了巨大的贡献。建立社会而非智力考虑的优越性，可以解释为什么惠更斯本人藐视斯宾诺莎思想。当然，那时不是一个民主的时代。

在他的科学著作中，惠更斯是 17 世纪最伟大的机械论者。他把伽利略对现象的数学处理方法和笛卡儿建立自然的最终规则的观点结合起来。开始他作为一名笛卡儿忠实信徒去纠正一些明显的错误，最后他成为一个对笛卡儿学说持批评态度的人。17 世纪力学和天文学的发展已经超出了几何的范围，需要新的其他的相互关联的原理。惠更斯对碰撞向心力以及曾经研究过的第一动力学系统（复合单摆）的处理，质量、重量、动量、力和功，最终得到了证实。在天体物理方面，他解释了土星的形状以及从 1656 年开始的哥白尼学说的近点角。作为一个观测者，他的卓越贡献在于他发明了优质的望远镜，这在某种程度上导致了他对开普勒、斯奈尔和笛卡儿所攻击的问题的理论研究。众所周知，物理光学在惠更斯的著作《光论》中得到了很大的发展。

对科学历史兴趣的滋长，在某种程度上被认为是科学自身专业化增长的结果。在对科学的规则和教育上，当人类的需求允许被仅仅的某一方面的知识替代时，很多东西通常都被忽略掉了。许多人认为，科学的历史可以提供重要的人道基础。这时，也许不会考虑当代和古代观点的矛盾，对科学课本中插入历史注释的行为提出抗议。一旦一个学科得到很好的发展，我们所需要的是合理的方法，而非历史的方法，这是因为大部分以前的科学只有通过全面的学习才能正确地理解。过去最伟大的科学家很快成为遥远的而无贡献的人物。现代科学家大部分把其威望建立在信任的基础上，很少有时间和精力去阅读原始文献。现代人又有多少人阅读过伽利略的《对话》和牛顿的《原理》？如果科学成为教育的广泛接受的手段，我们更进一步需要科学史。更清楚的目光，现代的评价对恢复过去和对目前伟大科学家的地位作出了积极的贡献。

在英国，关于惠更斯的研究工作仅仅被认为是开始。由荷兰学会的科学出版社出版的《克里斯蒂安·惠更斯全集》大约由 20 卷构成，其中包含了他所有工作的全部内容。除了这之外，当前的一些书籍显得无足轻重。多么希望不久的将来，一个具有高道德水平的学者能够写一些更多的关于这些伟大工作的书籍。我作为一个从事化学工作的作者来说，在写惠更斯的工作时遇到了很大的困难。即使一个数学家，也不能对惠更斯的工作进行正确的评价。研究惠更斯，需要历史学家、拉丁学者和哲学家的共同努力。

第一篇 惠更斯的一生

第1章

惠更斯在他的祖国荷兰,除了他取得的科学研究成果外,差不多是一个可以被忽略的人物。毫无疑问,他具有伟大的科学才能,他是一个把聪明才智和数学潜能,与对自然解释优美结合起来的天才。他热衷音乐和艺术,与其他兴趣狭隘的研究者有明显的不同。惠更斯是一个职业科学家,他处在科学萎靡不振的时代,他对科学的兴趣,完全在于他的思想观念和孜孜不倦的专业研究。

惠更斯没有斯宾诺莎的宗教哲学思想,也没有帕斯卡的敏感,他也不是笛卡儿那样的哲学家,也没达到莱布尼兹那样的数学基础。在人类思想大步迈入自然哲学领域的时代,惠更斯集中精力研究应用数学、光学及天文学;在某种程度上,他同时成功地研究了几个重大课题。读者想了解更多关于惠更斯的事迹,可以参考由荷兰学会的科学出版社出版的那套惠更斯的巨著。

这里,我们不是想在1642年伽利略去世和牛顿名声鹊起的历史时期,为惠更斯提供一个确切的位置。在那个时期,惠更斯面临的是对当时伟大科学家的挑战。

需要注意的是,"英国和全世界受了半个世纪的教育后,从1660年起,现代文明才出现"。对这个问题评述不应该只局限在英国,在欧洲大陆也是一样,经过大半个世纪的教育,许多很重要的改变逐渐显现出来。在接下来的1670年,反权威的教育成为重要科学理论的特征。伽利略和惠更斯曾经努力地利用他们在年轻时候所学到东西,但都失败了;在某种程度上,他们被迫依赖自身的能力。的确,所有成功的科学工作,都依赖实验的多次失败。

为了回顾一下中世纪人们所了解的宇宙图像,我们可以读读但丁或阿奎那的描写。所有讨论关于世界的言辞,都令现代的读者瞠目结舌。但在宇宙的认识上,仍然存在一些比较吸引人的观点:"有等级次序的有限世界结构",处在这种世界内的一切东西都是人类所创造的,这样很容易解释世界存在的本质。新的研究,比起与测量有关的公认理论,最初得不到大家的认可。然而,直到18世纪,由于科学解释的非人伦的特征,没有得到足够的重视。那时,许多的物理理论才可以抽象化为数学形式。

在17世纪的早期,笛卡儿设计出了一个巧妙的令人满意的体系,该体系把自然科学连接到哲学理论关于物质的本质、空间的本质的结构上,在以后的篇幅中将涉及这个体系。笛卡儿学说的主要观点是,实验和观测依赖于哲学家对原理的阐述,人类思想应该与从哲学家所创造的基本原理所获得的知识同步。他们的推理是如此的吸引人,问题具有很强的说服力,以至于在法国和英国很快就有许多热衷的学者用该原理处理他们所遇见的一些自然现象。由于空间充满了"细微物质",这些细微物质围绕着行星作旋涡运动,这样就很容易理解生活环境的不同特性导致了不同的效应。惠更斯本人就当了很多年的笛卡儿信徒。笛卡儿的这些论文,没有认真考虑由伽利略提出的关于观测现象的数学处理方法。他只把人的思想带入了一个充满想象的港湾。因此,一个疑问是,惠更斯为什么会站出来成为笛卡儿学派的批评家;另一方面,他为什么抵制牛顿的引力理论,甚至到了其晚年也没放弃对笛卡儿学派的攻击。在惠更斯一身的事迹中,有一件事情能够为我们提供很多的信息。惠更斯满 60 岁时对科学的热情仍不减当年。牛顿当时 47 岁,大家都在称赞他的伟大著作《原理》,虽然当时很少人知道其内在实质。为了见牛顿和拜访几位英国科学家,惠更斯带病离开荷兰。但与会议相关的讨论是牛顿关于笛卡儿涡流的进一步研究;另一方面,惠更斯则开始反对莱布尼兹对这些理论的应用。从那以后,惠更斯转变了他的思想,对任何发展笛卡儿的思想都加以批驳。

第 2 章

与牛顿不一样,惠更斯来自于一个天才家庭。他的父亲康斯坦丁·惠更斯很有才华,集诗人、自然哲学家、科学者及外交家于一身。作为兰格王子弗里德里奇·亨利的秘书,他成为带领国家度过困难时期的重要人物。康斯坦丁自己的父亲就是一个榜样,在 1578 年担任了威廉的秘书。克里斯蒂安的祖籍,是荷兰低地,然而惠更斯的奶奶苏姗娜是阿姆斯特丹的难民。惠更斯的爷爷有两个儿子,一个叫毛里斯;另外一个就是其父亲康斯坦丁,1596 年 9 月 4 日出生在海牙。

在 16 世纪的后四分之一,荷兰七个北方城市与西班牙进行了 8 年的战争。南方继续由西班牙和天主教统治;在北方,宗教和政治的解放,形成了对等级制度权利的不信任;即使路德教义也因其承认宗教的权威被抛弃。一个新的加尔文共同体出现了,其发展在莫特雷的《荷兰共和国的诞生》中有描述。当威廉在强大帝国的挑战下建立了一个自由共同体时,在 1584 年他被谋杀了。回忆这些历史事件,与惠更斯家族有密切联系。当毛里斯在战场上与西班牙进行战争的时候,康斯坦丁作为一个孩子受到了很好的教育。康斯坦丁在数学方面显示出了他的天赋,但他一生的贡献在宫廷和外交上。康斯坦丁常常呆在路易丝·德·柯莉妮(她是威廉的妻子)的王宫,因而他从小说法语。他在莱顿大学完成了法律课程,在其 21 岁时就开始外交生涯。他在 17 世纪中叶,是其家族中最出名的人物。他各方面的才能让他闻名于荷兰和英国。他还是笛卡儿的密友。在国内,他以当时思想的领导者而闻名。在他和笛卡儿的第一次会面后,笛卡儿写道,"尽管我听说了很多关于你的事情,但我不相信一种思想能够拥有如此多的爱好"。

康斯坦丁的父亲也是一个有出色能力和卓越才华的人,当时在英国很出名。他在牛津大学学习期间认识了约翰·朵拉,并成了其密友。他在詹姆斯一世的皇宫弹奏鲁特琴,在 1622 年获得了英国爵士的爵位。那不是他唯一的闪光点,他作为一个廷臣为国家作了很大的贡献。康斯坦丁与笛卡儿,还有当时科学界最伟大的仲裁者梅森、伽利略的朋友戴奥达提,以及许多出名的数学家,长期保持联系。

当葛里斯在莱顿继承了斯奈尔的思想后,康斯坦丁推荐他从事光学研究。他写道, "在 1621 年,斯奈尔得到的光的折射定律,还没得到充分的研究"。他企图把棱镜研磨成 笛卡儿所描述的形状——表面是椭圆或双曲线形,而非球形。笛卡儿得出结论,说这种 棱镜可以避免球形棱镜的像差,但康斯坦丁发现用普通工具研磨棱镜是不可能的。毫无 疑问,他对科学工作起的间接作用很重要;没有他的勇气,笛卡儿可能永远不能出版其著 作《折射学》。只有通过康斯坦丁和梅森的努力,这位哲学家才克服了他的犹豫。

在 1627 年,这位在学问和外交上多才多能的人,和其表妹苏姗娜结了婚,她是阿姆 斯特丹一位富商的女儿,据说她是一位聪明而有教养的女人。这类婚姻具有较好的遗 传,1628 年康斯坦丁(小)出生,1629 年克里斯蒂安,以后还有路易斯和菲利浦。其中最 后一个孩子在年轻的时候就去世了,苏姗娜也在 1637 年去世。另外一个堂妹撑起了这 个家庭,此时他们家搬到了离海牙不远的伏尔贝格村庄。在这里,当他从失去妻子的悲 痛中恢复过来的时候,康斯坦丁担任了法国军队的高级职员,即法国外交家和文职官员。 笛卡儿也常常拜会他家,并对年轻的克里斯蒂安在数学上的天赋大加赞扬。

笛卡儿在荷兰呆了很长一段时间,在一个安静的村庄里做出了很多重要工作。即使 在荷兰,他也发现出版其论文不是很安全,直到 1637 年他的论文《方法论》才出版。可以 想象在这段时期,笛卡儿对这个充满智慧的家庭的影响是很大的。他的工作在 1622 年 之后的 30 年中,被欧洲人广泛阅读。支持询问的自由及维护哥白尼理论的真实性的勇 气,是笛卡儿灵感产生的源泉。坎培尼拉显示巨大的勇气去回忆布鲁诺。布鲁诺和坎培 尼拉认为,存在无穷的宇宙。如果在笛卡儿和哥白尼的著作中,这种教义小心谨慎的得 以传授,毫无疑问这种行为必须慎重。笛卡儿是一个小心谨慎的人,但在交谈中他却是 一个大胆的人。

康斯坦丁对他最大的两个儿子感到十分的骄傲,因为他们在智力上超群。直到克里 斯蒂安 16 岁时,他们都在家里受私人老师的教育。教育的内容包括唱歌,弹鲁特琴和拉 丁诗的写作。与牛顿一样,年轻的克里斯蒂安喜欢画画和制作动力学模型。以至他的老 师都为他担心,这类注重实效的工作,毕竟对一个有家庭地位的年轻人来说是有弊端的, 甚至值得怀疑。然而,从一开始,克里斯蒂安显示出他在几何方面的才能,而他的哥哥 康斯坦丁(小)却在文学方面有出众的才能。笛卡儿对克里斯蒂安的一些早期工作印象 很深刻,他看见了一些伟大的工作可以依靠这个严谨的男孩。克里斯蒂安身体很虚弱, 天生仁慈,他的敏感与其父亲极其相似,但与孩子们不同的是,他父亲拥有生气勃勃的 精力。

1645 年,16 岁的克里斯蒂安和他的哥哥进入了莱顿大学。在那儿,他学习了数学和 法律。那时年轻的斯柯顿(笛卡儿门徒)是一个教授。斯柯顿是一个很能干的数学家,克 里斯蒂安以自己是斯柯顿的学生为豪。当时的数学包括现在的力学和引力中心学,简单 的力学和流体静力学的讨论。克里斯蒂安的父亲很清楚数学的重要性。在 1644 年,笛 卡儿出版了《哲学原理》一书,大胆地试图把自然界的一切变化归结于力学过程,他提升 了对这个问题的研究。人类观点发生了根本的变化。在莱顿大学期间,克里斯蒂安处于 智力动乱的气氛中。笛卡儿的思想与亚里士多德的思想发生了激烈的争辩,在某种程度上 1646 年到 1647 年莱顿大学成了战场。不幸的是,没有有关惠更斯对这些问题的反应的记录。许多年过后,惠更斯对笛卡儿的《哲学原理》一书留有深刻的印象。他写道,"那是我第一次认识到世界的一切变得更清楚了。当我遇到一些困难时,我认为那是由于我还不理解这个思想。那时我 15 或 16 岁"。

笛卡儿思想在荷兰得到了强烈的推崇。他的一个门徒任尼尔在莱顿大学教了一段时间笛卡儿哲学,后来又到了乌特奇特。在那儿他有很大的影响,他的一个学生瑞吉斯追随着他。亚里士多德的哲学与耶稣有联系,在荷兰的北部地区仍具有较大的影响。然而,即使在荷兰,思想的自由也不是绝对的。那之前的一些年,笛卡儿的思想通过亚里士多德对宗教的影响,赢得了重大的胜利。接受了哥白尼的思想后,笛卡儿思想作为一个新的力学思想,得到了大家的认同。并且,亚里士多德的自然科学观点是目的论。他认为如果主导目的论的基本原则被抛弃,表达事物的决定论的一些方式将被发现。在这一点上,笛卡儿的分析不完美,但是他的建立体系是巧妙的,令人满意的。

在 1647 年,惠更斯就读莱顿大学的第二年,他进入了他哥哥在读的学院。该学院是由亨利建立起来的,其名声鹊噪一时,但在世纪末它便不存在了。笛卡儿对这个地方很感兴趣,无疑地,亚里士多德的力量在那儿不能去挑战新的哲学思想。

惠更斯在布瑞达期间访问过许多地方。首先在纳绍·希根伯爵的陪伴下,他来到了丹麦,后来由康斯坦丁陪伴去过弗里斯亚、斯帕和罗马。在丹麦的时候,笛卡儿居住在克里丝提娜王后的庭院里,由于气候不适使他没去斯德哥尔摩。

然而,旅行和全面的教育不是克里斯蒂安早年成长定型的唯一因素。也许更重要的是他与梅森取得了联系。杜赫姆把梅森描述为一个具有无穷的好奇和画家丰富联想的人。当时,梅森是伟大的实验研究的仲裁者。他宣传伽利略的许多工作,并且抛弃了建立在 17 世纪的力学的基本观点。像笛卡儿、伽森狄,费马和帕斯卡这类人聚集在法国的天主教的密室里,这次集会被认为是皇家科学院的成立。梅森的确是一个杰出的人,因为他在基督教教会和科学界都受到了相当的尊重。帕斯卡拥有梅森缺乏的数学和科学工作特性:敏锐的洞察力,严格的逻辑思维,敏锐的才智,但是梅森能够清晰地看见问题的所在。惠更斯在其早期的许多工作中,都向他求教。

亚里士多德的力学是他的自然科学里最差的部分,他认为重的物体朝地球中心运动是因为那儿是它"自然"的位置。越重物体下落的速度越快。早在 1585 年,本那德曾经对他的这个观点加以批驳。他认为通常情况下,质量的惯性会让它穿过中心而摆动。斯提芬怀着比伽利略更深信的态度进行了实验,他们同时放出一个重的和一个轻的物体,结果表明它们同时落地。伽利略对自由落体运动作了全面的检查,并且计算一个自由下落的物体在接下来的一秒钟所经过的路程。梅森在早期与惠更斯的通信中,怀疑质量在某种程度上不能决定速度的极限。惠更斯解释说,他的异议建立在有空气阻力的观测基础上,并给出了一个关于什么叫牛顿第一定律的解释。最后梅森心甘情愿地赞扬他道,"我对你关于自由下落物体的描述加以高度赞扬,我认为伽利略会以你作为他的追随者而感到自豪"。梅森继续让惠更斯研究两端固定、保持一定距离并且在同一高度的绳索的问题,分析在这种情况下物理规律满足的形式。惠更斯没有求解出这个数学问题,直到他在晚年重新回忆起这个问题,但是他研究了质量沿着绳索的分布,它是抛物线型。

他同时对梅森著名的如何决定振动物体的中心的问题感兴趣。这个问题几年后被惠更斯第一次得以解决。

这些通信鼓励着年轻的惠更斯。他的父亲注意到了年轻的惠更斯处理问题的洞察力。在 1646 年 9 月，克里斯蒂安写道，他集中精力研究引力向心问题和阿基米德关于球面和柱面论点的现代描述。梅森承认他也不明白，一个单一的规则是如何满足振动所需的多变的参量。问题的关键是找到一个公式，它能够计算任意悬挂物体的摆动周期。一个实验解当然能够很容易被找到，但是这不能作为答案而被人们接受。初看起来，令人惊奇的是作为学术问题，吸引了广泛兴趣。因为这个问题是一个动力学问题，很明显解决该问题需要一个新的方法。对这类问题的研究，导致了牛顿和莱布尼兹的微积分的发展。然而，惠更斯在他们之前得到了一个解。

在梅森和惠更斯的哥哥的来信中，讨论了一些有趣的事情。由于克里斯蒂安的智能超前，他通常被认为是现代阿基米德。梅森描写了年轻的帕斯卡的新工作，他当时 25 岁，主要研究真空的实质、望远镜的发展及最近的天文观测。一个广泛的观点认为，一个真实的真空的性质是相反的，这就为解释维维安尼和托里拆利在 1643 年所得到的实验结果，提供了一个可靠的依据。

由于笛卡儿排斥原子学说，他的追随者处于明显的困难中。自从伽森狄使伊壁鸠鲁的原子学说得以部分复兴，并且认为它是哲学的必然产物，这很明显不易被人理解，学术界又引起了激烈的讨论。伽利略认为，气压计的固有高度是由于液体水柱的重量和向上的力达到平衡的结果。维维安尼和托里拆利证实，气压计所支持的高度与其液体的密度有关。在 1644 年托里拆利采用气体压力给出了正确的解释。四年后，在帕斯卡完成实验后，提出了对气压计行为的解释，但他的观点一点儿也不被人们所认同。相当多的文献都反驳真空的存在，即使惠更斯自己也承认，他对该问题有疑虑，他发现与他的意向相反的新的解释。

在笛卡儿哲学中，几乎没有批判。就某种意义来说，笛卡儿哲学是反科学的。在自然哲学趋于实验性时，笛卡儿却去强调经验的局限性。他对学校的逻辑学加以批驳，认为实验是愚蠢的，只有分析几何能够对不同类型的运动加以描述。他认为所有的现象可以用几何来描述。在空间和运动的基本条件下，不需要对物质固有的性质加以假设，通过连续应用他直觉到的每个单体问题，他希望建立起能笼络所有现象的完整体系。这样，笛卡儿方法的先验哲学就成了反科学的。另一方面，必须记住亚里士多德的科学与逻辑有关，并非空间的相互联系。不过，笛卡儿仍是力学的倡导者，他坚持了伽利略的观点，认为自然定律应当是简单的。对像惠更斯这样年轻的学生看来，笛卡儿对那些难处理和不能征服的问题，很少加以关注，以致从事揭示自然现象的矛盾中，偏离了科学工作的轨道。

在其著名的漩涡理论中，笛卡儿认为空间充满了细微物质，这些细微物质在其各自的轨道上绕行星运动。他运用该模型对引力、磁力及气压计的作用进行了合理的解释。光被认为是运动的作用或趋势，它是细微物质所拥有的特性。从这个解释出发，与液体压力或运动粒子间的相互碰撞的思想相比较，笛卡儿得到了反射和折射定律。相同的思想被运用到《方法论》中的力学解释：气候现象和彩虹，可以建立在已知的或部分已知的科学原理的基础上。在《哲学原理》中,笛卡儿给出了不同事物间的物质的本质和运动的一般定律。这个系统的整个框架建立在不牢靠的基础上,它忽略了许多细小但不能忽略的事实。由于笛卡儿否认真空的存在,在气压计里托里拆利空间应该充满细微物质,就像 19 世纪时"以太"无处不在一样。用一个空的密封的囊袋,放入排空的气管中,做一个重要的实验。实验结果表明囊袋膨胀,这支持了惠更斯的观点,那是因为有残留空气的原因。罗贝瓦,一个好议论的作家,认为这个实验证明笛卡儿理论是有问题的,而非支持笛卡儿理论。

梅森在 1648 年 9 月去世,但是他对惠更斯的影响却很大。虽然他不是一个伟大的物理学家和数学家,但他敢对权威思想进行批驳,比如说,他强烈反对笛卡儿把动物看做机械的著名思想。在 1648 年到 1657 年间,惠更斯从一个笛卡儿学说的追随者,逐渐变为他的反对者。惠更斯常常与他的老师斯柯顿和数学家斯鲁思尔通信,讨论笛卡儿关于弹性物体碰撞的错误定律。他写道,这个定律与实验完全不吻合,并且第五定律与第二定律明显有矛盾。在 1656 年之前,他完成了关于这个课题的重要工作,但是直到 12 年之后,他才把他的意见提交给科学界。在他有生之年,他的论文没有发表。

在惠更斯 22 岁那年,他的第一篇论文发表了。这篇论文叫《测圆法》,该文中提到了数学家圣文森特的格雷戈里。在 1647 年的书中,他发现了多达四种不同的方法去求解圆的面积的谬论。能够回答惠更斯的反对意见的是一些学生,其中比较出名的就是爱恩斯可姆。结果给惠更斯带来了足够的威望,因为他提出的论点得以证实。在 1654 年,他的著名工作圆滚线的渐屈线特性问题,给他树立了今天在大众眼中数学家的地位。他被认为是韦达的复活,常把他与大希腊几何家帕普斯和阿波罗尼乌斯比较。这种比较实际上是不恰当的。在 1652 年,惠更斯花了大量的时间在阿基米德、尼科梅德斯和其他的希腊数学家已经从几何求解了的代数分析问题上。没有这些前期工作,惠更斯能否有最后的成就还值得怀疑。

在梅森去世之前,克里斯蒂安曾希望去巴黎陪伴他的父亲,可是这个想法被推迟了。在 1649 年发生了两次贵族阶级对奥地利和马萨林王朝的革命。直到 1653 年,形势仍难以稳定;马萨林二世成为一个逃犯,安妮在巴黎被捕,君主政体处于危难之中。反抗的贵族与西班牙成为联盟,这个时期为惠更斯的访问带来了不便。直到 1655 年,长期的访问计划才得以实现。惠更斯关于望远镜的重要工作,就是在这段时间开始的。第一批望远镜是在世纪初完成的,但并不完善,伽利略用这类望远镜作过一些观测。完善望远镜的制作,成了惠更斯一生的任务,他受到了其父亲的鼓励,并且常常和他哥哥合作。运用他自己制作的望远镜,惠更斯作了一些重要的观测,他完成了两项艰巨的任务,即木星和土星光环的观测。在他的信件中,并没有提到这些问题,完成的时间也不确定。土星光环的发现,不是 1656 年 2 月就是 3 月。在 1655 年 7 月惠更斯到巴黎去之前,他就发现土星有一颗有趣的卫星。在他不在的时候,他的哥哥康斯坦丁(小)研究了这颗反常行星的不规则外形。

在这个时期惠更斯思想的丰富令人吃惊,可以与牛顿媲美。纯数学和应用数学的基础研究,光学研究包括棱镜理论的重要工作,天文望远镜的目镜的发明,土卫六的发现,都属于他一生中的这个时期的成果。然而,在这种充满智慧的思想中有一个缺点,即来自笛卡儿优美哲学中存在着缺陷。随着六颗行星和六颗卫星的发现,人们得到了太阳系。这些数量的星星的发现,还要归功于开普勒,同时还表明了过去的思想潮流是怎样的坚持下来的。

第3章

在 1655 年,路易十四只有 17 岁,当时法国仍被马萨林统治。第二次法国革命已经结束,但这次动乱和权利的争夺,失败于思想的发育不全。这就让路易十四认识到,必须成为统治者,从 1661 年起,他就以专制权利统治法国。

作为荷兰外交官的儿子和一个具有学问的人,年轻的惠更斯对那些骚乱事件,始终极端地不关心。他的这一做法很快被其他的学者接受了。在他 26 岁那年,虽然出现了一些困难,但在法国的 5 个月里,他仍然陶醉于对人文科学和自然科学的追求。音乐、话剧,和有艺术天赋的人们交往,让首都的生活变得有趣。在康拉特的乡村小屋里,会见了简·查普林,一位二流的但很出名的诗人;马里·裴利奎特,一位有吸引力的年轻人,他对科学表现出积极的兴趣和能力。还有喜剧家斯卡隆,天文学家玻利奥,哲学家伽森狄,都在新朋友之列。

当时,伽森狄已是一个老年人。他不清楚惠更斯对哲学家们所遇到的情况有多大的影响,但是他对惠更斯和其他几个科学家的间接影响却很大。伽森狄是当时反对笛卡儿学说的最重要的人。他对笛卡儿学说的反对,反映出伽利略思想的影响,即只有在不违背物理事实的基础上,逻辑推理才能有用。只有从实验得以证实,笛卡儿的数学和逻辑推理才能有效。对我们来说,认识到缺乏实验基础的逻辑推理的不可靠,应当归功于伽森狄、惠更斯、莱布尼兹和牛顿等人在思想上对我们的影响。伽森狄在具体的方法上,对惠更斯的影响很大。他坚持原子学说,这一学说后来被波义耳加以发展,该学说坚持科学的唯物主义观点。伽森狄反对笛卡儿的名言“我思,故我在(cogito ergo sum)”,他认为,存在可能是由除了思考外的任何其他行为推论出来的。不幸的是,伽森狄的名字不仅与原子学说的复兴,而且与力学领域联系起来了。事实上,伽森狄并不能担当这个最终的身份。他坚持认为,物体的原子不是永恒的,抑或不是不要创生的,抑或不是自己协调运动的。如同我们现在认识到原子的星云状旋转的困惑一样,他似乎认识使他困惑的问题。伽森狄认为,上帝是创世者,是第一推动力,上帝凌驾于物理世界之上。

从 1653 年到 1655 年 10 月他去世,伽森狄居住在哈伯特·蒙特莫家里。哈伯特·蒙特莫是一个业余科学家,许多科学家都聚集在他家里,这些科学家以前聚集在梅森修道院的密室聚会。这个“蒙特莫科学院”对科学起了积极的推动作用。人们脱离大学进行非哲学非正式的集会,在伦敦和佛罗伦萨建立起科学工作的现代机构。除了调查新的现象,他们还采取措施保护过去的成果。伽森狄写了第谷和哥白尼的一生。需要注意的是他偏向于早前的宇宙模型,而非后来的模型。他的一个学生,诗人卡佩兰,对科学研究的发展十分感兴趣,他和惠更斯形成了很好的友谊。他的科学和数学知识很缺乏,但他的热情却很浓,他帮助索比尔(蒙特莫科学院秘书)制定规则和保持外面的联系。卡佩兰在与惠更斯的来信中表明,他坚持老师的原子学说,并对笛卡儿的理论保持批判的态度。

1655 年,在伽森狄去世后,他在卡佩兰心中的地位已被惠更斯占领。不幸的是,伽森狄的去世,是蒙特莫一系列困难的开始。首先,他失去自己的孩子,他的妻子也生病了;最后当他从悲痛中慢慢苏醒过来的时候,他的姐姐也去世了。会议在他家里展开,他的不幸暂时告一段落。这里可能还有其他原因,因为伽森狄的助手德拉珀特里和惠更斯相互之间不喜欢对方,皮尔里·佩提特和德芬诺特对索比尔不友善。无数次的争吵发生,曾一度损坏了学院的工作,在法国的其他协会也受到了影响。1663 年,德芬诺特自己家中开始讨论,但在 1664 年这类讨论就结束了,因为部分的费用用在了数学家贝拉德·弗伦尼科·德贝西和解剖学家斯特诺身上。团体一段时期支持亨利·贾斯特尔、阿贝·波德尔洛特,也同样遭受了困难。通过这样的经历,业余科学家的领导者认为政府应为保持科学院的长期存在负责。

在惠更斯第一次参观蒙特莫团体时,与通常一样仍与索波内联系较少。一些大学教师参加了这个会议,也许出于怀疑和同情。大学教会的权威受到了笛卡儿学派的挑战,伽森狄的观点不再流行。然而,一个合适的处于两者之间的学派产生了,它不完全反对自然哲学的新观点。在这些支持者中,杜法尔和笛卡儿的文章越来越受到了欢迎,既不支持耶稣,也不支持他的反对者,对科学的产生具有重要意义。

惠更斯喜欢蒙特莫团体的会议,对延迟他在巴黎待的时间感到很焦虑。从数学家那儿他了解到了有关费马和帕斯卡提出的概率问题。有趣的是,回到荷兰后,他关于这个课题的小论文后来成了经典著作。在离开法国的时候,他告诉了玻利奥和卡勒利安关于他发现了土星卫星的消息,卡勒利安催促他尽快发表他的发现。惠更斯首先希望解决环的问题,他发现在巴黎的望远镜与他自己的一样好,他对这点感到非常满意。

第 4 章

在 1610 年,伽利略作了一些重要的望远镜观测。在 1 月份,他发现了木星有四颗卫星;在 7 月,他辨别出土星的构成,是由三个几乎接触、但相互间保持相对位置的球体构成。这些球体被安排在沿黄道带一列排列着,以至于中间的球体体积是其他球体的三倍。同年,他用米尔科的方法辨别出了分离的星星,并看见了金星的位相。他的工作为笛卡儿的理论,提供了坚实的基础,但仍然存在许多没有解决的问题。比如说土星的三球形状完全反常。这些外部的球体,具有月球那样的奇怪特征吗?在哥白尼的理论中,木星之外的其他行星也可能拥有卫星。

这就是惠更斯开始着手工作的地方。在他 26 岁时,他作了有关金星和火星的研究,不过毫无结果。把他 12 英寸的望远镜对准土星,他能够做的也就是伽利略所做的事情了,不能区分横向物体或附属物体的性质。然而,当把这个问题放在一边时,在 1655 年 3 月 25 日 8 点钟,他注意到了一颗小星星穿过行星和它的附属物体。在接下来的几天里,他对这颗卫星产生了极大的怀疑,因为这颗星星的位置在发生改变。几周后,惠更斯发现这颗卫星(泰坦)的周期是 16 天又 4 小时。

如前所说,这一发现在惠更斯 7 月份去巴黎之前就得到了。毫无疑问,蒙特莫团体的几个科学家和他一起讨论伽利略提出来的疑惑问题。赫费留斯,丹兹克的一位著名的天文学家,证实了星体的奇异性,尽管他的望远镜并不比伽利略的望远镜好多少。惠更斯认为,任何事情都要依赖于观测工具的完善。伽利略的望远镜限制了他的观测视野,大约于 1630 年,塞内成功地制作出第一个具有两个或三个凸面棱镜的器件。具有该实验装置的望远镜具有较宽广的视野,但很容易引起像差。在巴黎的时候,惠更斯从棱镜制造者莫科奇那里学到了所有本事。当他回荷兰后,他继续从事棱镜的研究,尽力用其他东西制造双曲线的或椭圆的表面,但实践证明两者都很困难。然而,他成功地制作起了比以前那个 12 英寸的望远镜大两倍的望远镜,这就为他更近地研究土星提供了基础。

在 1655 年到 1656 年之间,这个问题的解决取得了巨大的进展。取代三球形状,他能够区分出一条带穿过行星的中部,具有如图 1-1 所示的形状。稍后,土星又画为如图 1-2 的形状。很难想象他的推测是恰当的。一个新的 23 英寸具有最好棱镜和各种速度装备的望远镜,在 1656 年 2 月 19 日就可以使用了。通过这台仪器,土星的形状更加清楚地显示出来,他最后画出的形状是,有一条环围绕着,如图 1-3。他画出的这张图表明,他为之努力得到了更清晰的图像,仅在他可能观看的程度上变得确定了。

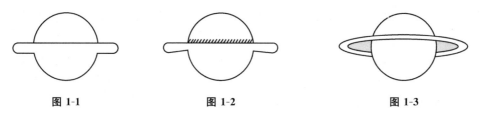

图 1-1　　　　　　　　图 1-2　　　　　　　　图 1-3

在 6 月和 10 月之间,行星不能够清晰看见,但惠更斯已经确信他的观测只有一个解释:土星被漫漫趋于黄道的一层薄环构成。这一思想被隐藏在于 1656 年春天发表的"土星观测的奇特性质"一文中。当解开这句回文构词的话:"它被环围绕,这个环很薄,平面的,不会依附和趋于黄道。"从他的通信中,很明显他对他的结论在该年的 2 月份就很有信心。

在那个年代,使用回文构词法是很普遍的现象。惠更斯采用这个手段为其他的天文学家把他们的发现公布于天下提供一个机会。这一方法后来被科学期刊的出现替代了。在这种情况下,罗贝瓦、赫费留斯和霍迪尔纳宣布了他们的结果。赫费留斯本人提出了很重要的观点。事实上,他的理论中包含了土星位相的观测周期。他不能清楚地看见行星,是因为他认为轨道是椭圆的,而非球形的;另外在行星表面有两个附加物。

罗贝瓦提出的理论是土星被一个灼热的区域环绕着。从这个酷热的区域,将会喷发出一些物质,这些物质应该是透明的,除非它囤积的数量较大。位相的周期被忽略掉。他的关于行星具有蛋的形状的理论应该得到仔细的证实,惠更斯带讽刺地评论道。当然,这一形状要求,在研究时需要扩大五倍以上的望远镜。

玻利奥不能看见土卫六,这让惠更斯怀疑他望远镜的质量,由于这个原因对玻利奥关于环理论的批驳就没有太大的困难。当英国数学家维利斯写信给他说,英国抢先行动了,他遇到了更大的麻烦。然而,其实上这只是一个玩笑。环理论的具体内容没有给惠更斯带来一点麻烦。困难是确定位相间的间隔和计算行星将来的形状。在 1657 年末,惠更斯通知了玻利奥关于他理论的证实。"在 12 月份,当土星经过太阳后,我用我的望远镜第一次观测了它,我高兴地发现它与我的假设预言的形状一样"。他继续说道,该环由于掩星现象将会变大,"于是,通过它能够看见天空"。

惠更斯在蒙特莫的集会中,陈述了关于土星的具体描述。这颗行星是很正常的,它沿绕太阳的轨道来回运动,它的旋转轴与地球的旋转轴几乎平行。该轴总是与赤道环正交。环的坚固和永恒的性质这样就可以理解了。恒星轨道的周期每 30 年 2 次,环将会消失因为这时只能见到其边缘。对年轻天文学家的发现,同僚们都赞叹不已。即使罗贝瓦也对惠更斯产生了敬意,并撤回早先的意见,即认为惠更斯在思想方面还和他有差距。然而,他仍然坚持他的理论是比较完善的。惠更斯写道,毫无疑问,环是一个新颖的事物,"在宇宙中的其他地方,不再有与它并存的东西"。在 1659 年 6 月,他出版了《土星系统》一书。

论文的复本被送到了巴黎,奉献给了利奥波德·德梅迪希王子。这位王子是自然科学的支持者,同时又是德尔·西蒙托科学院的建立者。在玻利奥的影响下,他对假设充满了怀疑,然而利奥波德很犹豫地对惠更斯的工作表达自己的意见。在延迟了很久以后,他才意识到这个发现的重要性。在当时出名的天文学家中,赫费留斯、玻利奥和里希奥利没有接受惠更斯关于土星环的观点。在这个时候,好像还没有谁发现惠更斯理论的重要性。这个理论表明,在均匀的引力作用下,环可以保持稳定。他假定机械阻力分散了。他没有强调引力保持环处于旋转的稳定状态,但他表明了土星的引力延伸起到了对环稳定的作用。

作为对哥白尼学说的评论,惠更斯企望他的书能被广泛阅读。他认为,引力的本质对所有的行星来说都是一样的。一个稳态的具有不变的厚度的环将会保持平衡。不要期望更进一步的证据。在工作中还有其他有趣的事情,这将会在以后进行讨论。我们现在关心的是,在《土星系统》一书中,遭到最严重的攻击是由于宗教的原因,而非科学的原因。在 17 世纪,经过一段时间的容忍后,天主教强烈反对哥白尼学说。在 1615 年,宗教团体宣布禁止一切有关哥白尼的书籍。霍诺利·法布里、叶苏特和一个天文学家优斯塔奇奥·迪芬尼斯首先与惠更斯表示敌意。这些反对者发现,有必要对惠更斯的著作和实验观测加以抨击。这种行为激起了惠更斯的强烈的反应。争论一直继续到 1666 年他在法国建立起了威望。现在,法布里的名字几乎不被人们所知。然而,在其朋友和学生毛斯尼尔名义下,他曾几次试图完善力学。困难的是,法布里拥有亚里士多德的观点,因为他希望从自然哲学原理中去寻求力学的数学规律。当时这种思想根深蒂固,以至于相当多的思维,都被建立在完全不同态度的思想中唤醒。在法国,巴黎大学理论学院的权威们尽力颁布法令,支持亚里士多德哲学,抵制其他异端邪说。这种荒谬的形势,被剧作家玻意里奥认为是一个滑稽讽刺作品,此人为使该计划受挫做了很多事情。最后,一个折中的观点达成了协议;笛卡儿哲学可以进入巴黎大学的理学院。

第5章

在 1655 年到 1660 年间,惠更斯花了很多时间在发明精确的摆钟上。在科学史上,这项发明的重要性在于把时间作为一个标度。实际上,惠更斯开始了动力学的研究。这一趋势把大多数物理问题归结为数学。缺乏精确时间的测量,毫无疑问是一个原因。伽利略在他研究斜面物体的加速运动时运用了水钟。

也许惠更斯早期对天文的爱好,是导致他研究摆钟的第一个原因。平衡钟很早,也许在 13 世纪就存在了,但是它们是很粗糙的不可靠的机器。布拉赫把一个平衡钟与墙壁上的四分之一圆周连接起来,通过和太阳的比较来纠正它的错误。通过星星的运动来测量时间,应该被用经线的测量来替代,这就给测量带来了困难,并带来了由于空气折射所引起的不准确。另外,作为一个远离海洋的国家,惠更斯知道,一个精确的钟能够提供一个决定航海经度的简单方法。在他完成第一个钟后,这个问题吸引住了他。

他的著作《摆钟论》中,描述了把摆运用到棘轮装置上的论文出现在 1658 年,但是这项发明在两年前已被他的一些朋友知道了。不幸的是,一个由利奥波德发起的争议产生了,他认为这项发明的优先权应该归功于伽利略。罗贝瓦和一个法国制钟者特莱,也认为他们先于惠更斯。摆钟的整个历史,被不同的角逐者搞得很模糊。

在 1598 年,西班牙国王为寻找海面经度提供了 1000 克朗的资金,接着荷兰提供了10000 弗罗林币。据说伽利略在 1581 年就发现了简单的钟摆。在 1636 年,他为荷兰提供了一个建立在望远镜观测木星卫星的基础上决定经度的方法。他建议用卫星的全日蚀作为年历。这一仪器仅仅是一个简单的摆钟,保持摆的摇动是由完全不能使用的机械装置计算摆数。阿德米拉·利阿尔委员会反对这项发明。可能在 1637 年,伽利略偶然读到莱昂纳多·达·芬奇关于单摆校准钟的描绘。就在这年,达·芬奇的手稿由阿康纳提带到米兰,给了阿姆布诺斯亚纳,捐赠者尽力让这个宝贝引起当时科学界的注意。这一年,伽利略的眼睛由于长时间生病瞎了,但他仍然叫维维安尼、托里拆利以及他的儿子维申齐俄陪在身边。维维安尼在 1659 年写信给利奥波德,描述了伽利略是怎样与他的儿子讨论构建摆钟的。给出的时期是 1641 年。不知道维申齐俄是否完成了摆钟的构建设计。可以肯定的是,在 1658 年惠更斯发表其著作《摆钟论》时,他对该设计是毫不知情的。当该著作的一个复制本寄给利奥波德时,他谨慎地作出了回答,指出伽利略曾经有相同的思想。

在某些方面,一些人认为伽利略借助于达·芬奇,需要指出的是伽利略的设计与达·芬奇笔记本上有些不同。惠更斯的设计又与伽利略的不同,但实际上与达·芬奇的设计原理有相似之处。

在德尔·西蒙托科学院 1662 年(1667 年发表)的记录上,就记载了在国外有很多类似于惠更斯的理论。早在 1649 年,维申齐俄就把了他父亲的设想变为了现实,没有很细节的描述,只是示意地展示了这个试验,在一个直立的底座上水平架上一个类似鼓形状的钟,在鼓的下面悬挂一个代表简单钟摆的物体,附加装置只能自己想象。显然,这样的一个简单的钟摆不会起到任何作用,因为它不可能给这根绳子任何推动力,如果是细铁杆倒是有可能给推动力。不过,马特奥·坎帕尼亚声称维申齐俄构建的钟,"是一个过时的并且迟钝的,一点都不完备的机器",并且在利奥波德的信件中也提及说,虽然不知道这个钟是否准时,但是这样的一个钟是确实存在的。但是时钟并没有做好,并且认为是维维安尼光荣地完成了伽利略的设计并做成了钟。但是,这样的证据并不能说明伽利略在惠更斯之前成功实现了钟摆的应用。关于完备的钟的构建成型依旧是一个值得争论的事情。但是一般都倾向于认为,是达·芬奇第一个产生了钟的想法,而惠更斯则是第一个使得这个想法得到丰富成果的人。在随后的篇章中,我们将会说明惠更斯在每个特殊领域所做的惊人的工作,他非常完整地解决了这个问题的理论和试验,可以当之无愧的称为现代时间测量的鼻祖。科斯特是在海牙的钟匠,塞缪尔根据他的设计制造了大量的钟,并且也是第一次推广到商业运作中。

正如前文所述,惠更斯在他制造完成了他的第一个钟后,对经度问题更感兴趣,也许是阅读了荷兰梅提斯 1614 年的工作《地理新探索》,在这个工作中声称平衡钟的不规则性使得在海上无法对经度进行测量。但是不管怎样,当地时间、标准时间和经度之间的关系是可以互相确定的。使用摆钟是一个较好的测量工具,但是也特别容易受到干扰。惠更斯一直坚持忽略轮船运动导致的干扰因素,他认为钟摆周期不依赖于摆臂振幅的特点可以解决这个问题。这个想法非常有创意,并且发现圆滚线摆的周期振荡不依赖于增幅的现象,但是事实上,实验数值上的发现是受到严格条件制约的。惠更斯花费了大量的时间用于探索这个问题,并采用了虽然基本但是非常冗长的数学方法。实际上,圆滚线摆可以通过让一个简单的摆在两个弯曲的金属圆盘中沿着摆线弯曲到摆臂一半的长度摆动而成。当把这样的想法应用到摆钟的时候,惠更斯使用了一短截缎带连接到刚硬的钟摆上,这些金属圆盘在 1657 年或者 1656 年最后几天第一次被尝试使用。到 1659 年末,惠更斯从理论上证明了这些圆盘应该是圆弧的形式,他非常欣喜于这个发现并认为这部分的工作重点是几何部分。

几乎在同时(1659 年),伽利略也提供了一些解决问题的方法。这些解决方法产生了许多模型,但是都不能让人非常满意。惠更斯指出,伽利略的解决方法必须赋予钟摆不均匀的运动,因此惠更斯的钟在这个领域里是唯一的一个钟。

其他的发明者也在不断地努力,其中也包括钟匠特莱。为了能够在这个发明中获利,他不得不做了一个讨厌的决定:他应该拿出他的专利或者"特许"来保护他的发明。在法国关于"特权"问题提交中耽误了许多时间,但是这样使得惠更斯的优先权被认可,并且他从自己的钟的设计中获得了经济收益。

关于钟的故事的讲述,还需要一定程度地参考到惠更斯的数学研究。这个领域他的第一篇论文涉及格雷戈里·圣文森特关于某些弯曲曲线的测量。惠更斯一直以来对于圆锥曲线这样的曲线的测量和圆的测量非常感兴趣。当玻利奥邮寄给帕斯卡他在 1658 年提出的关于轮转线问题时候,这个问题就不是一个非常新出现的问题,而且帕斯卡已经得到了解,并以假名"戴东维尔"参与了讨论。惠更斯成功解决了一些初步问题,但是发现主要的问题非常难,他宣称他不确定这个问题是否能有人解答。随后,他遇到了对轮转线进行改善的克里斯托弗·雷恩,并对其表达了钦佩之情。惠更斯评论其工作是第一个对曲线进行改善的人,并质疑是否只存在这样一条曲线能够进行改善。惠更斯和帕斯卡之间关于"戴东维尔"问题一直保持联系。帕斯卡高度赞许惠更斯的摆钟,但是作为受到数学家尊重的帕斯卡,对这样的机械发明并不是非常重视,所以他认为这样的事物并没有体现多少科学的精明之处。虽然在那段时期,帕斯卡在对詹森教派的忠诚信仰有所减弱,但是他对宗教的信仰不可避免地妨碍了他最感兴趣的工作以及他最有希望结成的友谊,这就是他和惠更斯的关系。惠更斯更盼望可以和他合作,但是进一步的亲密关系却受到了阻碍。

在 1659 年 9 月和 1660 年 1 月之间的那段时间,惠更斯发现了改进钟摆的小圆盘的理论形式,这些数据可以从他的信件中得到证实。从这些信件中可以发现,他虽然不是第一个使用金属圆盘的人,但是第一个在较大摆臂钟中使用金属圆盘的人。随后,他发现船钟钟摆遵从较大弧度摆动的时候会比较准确,这个使他认为非常有必要从理论上发现对圆盘的约束形式。他在这项问题中的成功,使他得到作为一个数学家的快乐。他宣称他的第二版《摆钟论》包含"增加了一点点后就是非常好的一个发明"。这样看起来帕斯卡问题好像是和这个内容无关的问题,但是却使得惠更斯对轮转线产生了兴趣并导致他的探索。

改进过的钟在 1669 年末期得到广泛应用和认可,在此之前计数器被认为是最好的时间测量工具。早期天文学家如著名的海塞伯爵(使用 16 世纪伯朱斯制造的平衡钟),第谷·布拉赫和后来的赫维留斯以及穆顿,都认识到了时间测量的重要性。但是 17 世纪的罗迈和弗拉姆斯蒂德才是最先系统使用钟的人。德朗布尔在他的著作《现代天文学的历史》中称,惠更斯由于摆钟的发明,使得应用天文发生了一次伟大的革命。

圆滚线摆虽然构造优美而且奇特,但是存在期并不长。惠更斯意识到小圆弧也可以和大圆弧一样精确,在他 1658 年的模型中就限制摆臂的大小。同时在 1680 年,一位伦敦的钟匠克莱门特应用锚法制作钟后,几乎摆钟就停止生产。锚法制作可以使钟摆在恒定振幅下小弧度振荡,这样的摆使得除了船钟以外的圆滚线摆成了多余。

对于船钟或者计时器,虽然惠更斯认为他已经非常接近成功,但是最终仍然失败了。钟摆在很多年内都被认为是有效控制精确度的唯一解决方法。惠更斯因此尝试了各种形式的悬挂物和钟摆来抗衡船的运动,但是没有一个实际可行的方案。由于东印度各公司之间的商业挑战,使得他非常坚持于此,直至他生命的最后阶段。在后面将要讲述到他是多么地接近成功。

同一时期,天文学者使用伽利略的观察木星周期日食方法,计算到了他们的经度。在巴黎工作的卡西尼和里切尔绘制了第一张这些卫星的图表。这项工作使得能够计算火星的距离,但是天文学家的方法不适于海上经度计算。

惠更斯著作《摆钟论》关于钟的构造和关于圆滚线摆和振荡中心的各种论述,在 1673 年问世。但是他关于这些工作很早就有记录,甚至早在 1660 年 9 月写给查普林的信中说道:"关于钟的论述很早就已经完成,但是在我行程前没有办法印刷出来。"这就导致了原著《摆钟论》的扩展版包括了对圆滚线的处理。但一直到最后的工作,还有很多工作没有放入书中。同年 10 月,惠更斯离开海牙去了巴黎。

第 6 章

在 17 世纪,对于文学和艺术的支持,使得继承者柯尔培尔拥有等同马萨林的荣誉。马萨林奖励为法国文学成为黄金时期而作出贡献的伟大作家以退休金。诸如,莫里哀、巴尔扎克、笛卡儿、帕斯卡、拉辛、科尔内耶、波瓦洛等人都受到马萨林的奖励。这种风习被柯尔培尔自 1661 年后沿袭。

如果没有柯尔培尔对于科学的支持,法国皇家科学院也许就不会有科学上如此多的成果。一直到 1663 年,许多的科学成果都是得益于和业余学会的交流产生的。蒙特莫和提凡诺特学会是最重要的两个。但是在那个时期,关于科学学会的永久性问题,在往来信件中一直弥漫着不祥的阴云。随后,索比尔邮寄了一封有索比尔、提凡诺特和奥比奈克对这些困难的申诉信件给柯尔培尔。最后,奥祖公开求助于皇室,并在经历了比利牛斯事件后有了好转的迹象。

科学学会是在非常艰难的条件下发展的,在英国皇家学会里,国王和议会之间关于宗教信仰,以及如何应对精明的荷兰商业竞争行为,展开了激烈的斗争。在荷兰,当时的主要政治问题是路易十四的中心权力的加强。文明正在经历一个转折阶段,内部众多的不同政见和外部的威胁使得以科学作为追求的大多数欧洲国家学会的发展极为不利。但是也许这些兴趣具有非常大的吸引力,正如斯普拉特写到,英国皇家学会成员只是简单地希望,"满足于呼吸到给予自由的空气,满足于相互之间平静的交谈,而不是对阴暗时代的激情和狂躁"。所以,他们的工作并没有受到任何价值上的认可,并且在巴黎和伦敦随处都是对"自然科学"的嘲笑者。佩皮斯记录中有查理二世"强烈地嘲笑花费大量时间,只是用于整天坐着测量光线的格雷山姆学院"。但是柯尔培尔明白对这些科学的追求的意义重大。如果路易十四看到了这件事情的重要性,也许会有很大不同。

虽然困难重重,但是科学家之间的信件往来却是非常广泛而频繁。巴黎首先成为实验的中心,伦敦随后成为竞争对手,并且其活跃度超过巴黎。学会全无政治动机,宗教信仰导致的互相厌恶非常少,国家之间的差异更是不存在。可以看到,惠更斯在路易十四统治时期,在巴黎居住了相当长的时间。虽然他的家族和奥林奇家族有密切往来,甚至在 1672 年后,奥林奇家族的年轻王子成为抵制法国入侵的首领。也许惠更斯作为新教徒的荷兰人,会被认为是间谍,但是事实上并没有这样的猜疑。直到 1683 年,由于柯尔培尔的逝世,才使得惠更斯在巴黎的停留画上了句号。柯尔培尔死后由鲁伏瓦继位,1685 年南特法令的撤销,使得许多新教徒离开了这个国家,这些都为随后发生的事件提供了历史条件。

在 1658 年,蒙特莫让索比尔为在他家里的例会草拟章程,这个最终被采纳的章程的基调是对"无用思想的实践"的必要控制。这个章程仅仅同意了在科学上的无盈利性质。但是不幸的是,这个集会并没有认识到如何实现他们的目的。由于没有对所选择问题的有针对性的实施计划,使得他们的大多数会议局限于哲学讨论氛围。

惠更斯在 1660 年 11 月 2 日,由查普林引荐进入这个业余科学家的团体。在蒙特莫学会上,他写给他的兄弟:"在每周二,都有 20 到 30 位杰出人员聚集一起参加的会议,我从来不会缺席。我也偶然去过罗豪特先生的房间。他阐述笛卡儿先生的科学,并且用非常合理的实验去验证。"罗豪特家的聚会在 1658 年的每周二开始。毋庸置疑,他对科学在巴黎的兴起,起到了非常重要的作用。他未经授权的讲义广为流传,风靡一时。虽然他们俩之间没有什么往来,但是惠更斯赞同他也并不无道理。罗豪特是一个受启迪者,并且是非常有见解的人。但是,他更倾向于是一个讲解家或者评论家,而非原创思想家。他不赞同亚里士多德的观点,而是遵循笛卡儿。

在蒙特莫的例会上,惠更斯注意到了一个"充满美丽油画"的房间,亚尔伯·杜勒绘画了各种小巧奇怪的发明和数学仪器。他和天文学家讨论他关于土星以及透镜磨制的工作;和数学家讨论的内容,如他笔记上记录的"关于劈锥曲面体与球体的面积,以及摆的圆滚线的新性质的理论";和钟匠以及望远镜制造者也能产生愉快的交谈。他遇到了孔拉尔、罗伯瓦、蒂卡雯、帕斯卡、皮艾尔·佩蒂特、索比尔、德扎格等人,还有其他人的名字将在随后被介绍。当他在范登特席格家停留时,和伦敦科学家团体的最重要的成员赫维留、罗伯特·默雷也有了信件往来。这些人都是业余科学家,他们的天文学家的头衔,大多数情况只是表明其个人所感兴趣的领域以及在休闲时间关注的活动。不过,如卡西尼,后来被邀请到巴黎工作的这类人,代表了花费大量时间真正系统地从事研究的新一代专业工作者。惠更斯也是属于这种类型。现代意义上的专业化,在那个时候还没有出现。类似于 17 世纪中期那些早年的科学家团体,蒙特莫学会把其领域定义得太广泛了。惠更斯的日记中记录了关于人体的争论,关于透镜和望远镜以及其他许多东西的制造的问题。他认为在关于纯粹的自然哲学的争论上花费了太多的时间,需要的是严格的科学和重要的应用,而不仅仅只是奇怪的实验和持续的争论。

不过可以遇到这样多的对于自然有共同兴趣的自然科学家,是一件非常有趣和刺激的经历。在罗昂公爵家,惠更斯在 1660 年 12 月遇到了帕斯卡。在荷兰随后的 8 天里,公爵和帕斯卡参观了他在斯特拉斯堡的住所,并写信给惠更斯:"我们讨论了在圆筒中稀薄的水和旋转的水的力;我向他们展示了我的望远镜。"帕斯卡在那段时间身体状态非常差,作为《原理评论》的作者,此时也几乎退休,在不到一年后他就逝世了。

这段时期有很多文章反对惠更斯关于土星的计算,因为这些传统的基督教徒并不能容忍他赞同哥白尼日心学说。皮尔·费卜尤其强烈地反对,他称惠更斯理论为对"错误的"哥白尼日心学说作了"隐秘暗示"。他在《克里斯蒂安的土星系简要介绍》1660 年发表刊物中,介绍了他自己奇妙的理论,而且是以天文学家戴维尼斯的名义发表。在这个理论中,土星有两个发光体(明晰体)和三个黑暗体(隐蔽体)分布于行星周围,并且由于这些东西的相对不同的位置,导致了所观察到的形状。这些批评致使惠更斯在同年写了《土星系简要介绍》。赫维留对这个回应非常信服,他放弃了自己原来的理论,而倾向于环学说。利奥波德同时受到戴维尼斯和惠更斯观点的影响,持保留态度。在 1661 年,他向惠更斯邮寄了戴维尼斯和费卜的进一步观点的册子。但是对于惠更斯来说,这些都不值得回复。值得注意的是,直到 1665 年 1 月,用朱塞佩·坎帕尼的望远镜观察证实,使得费卜认识到环学说的正确性。惠更斯非常高兴地看到对他批评评论的转变:"我认为,没有人可以由于我采用哥白尼日心说计算土星而有理由责备我。事实的真相只能由哥白尼学说解释,并且我的土星系统更加确证了他的学说。"

第 7 章

1661 年,惠更斯访问伦敦,其中一个原因就是他迫切地想知道,在 1662 年被宪章法定为英国皇家学会的格雷山姆学院的科学家的最新动态。他在 3 月份抵达伦敦,恰好早于查尔斯二世加冕礼之前,并在 5 月底去了海牙。

惠更斯在 1661 年看到的伦敦,是在被大火一扫而空后的情景,所以并没有对这个城市留下非常美好的影响。他看到的所有的一切,都和巴黎形成鲜明的对比。啤酒制造者从炉子里排放的浓烟,肥皂加工锅炉和染房;乱糟糟的污水排放,无知的卫生措施使得狭窄的街道散发难闻的臭味。即使是格雷山姆学院也是恶臭难闻,因为修道士和军人曾经把这里作为临时性兵舍。雷恩主教在写给一位成员的信中说:"在这样一个污秽的环境中,污染非常严重,气味难闻如地狱。如果你现在过来使用望远镜,那么就像富豪在地狱中寻找天堂。"这是在 1658 年或者是"转折的 1659 年"写的。在"1660 伟大的和平年",被波义耳称为"隐形学院"的会议重新开始。在 1661 年,学院被打扫干净,惠更斯对这里进行的一切非常钦佩。布隆克尔、默雷、奥尔登堡、波义耳、瓦里斯和众多参加会议的学者都是他熟悉的人物,并且他们进行的活动对于惠更斯来说超过了在巴黎进行的任何活动。对恒星的观察是在怀特霍尔宫殿的花园里进行的,惠更斯使用了他兄弟康斯坦丁(小)送来的自己的透镜望远镜观测,这些都证明了他们比英国人做得要好。英国纽约的公爵和公爵夫人那时才开始观测月亮和土星。

惠更斯和瓦里斯的会议尤其受到关注。这个伟大的数学家在他的《力学》(1669—1671)中,对于力学有巨大的贡献。历史学家迪昂曾经给出这样的观点:"这个工作是从斯蒂文时代以来记录的最完备最系统的工作。"在他的工作中,瓦里斯把力的概念扩展到了地心引力,而那个时代只是认为力是物体的联系。惠更斯的英文水平在那个时候并不是非常好,但是他敏锐地觉察到这是和瓦里斯交流的非常有价值的东西。他也同时和格雷山姆学院的学者进行了讨论。这是他和说英语的学者长达一生交流的开始。虽然惠更斯在法国皇家科学院有一定的政治地位,但是他担心他的生命所剩时间不长。他安排并委托他的论文不是给巴黎学会而是给英国皇家学院的成员。通过奥尔登堡这位不知疲倦的英国皇家学院的秘书,惠更斯可以幸运地和英国科学进展保持密切关系。

考虑到科学优先权问题的时候,英国科学家们的意见要比巴黎的群体简单。弗朗西斯·培根对文学家的影响,要远远大于对科学家的影响。这并不是对他重要性的否定,培根并非科学家,并且他的"科学方法"是文学家对科学的理解方式。在科学研究中,他远远没有笛卡儿优秀。他曾说:"他提出了耀眼的直觉。"他嘲笑亚里士多德的自然哲学,他认为实验和观察是发现事实的唯一方法;"要掌握的自然必须要遵从"。在他精神影响下的英国科学家,都完全信服这个观点。他们对霍布斯的反对,说明了他们的经验主义信条。霍布斯的格言"经验不能包括所有",对于他们来说仅仅只是一个哲学想法。他又转向涉及对物理科学的分类。他反对英国皇家学会的会训"没有任何人的话是最终的真理"。霍布斯接受信奉伊壁鸠鲁学说的行为，震惊了大多数的英国科学家，对于他们来说，接近自然的方法既不是科学也不是信仰。虽然他对这些并不确定，但是更倾向于经验主义的英国科学家，给惠更斯留下了更为深刻的影响。

在离开伦敦之前，惠更斯参加了定量计算土星的环大小和球体大小的会议。非常欣慰的是，他对行星的计算方法受到大家的尊重和接受。惠更斯使用里维斯最好的望远镜，看到了水星凌日现象。

在惠更斯回到海牙后，他的父亲和弟弟正担任着对巴黎的外交任务。父亲康斯坦丁·惠更斯是一个名满欧洲的外交官，通过儿子的关系结识了许多人物。他通过蒙特莫团体知道了基督教徒的最新实验，这位荷兰外交官利用一次绝好的机会向路易十四献上了他儿子的圆滚线摆钟。恰逢此时，柯尔培尔正在策划把过去所有的优秀成果收集记录，使得巴黎成为世界的文化之都，使得路易十四时期成为一个卓越的君主时期。自然，路易十四身边环绕着几乎荒诞的显现在他日常生活中的信条，但即使是这样的荒谬也被采用。作家、诗人、科学家的高度赞美，也成了自然的结果。这些都得到了数以千计英镑的奖赏。同时，圆滚线摆钟也得到了一定价值的认可。更重要的是，随后惠更斯被邀请到巴黎协助组织一个有皇家赞助的科学学会。实施这项代表着柯尔培尔高度政绩的计划时有点延迟，但是最终在 1666 年，科学家蒙特莫、泰夫诺和其他的工作者都由于其重要的工作而受到正式的认可。

第 8 章

早期的科学学会表现出了极度的热情和广泛的兴趣，那时还没有出现只是研究特定领域的专业科学者，专业化在那个时候还是不存在的。学会成员和国外的科学家交流和探索新发现，都是通过拉丁文。所以不用感到奇怪，类似惠更斯这样的科学家，都熟悉当时的希腊作家作品，或者对希腊的亚历山大时期保持着浓厚的兴趣。惠更斯学习了阿基米德的著作，同时他又遵循伽利略的工作，因为他们包含了数学和静力学的一些基本思想。一门新兴基础学科思想的建立是需要动力学的，但不需要一些没有事实依据的似是而非的假设。

惠更斯认为，诸如杠杆、滑轮、车轮、轮轴这样简单的机械，虽然有动力学优势，但是并不能增加可以利用的能源。可以飞的机器，可以推动轮船的由齿轮构成的发条，增强了他认为那些简单机械有局限的看法，但是直到很多年后，这个想法才被满意地表述出来。德扎格试图去证明永动机是不可能的，但是，不管有没有证明，这个不可能性在惠更斯的动力学理论里面已被认为是公理。在动力学里寻找的永动机模型，部分地出现在化学领域的工作中。在 1659 年，基泽斯特·斯科特的书《水气力学》到了惠更斯的手里，这本书部分是关于永动机的，同时也描述了古埃瑞克的最简单的真空泵发明。在 1661 年的英国，惠更斯在格雷山姆学院看到了使用古埃瑞克改良许多的波义耳泵做的实验。在阅读了波义耳的《触摸空气根源的物理机械新实验（1660）》后，他在 1661 年 12 月仿造了一个波义耳泵。在他的信件中可以看到，他多次重复了波义耳的实验，亲自观察在减小压强下水的沸点。在真空中,声音不能传播,小鸟不能呼吸。这个工作中产生了一个原创的发现:液体的张力强度。这个效应影响了对以上实验的解释,也使得惠更斯远没有达到关于不可捉摸的流体即后来光学理论中引进的"以太"存在的结论。

在真空泵的一般工作中,一个非常自然的问题是,完全真空是否存在?大多数科学家和霍布斯持同样的观点,认为真空是"一个想象的空间"。一个基本的实验,就是用一个管子充满水,然后倒置这个管子,使得开口的一端在装满水的敞口容器里,然后使仪器接口到空气泵中,这样当压力减小时,在管子里面的水下降并且在连续的泵作用下,水流向装满水的敞口容器。在更困难的条件下,使用水银取代水做这个实验,也可以得到几乎同样的结果。这些结果都和帕斯卡对气压计的解释吻合得非常好。但是,进入接受泵的水里面的一些微小的空气泡,导致了严重的疑问,是否水或者水银的下降会引起这些气泡的扩张而不会引起管子里面空间的离开。惠更斯得到了一个惊奇的发现,如果是没有空气的水,那么就不会发生水柱的下降;如果引入非常少量的气泡,就会发生水柱的下降。波义耳定律证明这个关于扩张理论的效果影响非常小,可以忽略不计。惠更斯的观察在英国被证实,并且在波义耳的建议下,不使用泵也可以得到这个效应。布隆克尔通过倒置很长的水银气压计管,得到了如果气泡被完全排除后的效应,一个 75 英寸长的圆柱形水银气压计水银面不能下降,除非引入一点点的气泡,然后水银面会下降到通常的 30 英寸高度。

一直过了好多年,关于这个效应惠更斯都没有得到满意的解释。但是在 1668 年,他推论说,一定存在着透过玻璃管的微小流体,气压计的高度是由空气和这个流体联合压力产生。瓦里斯指出如果这个微小流体可以穿透玻璃,那么它也可以穿透托里拆利空间。惊奇的是,是否惠更斯没有看到对这个观点的批评。类似以上观点,两张潮湿薄膜之间具有相当大的张力强度,虽然他看到了两张潮湿的金属圆盘的凝聚现象,但是他仍然错过了正确的解释。在他发表于 1690 年《光论》中的 1678 年著作中,解释折射现象时用到了许多这样的稀薄的流体。事实上,每项重大发现都和惠更斯的真空泵实验有着联系,因此他的结论深刻地影响着他的见解。他成为波义耳的崇拜者,并在霍布斯和莱纳斯对波义耳的反对中,支持波义耳。他认为霍布斯对自然科学没有一点贡献,认为莱纳斯晦涩的想法也是没有什么价值。波义耳的《怀疑的化学家》在 1661 年的九月发表,奥尔登堡向惠更斯说明了其主要内容,随后,惠更斯收到一份这个文献并"饶有兴趣地"阅读。"此书包含了无限有用和重要的事情,并且在我认为至少要值得二十多种连续印刷的包含科学和化学的书来继续探讨。卡立德非常认真地讲道,敏锐的道理毋庸置疑,找到了发现自然真相的真实方法。"到 1662 年,惠更斯听说了波义耳关于使用压力改造气体提及的著名实验,并看到了波义耳对霍布斯和莱纳斯的反驳。关于空气根源和重量的支持学说,就源自胡克和波义耳提出的这个气态动力理论。胡克谈及他的理论,认为是在继希腊哲学家德谟克利特发现原子学说后的伊壁鸠鲁学说者。这个学说在曾被伽森狄兴起的伊壁鸠鲁学说之后复兴,胡克更进一步地推动了它的发展。他认为空气中的粒子"一定是有弹性,直线的",而且有旋转运动模式,消除"势能球",其体积是随着相邻粒子的接近程度而变化的。惠更斯没有很确定这个理论,是否和高压下空气保留其流动性的事实相符。

惠更斯在对伦敦 1661 年的访问时,产生了有关空气泵的实验兴趣,虽然是在不同的方向上,英国科学家也对此产生了同样浓厚的兴趣。惠更斯于 1661 年发现了使用一种特殊动力学公理来计算对于雷恩、瓦里斯和其他人来说非常困难的问题。这个公理非常简单:在重力场下,不论物体做任何运动都不能提高其重力重心。在惠更斯伦敦的实验室里,进行了对冲击摆的实验,表明通过这种方法,他可以计算冲击摆在一个碰撞后弹性摆可以上升的高度。另外一个激发英国数学家兴趣的发现是,在重力场下,物体在圆滚弧线下的振动是等时的。此时,正在伦敦的惠更斯并没有能够完全证明这点,但是他的笔记里的相关证明已经有了很大进展。许多数学家相继被吸引到这个问题,希望能够成为第一个完成证明的人。布隆克尔和奥祖都失败了。这个问题如果用古典几何方法非常难,但是采用微积分的方法则简单得多。

船钟的制造由于工匠资源的限制而非理论困难受到阻挡,在惠更斯成功后,而所有的这些十分有价值的工作都因为惠更斯的尝试制造船钟而暂停。当时居住在海牙的亚历山大·布鲁斯、金卡丁郡伯爵都和惠更斯合作完成这个工作。在 1663 年的 1 月,布鲁斯带着两个安装在他船舱壁板上的用球悬挂的摆钟横跨英国。天气非常恶劣,使得一个摆钟摔坏了,另外一个也不走。在这年的 4 月,两个类似的钟出现在福尔摩斯船长去里斯本的旅途中。一个钟走得非常规则,至今关于这个钟的运动记录,还保存在不列颠博物馆里面。在 1664 年,去非洲西海岸和几内亚的远征,给了福尔摩斯另外一个机会。一次偶然事件发现钟的准确性比航位推测法还要高,惠更斯对这个报告的结果非常乐观,并在他 1673 年的《摆钟论》引用过。1665 年荷兰和英国的战争爆发,使得和英国的科学合作中止。

惠更斯和胡克一样对科学有着广泛的兴趣,但是他比这个英国人更彻底和更偏向于"数学头脑",除了他关于船钟和力学方面的工作,他也同时进行着望远镜和光学理论方面的研究。值得注意的是,实验和数学这样的双重活动,使得惠更斯可以使用数学得到指导思想,而并不只是量化的结果。除了天文学外,在许多其他领域都存在着精确量化的许多困难。惠更斯从实验中可以确定在给定长度和放大倍数的望远镜下,需要多少量级的光圈才能得到足够清晰和明亮的图片。他看到构建越来越长的望远镜需要通过改进镜头的研磨方法,来充分保护光圈,这也导致了纯结构方式问题,用木头管只能合适支撑 20 到 30 英尺高的望远镜。对于更长的望远镜,惠更斯提出使用两根短管,一个支撑物镜,另一个支撑目镜并且在这两个之间用套子支撑。这个方法在巴黎被试用,但是在排列两个透镜的时候非常困难。可以想象,这些"高高的望远镜"给了很高的放大倍数,但却是很模糊的清晰度。许多天文学家按照笛卡儿建议的实验研磨透镜,在这个想法被否定之前进行了大量失败的实验。惠更斯利用机器研磨透镜,但是采用各种方法都不能得到足够大的透镜。他积累的知识告诉他,目镜可以做得在一定程度上补偿物镜的不足。在 1662 年他提出使用两个目镜取代一个目镜作为一种开阔视野的"新方法"。关于他的目镜想法提出的时间还不是非常确定,大概是在 1662 到 1666 年之间。

惠更斯关于土星的相的理论,在那个时候已被广泛地接受,并且被逐步完善可以使用的望远镜的观测结果证实,需要修改的只是一些非常小的细节。有些疑问,如果相的周期和理论一致,那么环将和黄道保持一个恒定的倾角。惠更斯证明了,如何计算相并成功说服了大多数对他的批评。雷恩写道："当惠更斯的假设发表时,我承认我非常喜欢他的简洁文字和他想出的办法的自然简单,非常赞同其物理导致的优美的核心构想,喜欢他的发明都超过了我自己的。"累计的观察导致了惠更斯工作的逐渐成功。

雷恩的假设现在都被忘却,他和尼尔在 1658 年尝试使用椭圆环模拟行星球的方法来解释土星现象。他们认为这个环一边围绕着太阳旋转,一边围绕着行星旋转。

在天文和数学方面的工作结果,使得惠更斯有很高的声誉,再加上他的科学态度是追寻他那个年代最好的科学精神。在他收到玻利奥(一个热情的毕达哥拉斯派)给他的关于光的论文后,在回复信中写道："我注意到在许多地方你对亚里士多德的观点有异议,那些都是值得尝试做的事情。"他对学院派亚里士多德的反对,他漠视天主教对哥白尼的反对,他对新的数学方法的坚定掌握,使得他成为他那个时代的现代精神的领袖人物。这样,在法国,当柯尔培尔正致力于奖赏有艺术造诣并学习从前时代的艺术时,惠更斯在众多的卓越外国人中,是非常有才能并值得邀请居住在巴黎的人才之一。

正如我们对不是以精神品质描绘的牛顿的一无所知一样,对惠更斯也是如此。惠更斯的信件中可以看到,他是一个充满智慧力量和思维清晰的人。在他信中没有对人和事的粗暴和偏激评论,他的行为也正是这样的思想自然的产生。由于那个时代,对他父母亲的权威引起的愤怒,年迈的康斯坦丁只有在炫耀他的儿子的时候才得到缓和。由此可见他是个非常著名的人物,但是惠更斯的父亲对他儿子直到成年后的态度一直没有改变。在不得不再像对待孩子那样对待儿子时,他却把他们看做在欧洲不同地方,有需要就一定会效力的年轻外交官。但是,惠更斯对外交官非常不感兴趣,同时他也对非常沉闷乏味和自负的人感到非常讨厌。

第 9 章

法国和英国的科学学会在官方支持前几经大起大落,甚至在受到支持后,还曾险些在萌芽状态就被解散。在蒙特莫家的学会于 1661 年中断,但是在 1662 年会议在德索迪斯侯爵家得以继续。当惠更斯在 1663 年对巴黎进行短暂访问时,学会又恢复到从前活动的形式。对英国皇家学会早期历史一无所知的索比尔认为,早期的巴黎学会一直处于领先地位,这也许是事实。1663 年他和惠更斯去伦敦接受半官方任务,去研究新的英国皇家学会的组织结构。在惠更斯对波义耳关于英国皇家学会的介绍中说:"我们没有通常的例会,我们只有不到四个外国人,两个法国人和两个荷兰人,法国人是德索比尔先生和 芒克尼斯先生;荷兰人是朱尼彻尔斯父子,这四个都对你感到好奇。"惠更斯对那时进入英国皇家学会不用任何特殊资格选举的现象非常惊奇。克里斯蒂安有时陪着他的父亲参加一些外交事务,当得知他受到路易十四的奖赏时还在伦敦,因此他返回了巴黎。

在英国的短暂停留,使得他对这里人民的性格和风俗有更多的了解。通过他父亲和这个国家的人员关系,他也经常和当时的政要共进晚餐,也在格雷山姆学院的学术圈外结识了各式各样的人。惠更斯和他的哥哥康斯坦丁(小)都涉足艺术,也许是他的这个兴趣激发他参观了彼得·雷利爵士的工作室,并得到了制作彩色蜡笔的处方。

在惠更斯返回后,一直和默雷通信的詹姆士·葛雷格瑞从英国返回。默雷这样描述这个年轻人:"一份送给你的礼物,一本书,作者就是他自己,书名为《光学进展》。"他建议惠更斯给这本书或者作者一些建议,但是没有任何惠更斯给出评论的记录。关于这个工作,早在牛顿的发明之前 8 年,就有了关于反射望远镜的描述。

在巴黎进入寒冬后,惠更斯返回了海牙(1664 年),从事比在巴黎还要基础的研究工作。直至 1666 年,他成为新成立的法国皇家科学院一员才回返。由于惠更斯对科学院的大力支持以及他对此的高度评价,给科学院的建立提供了有利条件,而具体细节则由其他人完成。此时一位名为泰弗诺的业余丰富的人对这个科学院的建立,给予了极大的热情,并策划大量的主要的活动。他对柯尔培尔的知识毫不怀疑,并在 1664 年 11 月关于他能否成为重组学会的一员,而征求惠更斯的意见。随后,他获得了一个在巴黎有研究设备的官方职务。

在惠更斯返回荷兰后,他开始申请在海上可以测量经度的圆滚线摆的设计专利。这个消息激起了一阵骚动,在海上可以找到经度的可靠方法,具有无限的商业利润,并且可以受到悬赏。英国皇家学会知道早期使用船钟的实验的成员,对使用圆滚线摆非常怀疑。展开了激烈充分的讨论之后,学会着眼于国家的利益,决定探索其他的方法。尝试用发条控制钟的方法,看起来似乎是最有希望成功的一个。因此,最富有实验经验的胡克着手于负载发条碰撞的等时性问题研究。在 1665 年 8 月,惠更斯听到胡克实验成功的消息。胡克确信使用发条控制钟,可以解决海上测量经度问题。

惠更斯提出了对胡克的疑问。早在 1660 年,他就评论说过,德偌安尼公爵曾经尝试过这个想法,但是没有成功。他认为当温度变化时,对这样的钟会有非常大的影响,这样就会影响到精确度。他觉得胡克对这个"类似于很多的事情一样"都太自信了。不管怎样,惠更斯还是在 1665 年尝试使用发条控制的钟,但是精妙的工艺技术使得这件事情受到阻碍。在英国的布隆克尔发现胡克的发条控制钟并没有摆钟准时,这个苦恼的消息打断了伦敦的科学工作。在胡克的《势的恢复》中,关于发条的性质直到 1678 年才出现,而惠更斯由于退休不得不离开海牙。

在沃尔堡,他重新开始了关于他混合摆尤其是碰撞中心问题的工作。由于缺乏一般性的方法,他只能由一些简单的例子开始。在他抛弃了笛卡儿的一些错误观点后,他得到了一些"令人愉快的进展"。这个工作在英国引起了很大的兴趣,其原理将会在后面做出解释。

值得一提的是,此时(1665 年)出现了两份关于最新科学工作的有影响力的杂志。一份是由英国皇家学会秘书奥尔登堡 1665 年 3 月创办的《科学学报》;另一份是德萨罗个人同年一月在巴黎创办的《学者杂志》。德萨罗的权力由于在罗马被人告发而被取消后,在 1666 年 1 月,阿贝·加卢瓦重新办了这个杂志。这两份杂志都没有现代期刊杂志的形式,只有很少一部分的原创工作发表,并且都几乎是对自然的报告。《科学学报》的第二期是朱塞佩·坎帕尼亚对土星环的一些观测结果。这些都还是比较有意思的,因为坎帕尼亚声称,可以区分环在行星上的投影,关键要点是他的望远镜非常好,可以看到这些细节。坎帕尼亚的透镜是在机器上打磨的,而他尝试的方法是一直以来受到阻止。胡克尝试了一系列的机器,但是都没有试制成功。

卡西尼使用坎帕尼亚的望远镜,观察到了在木星表面的一个永久标记,并根据其往返可以得到旋转周期。惠更斯断言"这是一个非常好的发现"。他亲自成功地观察到了按照卡西尼预言的木星的一个卫星在行星上的投影。他也花费了一些时间,研究了在1664年末出现的彗星。彗星的轨迹证明,对于笛卡儿的天文知识是一个挑战。惠更斯主要感兴趣的是这些彗星的行为遵从哥白尼理论,他是第一个对这些彗星的周期性返回观点进行质疑的人。霍罗斯一直支持哥白尼理论,他在1635年写的书在皇家科学院成员的支持下复兴。他与默雷的信件引起了惠更斯的注意。霍罗斯虽然在22岁就去世了,但在天文学方面他仍是一位重量级人物。

这段时期最大的望远镜,就是类似于惠更斯航空望远镜的类型,但是至今不清楚是他自己的原创想法还是他声称是他自己的。奥祖使用航空望远镜并使用自己的透镜排列方法,这个建议要归功于英国的雷恩。一个更重要的而且惠更斯也做出了有意义的贡献的发明,是测微目镜。对于那时大量的工作来说,望远镜只能是观察到完全不在普通仪器范围内的小数量级。小角度的分离测量,例如,需要非常大的四分仪,但是这些大仪器在其自身重量下会变形。加斯科因是第一个想到用两个精细的绒毛连接并处于物镜焦点的方法,可以使望远镜的测量数量级变大。奥祖和惠更斯在1664和1665年测量了行星的直径,但是惠更斯的测微计是一个薄的梯形金属面,插在形成图像的两个目镜透镜之间。由于插进了这个薄片,观测到了行星的轨迹。通过这样的方法,早在1659年的12月,他得到了火星的直径。在惠更斯1666年去巴黎后不久,包含着可以移动的绒毛的测微计被使用。测微计的现代形式是由奥祖和皮卡发明的。奇怪的是,是皮卡而不是惠更斯发现了摆钟在天文学上的价值。德朗布尔评论说,惠更斯的摆钟在天文实践中"开始了一次革命",但是却是皮卡在巴黎天文台引入了定时观察。在惠更斯的摆钟的帮助下,他使用恒星通过子午线的时间来判断正确上升的差值。

惠更斯事实上不是一个定时的观测者,他对天文的贡献源于他在光学方面的工作。他主要的偏好在于目镜的发明和减小偏离球体的条件研究。在他去巴黎之前,惠更斯深深地被由英国邮寄来的两本著作吸引:胡克的《显微术》(1665年)和波义耳的《关于颜色的实验和思考》(1664年)。胡克非常擅长不需要数学描述的实验工作。他和波义耳首先认为光的本质和导致颜色的原因,非常让人激动,激发了惠更斯做关于这个方面的实验的愿望。在那些天里,他的一些关于物理光学的重要工作开始了。他确信在颜色成因能被解释之前,必须要解释反射的动力学。而这是胡克和波义耳忽略的地方。他的笔记中记录了在做牛顿环的实验(1665年11月)中,在由于干涉产生的颜色的气膜厚度数量级。波义耳虽然说他知道这个实验,但是他慎重地拒绝了对其解释的讨论。

在关于光的评论中,惠更斯更依赖于笛卡儿而非他自己的工作。这种偏向可以解释他首先对费马最小时间原理的嘲笑,因为费马是对笛卡儿的光学工作批评最严厉的一位。费马原理认为,光线通过的路径是在所有路径中传送时间最短的那一条,这个原理有亚里士多德学派的倾向,正如惠更斯也有他自己的倾向一样。他声明他对这个想法一点都不满意,并认为这是一个"可怜的公理"。不管怎么样,他仍然重复费马的"非常不稳定的原理"的计算,并对其有效性保持怀疑,并逐渐相信媒介的折射率是光在空气和介质中速度之比。其实费马有必要假设光的速度是有限的,而由于笛卡儿一直确信光的速度是无限的。费马在 1676—1667 年的计算是极其重要的,因为这些都证明惠更斯和费马是正确的。

第 10 章

同时,正如前面所提到的,巴黎的科学家发现,要长期保持科学项目很难,这意味着惠更斯在这样的学会里虽然有一个位置但是没有任何实惠内容。但是,在柯尔培尔的名单里,他一直列在前面。默雷在 1665 年写给奥尔登堡的信中说:"柯尔培尔希望建立一个我们自己的学会,并希望惠更斯担任主要职务。"但是在这一年里,惠更斯对查普林给他的声明并不十分确定。他和卡克维的通信非常急迫,并且他只有被各种借口申辩时候才能减轻这种焦虑。毫无疑问,出现了官方文件的迟滞,并且他需要自己安排住宿。惠更斯当然更在意他的工资,来解除他的抚养费用和维持他生活习惯所需要的开销。当他在 1666 年到达巴黎,发现对这个新的学会没有草拟任何议案,法国皇家科学院的官方资金只是由财政支持。一般来说,奥祖、罗伯瓦、卡克维、福兰尼可、皮卡德、鲍特和惠更斯都应该是核心人物。但是从蒙特莫给阿雷桑德罗·赛尼的信中却是认为惠更斯应该处于最重要的位置。同样,在 1667 年写给赫维留的信中,玻利奥说:"这些科学家中的领袖人物应该是惠更斯,下一个是罗伯瓦、奥祖。"

惠更斯成为柯尔培尔的亲密朋友,并且偶尔也担任科学顾问大臣。会议首先在柯尔培尔的图书馆召开。1666 年 6 月,第一个共同承办的观测月食活动在他家里举行。不幸的是,多云的天气使得观测不成功。但是两周过后,同样的团体,惠更斯、卡克维、罗伯瓦、奥祖、费雷尼克尔和鲍特聚集一起观测日食,但是可见度仍然非常低,观测效果也不尽如人意。但是,他们使用测微计测量了太阳、月亮和行星的直径数据。

这些早期法国皇家学会的成员聚集一起的现象,都被技术好的雕刻师尼·克勒克记录下来了。比如,在这个艺术家的一幅绘画中,描述了这些成员的一个非正式聚会,生动展现了正式演讲之前的一个小时的断断续续的讨论情景,举着透镜站在窗户旁边的人就是惠更斯。当我们看一幅展示了有路易十四参加的会议绘画时,没有看到惠更斯的出现。这是沃森的观点,他认为惠更斯在早期的 1671 年由于生病已经离开了巴黎。

在 1666 年 8 月,科学院的总部搬迁到了国家图书馆,惠更斯也在那里居住。在 12 月 22 日,学会第一批正式聚集接收来自卡克维的关于国王保护新机构的决议。

笛卡儿学说的信徒,相信稀薄物质漩涡理论,不接受原子论和真空存在的人在科学院很少。罗伯瓦是著名的笛卡儿的批评家;随后,包括马略特也对笛卡儿信仰的理论产生怀疑。和马略特一样,费雷尼克尔也提出质疑。当对稀薄物质现象解释为地心引力时,惠更斯又阅读了笛卡儿的《哲学原理》,他和查理·培饶特还一度影响了对笛卡儿的学说的欢迎程度。那时,惠更斯已认识到像罗豪特这样无诚意保留笛卡儿哲学解释的实验主义者的失败,使他的工作在这样的大"环境"下慢慢下降。他长期保持着两种观点,只有在忽视对这位哲学家的批评的时候,他才能保持他自己的观点。惊奇的是,他从前的部分工作形式和笛卡儿是如此的相像。

　　不幸的是,惠更斯在巴黎的这段时间被两次严重的疾病打断,迫使他回到他的故乡。有人认为由于他的长期不在职位,他的地位有所减弱。当他第三次由于疾病原因回故乡后,他就再也没有返回过。他的保护者柯尔培尔不久也逝世,这对他的政治地位起到了非常大的影响。由于遭受嫉妒,使得他不能再次得到从前一直有的席位。惠更斯的最后时光都是在退休中度过。马赫说惠更斯"拥有和伽利略一样不可超越的至高无上的地位",这也是真实的评价。他在巴黎的最后几年的风格令人惊叹。惠更斯的科学工作使得他有极高的个人荣誉,这也开阔了他更广泛的兴趣。

　　惠更斯在巴黎居住期间,法国军队反对荷兰共和国的历史,是历史学家无法找到解释的疑问。在更大范围来说,战争不会反映任何个人对另外一个国家成员的看法,而且教会的鞭笞器具引起的仇恨也不存在。尽管如此,随着荷兰战争战场的移动,曾经和法国结盟敌对英国的荷兰,也和法国为敌。当面对两个国家,法国和英国结盟而与反对路易十四者对立。路易十四更倾向于消灭荷兰共和国,在奸诈的查尔斯二世的帮助下,在1672年他似乎要取得胜利。惠更斯那时原本在奥林奇派王子下有一个无忧无虑的职位,但是由于他不同的政见,又留在巴黎。他受到一些人的怀疑,但是有大臣柯尔培尔的保护。他受到一些同族人的非议。在他1673年给路易十四他著名的《摆钟论》时候,对他的批评非常尖锐。对此的解释是,他和英国皇家学会的同事产生了热情的友谊,并且决定一直保持的话,他就必须要接受非常糟糕非常艰难而且令人沮丧的生活。这件事也许可以看作为政治智慧,也可以证明他一直是受到保护。事实上,作为荷兰大臣范·宾格的朋友,曾经在1667—1668年的短期战争中被怀疑谋反路易十四,他更容易被怀疑为间谍。惠更斯也不能逃离这些事件,他在法庭上非常著名,并有许多有影响的朋友。自从鲁伏瓦出现和柯尔培尔逝世后,这样的事情再也没有发生。路易十四对奥林奇派家族的印象在1678年后一直没有好转。

　　但是在1666年,惠更斯毋庸置疑地成为法国皇家科学院的主要领导者。得益于他在皇家科学院的知识,惠更斯在巴黎强调了培根学说的重要性。"实验和观察",他写道,"提供了在自然界中看到这些现象的并提出原因的唯一方法"。当回想笛卡儿曾经很长一段时间是他的范例时,这种态度更是让人惊奇。重点是培根和笛卡儿都不相信逻辑学。笛卡儿嘲笑实验,而培根领会到了实验的力量。关于惠更斯是否认识到了培根"方法"的缺点,还不是很确定。在培根冗长的研究计划中,认为测量是对理解现象的关键方法。培根跟亚里士多德一样,在称为"测量"一词的时候,使用"分类"。

　　在惠更斯看来,对化学的关注应该是被限制为物质本源问题。他认识到古老的炼金术已经衰败,一门源于波义耳和其他科学者工作的真正科学正在兴起。诸如燃烧这个问题,都值得最紧密的研究。惠更斯对胡克在皇家科学院的实验非常感兴趣,他同意"硝酸钠空气"的"奇异性假设"。这种在空气中的活性成分的假设被他看做"并不坏的构思",但是他更倾向于默雷的经验论。他后来写道:"我们在寻找存在的事实以及处于真实哲学的事物本源。"

　　毫无疑问,惠更斯对新科学的功能的评价影响了伦敦的群体。这种影响已广泛地被英国人自己所认识,他们开始有意识地认识到他们自己工作的特殊重要性。"我希望我们的学会至少能够使整个欧洲马上激动起来"。在波义耳给奥尔登堡的信中说,"让嫉妒咆哮，当新科学者强烈反对时"，"在世界上任何一个地方也阻挡不了具有生命力的宇宙观的前进步伐"。

受到 1666 年日偏食出现的影响，科学院首先进行专业化天文研究。惠更斯在早期记录了对极小量的天文观测的不满意的问题，现在这已可以解决。新的观测结果是在格林尼治和巴黎一些的机构中得到；在但泽的赫维留申请完成第谷·布拉赫的观测，并在1661 年和玻利奥详细观测到了日全食。在 1666 年，有了许多对日食和月食的观测结果，可以校正地球和月亮的运动，并能够决定地球上子午线的差。在这一系列的工作中，为了得到月亮和太阳的相对直径，比较了许多望远镜的结果，还用了测微仪。

在巴黎继续他透镜工作时，惠更斯被法国低质量的玻璃所困，对于威尼斯人来说简直就是劣质品。材料有细纹和脉络割线在受冷后会生成颗粒。透镜制造者带领惠更斯进入斯宾诺莎的工作中，比起斯宾诺莎的哲学地位而言，他在制造透镜方面似乎享有更高的声誉。透镜以圆洞的形式打磨，或者是使用磨具连续增加良好的打磨剂。这种方法不能打磨很小的透镜。这样就限制了望远镜的威力。惠更斯把在图片中出现的颜色和透镜弯曲的表面联系了起来。牛顿早些年就意识到了这样的错误，但是同时也有大量关于扩展透镜的椭圆曲面的工作。

在 1669 年，由于卡西尼的回归，巴黎天文学有了很大的发展。1671 年，他在新的天文台做了第一次的观测，继续他关于某些行星旋转的工作。惠更斯在 1659 年观测到了火星的旋转。但是由于他的谨慎，他不认为这个结果好到可以发表。卡西尼由于发现了土星的四颗卫星而受到奖赏，并且土星环的划分也以他的名字命名。

惠更斯对卡西尼而言，不是新天文发现的竞争者。在 1666 年后，他的兴趣转移到了陆地的动力学，正如后来所示，他在这方面也有一定成就。"我现在正在做关于圆周运动的实验"，在 1667 年他告诉他的兄弟。几年后，当里切尔到卡宴远游返回巴黎时，也带来了惊奇的关于地球重力的证明。但是引起惠更斯好奇的是关于圆周运动的媒介。因为他希望得到一个解释，在考虑到旋转效应后，惠更斯又追溯到了他十年前的工作，在 1659年，他得到了在物体圆周运动轨迹上的加速度的表达形式。在 1669 年，他希望英国皇家学会关注的是引发重力的"以太"漩涡理论。此时，惠更斯正在努力通过讨论来摆脱笛卡儿的影响。此时，马略特和罗伯瓦获悉他的理论后，做出批评并且证明这些批评是正确的。此时的惠更斯确信圆周运动是一种基本运动形式，不均匀的直线运动对静态环境下发生的事件没有任何影响。圆周运动引入了新的效应，直到牛顿的《原理》出版后，惠更斯才取消了关于圆周运动本质的这段描述。此后，他坚定地站在相对运动的立场，反对任何绝对空间的想法。

马略特是一个法国律师，加入英国皇家学会在其刚成立的那一年，并起到了非常重要的作用。他继伽利略的力学之后迈出了重要的一步，他的《论物体的撞击与碰撞》（1677 年），显示了他和惠更斯正在同一领域里工作。当奥尔登堡要求惠更斯为英国皇家学会效力完成一些关于力学方面的问题时，惠更斯以一些关于碰撞的讨论作为回复。这些关于动量守恒的一系列的应用，以《论物体的碰撞运动》在惠更斯逝世后发表（1703年）。牛顿从惠更斯、马略特、瓦里斯和雷恩的关于碰撞的工作中受益匪浅。他的关于动量速度的变化和外力的关系，使得这些断续的工作形成了完备的一个体系。惠更斯早在牛顿多年之前就考虑到离心力，"惠更斯先生很早就发表了关于离心力方面的工作，我想他已经走在我前面"，牛顿懊恼地写道。

与奥尔登堡通信联系后，惠更斯立即了解到此时雷恩和瓦里斯正在讨论关于碰撞和动量方面的文章，当时，惠更斯也在进行这方面的研究。很多例子都表明，在发表的文章中惠更斯表示出了自己之前受到了不公平对待。在一些场合，他以那些措辞严厉但不大公正的批评来发泄怨气。奥尔登堡则表现出了极大的公正，并且消除了许多这种怨气，但在关于詹姆斯·格雷戈里的一些数学研究这方面与惠更斯爆发了言辞激烈的争论。而这件事显示出惠更斯由于自己的声望变得过度的紧张。当麦卡托提出一种通过摆钟来确定纬度的方法时，他完全把这看做对他的入侵。在 1669 年巴罗的《光学讲义》出版时，对惠更斯来说是幸运的，因为很明显这本书的工作与惠更斯在光学方面的深入研究没有重叠。令人吃惊的是，惠更斯却放慢了对他那些发表的工作的研究。

在那个时期，脱离某一特殊问题而进行相当长时间的专门研究是不多见的。17 世纪的科学家们几乎全都将注意力转到了很宽的学科范围，他们经常从事各种论题的研究。惠更斯被认为是那个年代最有才能的人之一，因为他大量的研究成果超越了胡克，同时他也显示出他的研究范围很广。胡克的《显微术》在那个时期刺激了惠更斯在借助自己在望远镜研究方面取得的先进理论的基础上，去攻克建造显微镜这个难题。同期，斯宾诺莎也对建造显微镜这个问题很有兴趣。人们都认为伽利略已经建造了"一个显微镜，它可以放大物体……，使人们可以看到如母鸡大小的苍蝇"，这是一个复合式显微镜。胡克仅在装配台和照度方面改进了这个仪器，然而光学方面的改进才是真正需要的。惠更斯在显微镜方面的研究本文后面将会提及，它们是在惠更斯于 1677 或 1678 年将列文·胡克的单式显微镜工作引进到法国之后才开始的。

前面提到过，惠更斯的身体一直都不好。在他年少时就时常受到身体虚弱的折磨，到后来还伴随着严重的头痛。1670 年在巴黎的那场病痛让他彻底地卧床不起，也使他清晰地认识到自己处在了死亡的边缘。在这种情况下，他意识到他应该将自己在力学方面的那些非常重要还没有发表的工作，传送给能够认识到这些工作重要性的人。于是，他决定把这些工作寄给在伦敦的弗朗西斯·弗农的手里，此时弗农是英国大使的秘书。相对于弗农的身份，若从惠更斯在巴黎的官方职位来说，这一举动显得非常有趣。在一封给奥尔登堡的信中，弗农如此描述惠更斯的情况，"……我觉得他现在的身体条件快不行了，他的虚弱和苍白充分地显示出疾病已经将他的身体拖垮得很厉害。我看到他精神非常差，然而更坏的是他的眼睛失去了意识并不能看东西，这是对他精神上巨大而致命的打击，还有对睡眠的疯狂渴望。不光是他，还有那些在病痛期间照顾他的人都知道病情到了很严重的地步。他不知道最后会发展成怎样，但他在思想上已做好了较坏的打算……"，弗农尽力地想摆脱悲落的情绪。不幸的是，惠更斯接受了去英国这个任务。所以，弗农写道："他转入了一个有关英国皇家学会的讨论，他说皇家学会是基督教中最好的维蒂斯的一个组成部分，而且是最好的那部分。他说他选择将上帝赐予给他的微小的个人才能留下来，对于他来说这些是世界上和身边最宝贵的东西。他对他所工作的皇家学会以及帮助过他的人抱有深厚的感情。因为他认为一个人若要成为一名称职的科学家，就必须坚信并促进哲学的发展，不要趋于利益，不能通过野心，不能通过总想超越别人的自负,不能通过幻想或好奇心,而应该出于追求自然界普遍规律的认真态度和对真理的热爱。他说他曾预言这个学术组织的灭亡,因为它弥漫着嫉妒的气息,究其原因是由于它整个地依赖于君王的兴趣,从而它只是靠利益的驱动来支撑着。"

早至 1670 年,惠更斯与巴黎科学院某些成员之间的分歧就明显地显现出来。当考虑到后来惠更斯断绝官方联系这个情况时,这件事情就显得非常有趣了。

惠更斯的病情持续了几个星期,在此期间他在巴黎和伦敦的朋友都感受到了他的巨大焦虑。当年 6 月份,他的病情有了好转的迹象,3 个月后身体康复了,他返回海牙。10 月份他开始继续与奥尔登堡的通信联系。

第 11 章

除去在荷兰的 1670 到 1671 年这个冬天,惠更斯在巴黎整整度过了从 1670 到 1675 这五年,而这五年正是科学界里最有激情和最鼓舞人心的时期。惠更斯作为巴黎科学院的领导者,由于他很了解英国在过去曾经经历过什么,所以他就处于了欧洲大陆事务的中心。1671 年,皮卡尔的《地球的测量》出版了,这是关于测量技术方面的研究,同时也对当前有关地球形状的理论进行了一般性讨论。举例来说,皮卡尔在 1671 年就清楚地意识到敲打秒拍的一个单摆的长度在巴黎、里昂和布鲁格是不同的。当时,他认为这可能是由于地球的自转引起的,但他认为没有充分的、令人信服的结果来检验所有结论。通过与惠更斯的友谊,他接触到了很多关于离心力的观点,而对于惠更斯来说早已在 1659 年就在这方面取得了重要的理论成果。1672 年,从英国传来了牛顿关于太阳光谱的论著发表的消息。同年,从荷兰传来了史路瑟斯有关画切线的这项有意义的数学成果的消息。1673 年惠更斯的《摆钟论》这一巨作发表了。1674 年胡克发表了一篇文章,给出了他对地球运动的一些观点。

在此期间,惠更斯还与丹尼斯·帕平一起致力于将火药转化成有用能量源的研究,但更重要的是他还和莱布尼兹一起致力于数学研究。1675 年,莱布尼兹发表了《微分计算》。在这些忙碌的时期,惠更斯还发明了螺旋管弹簧调节器和平衡轮,而这些正是制造手表和天文钟的重要部件。

然而这些年对惠更斯来说并不都是很快乐。在 1672 年路易十四的军队入侵低地国家后,惠更斯常常责问他自己为什么要在 1671 年返回巴黎,在此情况下,他只有沉溺于研究工作来作为绝望的宣泄口。惠更斯深深地觉得对不起自己的祖国,但是为了维持他赖以生存的平静友谊,他需要来自他在巴黎的那些朋友的照顾和关心。惠更斯的焦虑一直伴随着战争的进程,但有一点必须得记住的是 43 岁的他作为一个荷兰人,却能在法国受到像法国人那样的教育和对待。巴黎是当时的世界文明中心和繁荣的经济中心,对于科学家来说应该从这两个繁荣社会中的活动抽身出来,因为繁荣对于学者来说不是必要的。

惠更斯在他病重的时候仍在坚持工作。当他从瓦里斯那里得到关于力学方面有趣的工作时,他于 1670 年 10 月份开始努力恢复他以前的研究工作。然而,由于他的身体才刚刚康复（"对于这，我感谢上帝"），以至于除了做一点点努力外，根本就承受不了其他的工作。

我们应该注意到惠更斯在理论光学上的成就，同时他在力学上也很有造诣，但是在 1670 年他认为他在力学方面的成就更重要一些。现如今我们回头来看，其实他对理论光学的贡献与他对力学方面的贡献一样的重要。他的《摆钟论》最终完成，内容涵盖了如何建造和调节时钟的论述到有关振动中心、曲率、渐曲线理论以及离心力等方面的研究。惠更斯的这些理论包含了很多观点和方法，这些观点及方法在牛顿的《原理》中得到了更加精确的计算，尽管这是惠更斯独自发现的。众所周知的牛顿第一定律，其实伽利略和惠更斯很早就了解并运用。另外，惠更斯早在 1659 年在推导离心力时就运用到了后来所谓的"牛顿第二定律"。他还意识到在同一时间区分质量和重力的必要性。事实上，牛顿的工作的价值在于他对这些观点方法给出了更清楚的表述，并通过简单的数学关系使它们更方便使用。

在惠更斯返回巴黎后，1673 年他的《摆钟论》出版，它在一定程度上揭示了惠更斯学术思想的发展，这一工作避开了笛卡儿学派思想的影响。惠更斯希望这项成果能与伽利略的巨大成就相提并论，这个愿望真的实现了。牛顿在给奥尔登堡的信中写道他对惠更斯的这项成果"非常满意"，并说他发现这本书"充满了非常巧妙而又有用的推导，是一个很有价值的成果"。牛顿尤其对惠更斯的数学方法大加赞赏，并认为他是"当代最睿智的作者"。这个评论也使牛顿自己开始了十分有趣的反省，他后悔自己没有在进行代数分析前做些几何学研究。正是惠更斯优越的几何方法被运用到《摆钟论》，使得这本书为惠更斯赢得了尊敬。同时，牛顿在曲率方面的工作也有很大的进展，我们知道，莱布尼兹在 1672 年后也开始了类似问题的研究。微分学的主要观点许多是来源于对运动学的研究，只是运动学中引入了连续变量的观点。惠更斯在这部分上的工作是最重要的，正如莱布尼兹说的，因为正是惠更斯驱散了伴随在运动学研究上的神秘性。

两个数学家，惠更斯和莱布尼兹于 1672 年在巴黎会面，并且莱布尼兹成为了国王图书馆的一名普通访问学者。在惠更斯的指导下，莱布尼兹的学术观点发展得很快，此时，正如莱布尼兹自己所说的，他在这方面的研究上纯粹是一个业余者。1674 年，惠更斯准备向皇家学院提交莱布尼兹的第一份关于微分学的文章。惠更斯是否告诉了莱布尼兹有关牛顿也在进行曲率方面的研究，将永远是个有趣的谜。牛顿在这方面的研究，大概始于 1665 或 1666 年，在 1669 年后被他英国的朋友所广泛了解，尤其是瓦里斯应该很清楚他的这些观点。对于解析方法的运用，惠更斯并不喜欢。用牛顿的话说，他是"最爱运用古老的综合解析的方法家"，但是一个令人瞩目的事实是牛顿在《原理》一书中就将经典几何方法引用到了自己的研究中去。这件事情在一定层面上让历史学家很困惑，应该只能用惠更斯的声望来解释了，同时也说明了新方法并不是到处都会被接受。《原理》和《摆钟论》这些成果稍后都被 18 世纪的数学家当作一种分析方法。

《摆钟论》对当时的科学家们产生了深刻的影响。本书后面给出的关于离心力的推导，对行星理论的发展是很重要的，同时摆钟引起了诸如胡克等很多学者对时间测量的兴趣。有一点是肯定的，那就是惠更斯在深入研究运动定律时于 1659 年并又于 1667 年在时钟中采用圆锥摆钟。关于这个时钟的发明，惠更斯在与胡克的辩论中指出：胡克根本就不知道圆锥摆钟如此设计，是为了使振子的所有旋转均能描述旋转抛物面与竖轴组成的平面上的水平圆，只有这样才能保证所有的旋转同步。

惠更斯对这些争论表现出相当的不喜欢，比如 1674 年他卷入了与胡克及其他一些人的争论，1675 年又经历了另一场类似的争论。这些争论直到他第一次成功地发明了用于时钟的弹簧调节器才宣告结束。惠更斯的螺旋管弹簧结合一个平衡轮的设计，至今仍应用于手表设计中，它的原理是振动部分的重心与静止部分之间的重心存在着固定的关系，这就意味着引力的影响可以被消除。钟表制造商特莱和贺德法利修道院之间的争论，最后以皇家学会采用惠更斯的设计才得以平静，起因是贺德法利采用的是直弹簧而不是螺旋弹簧。然而对惠更斯而言，胡克才是一位在这项发明上更加令人生畏的竞争对手。由于惠更斯在皇家学会里的声望并能得到一些成员的支持，这些都使得胡克觉得很痛苦。胡克在他的日记中写道："惠更斯的弹簧设计根本不值一提。"为了有个平静的生活，惠更斯赋予奥尔登堡在英国拥有他这项专利的享有权时，他才从胡克那里得知胡克讨厌奥尔登堡的相关言论。胡克断言说奥尔登堡是惠更斯的间谍而已。八个月后他又说："看看奥尔登堡这条哈巴狗的交易，毅然地辞去所有的职务而试图损害我的健康。"他生气地称奥尔登堡是一个"智力上的奸商"。他完全听不得半点有关惠更斯航海时钟的好话。他甚至幼稚地说："水手们已经知道到达各个港口的路线，根本用不着惠更斯的航海钟。"胡克的所有这些公开发表的抱怨之词持续了相当长的时间，但到现在它们都变得毫无意义。

惠更斯在巴黎的几年间，他与英国科学家间的联系产生的最突出的结果，是使法国人于 1672 年第一次注意到了牛顿的研究工作。1 月 11 日，奥尔登堡在给惠更斯的信中写道："新型望远镜由剑桥数学家牛顿教授发明了。"他在下封信中给出了详细的描述，并且在 2 月份被惠更斯发表在《学者杂志》中的文章引用。应该注意到的是，格雷戈里的反射式望远镜的设计一直没能应用到实际当中来，而牛顿的这项新发明正是基于他的思想。惠更斯发现它"漂亮且精妙"，他很感激奥尔登堡给他这则消息。尽管制造凹面镜这个问题很困难，但并不是不可实现的。但他发现牛顿快到绝望的地步了，因为他在克服球面像差的问题上并没有考虑到这样一个事实，那就正是球面像差导致格雷戈里在九年前就放弃了的这个想法。此时，惠更斯并没有听说牛顿在进行关于白光合成实验的消息，觉得肯定是低估了色差的影响。

到后来令人惊奇的是，除了刚开始的热情外，没过多久惠更斯便放弃了这种反射式望远镜。他紧接着进行的实验证明了，由于凹面镜不能做到绝对的光滑将会造成令人失望的结果。同时，伦敦最专业的玻璃制造商可克斯发现磨光镜面太困难了，要制造一台能实际应用的尺寸的这种望远镜事实上至少需要 50 年。惠更斯发现金属镜片也不合适，因为金属镜片的光滑度与相同条件下玻璃镜面的光滑度并不相等，并且不能保证其稳定性。他发现自己又被逼回到折射式望远镜上面来了，但也意识到除球面像差外一个新的问题困难需要解决。

1672 年 3 月份奥尔登堡给惠更斯一份《哲学汇刊》的复印件，他说惠更斯将在这复印件中看到牛顿有关光与颜色的新理论：光并不是单一物，而是由不同折射率的光线混合而成的。你将会看到在这篇论文中看到这个详细的理论。这份复印件介绍了牛顿署名的一个关于光谱的著名实验。在牛顿的第一篇科学论文公开发表时，皇家学会就把它寄给了作为当时学术界有名的权威之一的惠更斯。惠更斯对此的回复是：得出的结论和提出的理论看起来"非常有独创性"，但是他接着还写道，"我们应该检验看这个结论是否与所有的实验相一致"。3个月后，他写道他认为白光的复合特性已经被牛顿的"判决性实验"证明了，该实验中揭示了从棱镜中分离出来的单色光线不能再进一步分解。尽管如此，惠更斯仍然继续进行着研究，这些研究就如当时让年轻的牛顿大失所望一样，也让现在的读者失望了。他怀疑仅依据黄和蓝这两种颜色的"运动性质"就得出结论是否充分。直到这两种颜色间的本质差别被理解时，"他（牛顿）都没有告诉我们这两颜色的性质和差别，而只是偶然性地指出它们具有不同的折射率"。由于没有弄清楚颜色表现形式与光谱的不同光线这二者之间的区别，惠更斯认为牛顿应该发现黄色和蓝色混合足以产生白光，而其他的颜色只是不同程度的黄色和蓝色的呈现而已。

对于牛顿而言，这些评论不会造成什么影响，因为他根本不急于发表，这项成果他至少已经保留了五年才发表。奥尔登堡警告惠更斯，说30岁的牛顿不是那种在事情没清楚前就轻率发表言论的人。而牛顿也平静地否定了所有颜色均可以"源于黄色和蓝色，我所定义的所有颜色中没有一个是原始色源"。他接着说，"仅假设只有两种原始色源而不管模糊的多样性就去构造一个假说是很困难的"，有一种情况可以更利于做出假设，除非有两个几何图形，尺寸和速度量级或微尘压力或脉冲，而不是模糊多样性的话，这样得出的将是个粗糙的结论。但他又说这应该是"一个令人十分困惑的现象"，"但试着怎样去解释假设才是我的意图。我从没打算去解释白光中各颜色的性质和差别，而只是想证明事实上各颜色是不可再分的，并且是这些光线的直接定性表示。《力学假说》详细地解释并分析了各颜色的性质和差别，而这些我也不认为是困难的事情"。光谱中的这两种颜色是否可以混合成白光并不重要。因为这样产生的白光在物理性质上与一般的白光是不同的，而这不能用棱镜将白光分解成多余两种颜色光线这个事实来解释。很明显，在事业正处于开端的时候，牛顿对于他的成果得到非常少人的关注而感到深深的失望，尤其没有得到像惠更斯这样有卓越成就的人物的欣赏。他说他希望在将来"不再挂念哲学方面的东西"。他的进一步结论很好地回应了惠更斯对他的批评。有趣的是，惠更斯对牛顿的这个批评，接近于胡克对此提出的批评，这也是惠更斯和胡克唯一一次站在同一立场，都反对牛顿对待科学问题的新态度，并且都发现牛顿的这个"判决性实验"很难与他们各自分别提出的光的波动理论和脉冲理论相一致。这是第一次公开场合将惠更斯和牛顿进行比较，也由此我们发现一个问题，那就是惠更斯和牛顿这两位科学家几乎一直是站在对立面的，这也反映了假设在传统科学方法论中的地位，在下一节中将会提及。

遗憾的是，这两位那个时代最伟大的科学家，在对待共同感兴趣的问题的态度上却没能达到一致。尽管他们之间的分歧已经由光学扩大到了力学领域，但庆幸的是两人间的分歧没再进一步加大。正因为如此，惠更斯对1687年出版的牛顿著作《原理》很欣赏，并于1689年会见了牛顿。到那时为止，尽管他们的分歧已经根深蒂固了，加上60岁高龄的惠更斯已变得很难再听进别人的意见，但是他们之间的分歧也没有一些作家所认为的那么大。一位牛顿的传记作者莫尔，认为像胡克和惠更斯这些人依赖的是一种对知识的内在敏感度,与之相反,牛顿则是"仅通过假设来反驳理论"。不管他们这些差别的意义有多大,但这是一个需要仔细地整体性地研究惠更斯的作品之后才能解答的问题。应该看到,简单地将惠更斯归为笛卡儿学派是绝对错误的,因为惠更斯的一生都在笛卡儿学派思想(认为科学计算的对象是思维的产物)和唯物主义思想(认为科学计算的对象是客观的实体)这二者之间犹豫不定。有很多言论,有关于惠更斯偏爱的科学观念方面的,也有关于方法论的,其实,惠更斯和牛顿都领悟到了科学研究的目的。"我不认为我们能彻底地清楚认识所有事物,但我们可以认识到一定的程度或者它们的一些可能性,大概就如几何证明中的 100 000:1 这个比例吧",他在给佩劳尔的信中如此写道。"在物理学中没有固定不变的证明,人们只能通过现象去了解原因,基于实验或已知的现象来做出猜想,并向后延推去检验其他的现象是否也符合这些猜想。"这些观点足以表明惠更斯与笛卡儿学派思想上的不同。对于笛卡儿的直观方法,莫尔曾引用过,认为可以优先于实验直接做出最终定论。而对于惠更斯,这位一生都致力于科学研究的实验学家,认为人们是不可能直接做出最终定论的。

这个时期,惠更斯仍在继续光学方面的研究,但很难估计出他的进展情况。这项工作始于 1652 年,到 1653 年他就完成了第一篇 108 页的作品《折射式望远镜的原理》,这篇文章随后被补充完整,但最终没有发表。因为惠更斯发现卡瓦列里独自取得了部分和他相同的结论,并发表在《几何学文集》上。另外,还有早期的作家阿尔·哈桑和开普勒,分别于 1604 年发表的《补遗》和 1611 年发表的《折射光学》。在英国,最重要的工作是由巴罗和哈雷完成的,哈雷很看重代数公式的优势。到此时为止,光学中的各种关系都是用最麻烦的几何形式来表示的。对于海桑来说,许多已经研究了的重要问题都是以明确的几何形式表达的,这都需要进一步的再研究。1669 年巴塞林那斯发现的双折射,给光学的学术研究注入了新的意义,这个成果最初是以简短的拉丁文发表在《冰岛冰洲石晶体的双折射实验》,引起了广泛的兴趣。惠更斯得到了一块冰洲石晶体的样本,并进行了相关的实验,于 1678 年(在 1690 年发表)完成了他的《光论》中的一个重要部分。惠更斯进一步发展了光的波动理论,并巧妙地去努力验证他的理论与冰洲石晶体的性质是否相一致。但令人好奇的是,在他的通信联系中却很少提及这项工作。

大约在这个时期,惠更斯有一名叫丹尼斯·帕平的助手,是一个法国人,后来还在英国与波义耳一起工作过。与帕平一起,惠更斯在 1673 年进行了将火药作为一种力学能源的实验。在这里有种可能性,那就是惠更斯曾在 1660 年与帕斯卡谈论"加农炮中稀薄水分的压力"时,就考虑过空气泵的设计。在 1673 年进行的这些实验中,我们可以看到帕平的空气泵的雏形,因为帕平用蒸汽替代了火药,这就是后来帕平试制蒸汽机的起点。到后来,由于海塞爵士对这项研究很感兴趣,帕平被任命为马堡大学的教授,在那里他继续发展了空气泵的研究,并将他的设计线索给了纽可门。

为了交换帕平,奥尔登堡给惠更斯派遣了一位富有的年轻的科学爱好者瓦尔特·封·谢恩豪斯,他还是斯宾诺莎和莱布尼兹的好友。他属于一个曾早期支持过皇家学会的阶层,由于他对科学很感兴趣,并有坚定的信念,在许多方面的表现都看不出是个业余者。通过谢恩豪斯,惠更斯无疑了解了很多斯宾诺莎的哲学观念,但他总表现出对它们毫无兴趣。与 17 世纪的大多数科学家们不同,惠更斯并没有全身心投入到哲学或神学问题的研究,其实他和莱布尼兹看起来都没有全面地领悟到斯宾诺莎思想的本质。

第12章

　　1676年初,惠更斯又一次病倒,这次病情无疑是1670年那场病的复发,但这次他面对病情有了更大的警觉。1676年3月他准备回到在海牙的家里,此时他还可以活动,但这个旅程依然显得漫长并且很不舒服。他对他兄弟坦白地说,他不知道将来是否会去巴黎生活,甚至当一年后他身体已经康复时,他以健康不稳定为托词而推迟返回巴黎。柯尔培尔允许他可以继续在海牙停留1677—1678年的这个冬天,惠更斯是于1678年6月回到巴黎的。

　　在家的这两年里,他努力将研究向前推进。这些年他在冰洲石晶体的双折射方面和光的波动理论的发展方面作了大量的研究。1676年11月22日,罗迈给皇家学院一篇文章,这篇文章中他第一次给出了光速的计算方法。惠更斯一下子就对收到的这份复印件很感兴趣,并开始与罗迈通信。光以确定的速度运动这个假设对惠更斯的研究很重要,他在给柯尔培尔的信中写道,基于这个假设,我已经"证明了折射的性质,并且发现冰洲石晶体并不是什么自然界的奇迹,而是很容易理解的现象"。接下来要满足的是这个假设需要接受验证并且应该知道光速的近似值。罗迈和惠更斯两人的工作有相似的观点,惠更斯希望罗迈提出的光在冰洲石晶体中的传播与冲量在相邻界面间的传输过程是类似的。他认为沿着这个思想对双折射的解释能够建立光理论的本质,而这理论在几年后就以惠更斯的名字命名。

　　众所周知,惠更斯通过他对冰洲石晶体从碰撞角度的研究使他通向了光的传播理论。压缩性的垂直传播、经过完美弹性球面时的振动,对他来说都可以应用到光的研究中来,因为晶体和其他介质都可能是由原子组成的。尽管他不能推想到物质中的原子才是事实上的介质——由于所有的物质都不是透明的——但他找到了一种方法,可以将光还原到某种运动形式,并且让它处于"真实的哲学"的分析方法之中。在这个理论下,"人们根据力学运动,考虑所有物质现象的原因。在我看来,这是我们必须得做的,否则会断绝物理学中曾经理解了的事物的所有希望"。这是出自惠更斯《光论》的开头部分。为了解释光经过托里拆利真空和所有透明物质时的传播,假设了一种遍及各处的精妙介质。我们应该了解的是,惠更斯的真空实验让他认为这样的介质是存在的。无论如何,这种介质不是一种连续的介质,而是一种由非常轻的粒子组成的相互联系的介质。通过与发热体中强振动的原子碰撞,这些光将根据碰撞规律在各个方向以振动的方式传播。惠更斯认为空气的弹性似乎可以说明空气是由一些粒子组成,这些粒子在与由更小的粒子组成的"以太"物质中迅速地扰动。很重要的一点是,小冲量在介质中传输的速度与大冲量一样快,这个现象可以通过将胡克的弹性定律应用到大气粒子来解释。单个的子波太弱,以至于不能够产生光的效应,依据著名的惠更斯组合,这个效应只有在子波组合成波阵面时才会发生。这个定律在现在所有关于光学的教材中都能看到。

　　惠更斯的理论其实用脉冲理论来描述的效果要比用波动理论好。但是在《光论》中,他做了这样一个评论：振动"是很成功的,并且通过球面和波动的形式像声波一样传播"。胡克也发展了一种波动理论,当然这与他的通过薄膜产生的有色光的研究有很大的联系。他的这些观点和惠更斯的区别在于,胡克没有考虑到波阵面是由数不清的子波组合成的。

尽管如此,并不是所有的科学家都接受罗迈对光速的估计。笛卡儿对光的瞬时传播深信到他不明智地说,他将会把他所有的学术体系都押注在这个上面。与惠更斯不同,有许多的科学家依然在笛卡儿学派思想的影响之下。因此在《光论》中,惠更斯努力证明了笛卡儿学派思想推理中的错误。卡西尼不认同罗迈由木星卫蚀的推迟得到光速有限的解释,主要是因为当时只有最内面的卫星被研究过。皇家科学院必须对这争论作出最终的判决,最后他们得出的结论罗迈是对的,就如他所解释的,由于显而易见的原因较外层卫星成蚀的推迟是不常见和不容易观测到的。他提出的这个方法是最好的可用于计算光速的方法,他希望木星表面的痕迹可以用来证明。在这一年的年末,对木星表面黑点的研究给出了时间轴上木星的旋转周期。这项成果替代了前面所说的卫星成蚀,被用来测量光速。很显然,罗迈和惠更斯有相同的观点,一样的睿智。当惠更斯还待在海牙的家里的时候,罗迈正试图找出是什么影响着地球的运动,当运动方向与光线的方向垂直时这些天体应该处于一个怎样的特殊位置。几乎不可能的事情是,罗迈依据笛卡儿的漩涡理论来考虑问题,这个观点认为地球漩涡的圆周运动必然会产生一个显著的光传播路径的曲率。在这个问题的现代形式中,这个问题由布拉德雷提出并做出解释,也正是他于 1728 年发现了"光行差"效应。

惠更斯在 1678 年暑假中期回到了巴黎,与他一起的还有尼古拉·哈特索克,他就是后来大家熟知的镜头制造者。惠更斯再一次平静下来专心于他的学术研究。不幸的是,这段日子过得没多久,他于 1679 年又病倒了。尽管后来身体康复了,但他还是于 1681 年无奈地回到海牙。从此之后,他再也没回过巴黎。我们最终必须面对这样一个事实,那就是惠更斯,一个被病痛严重困扰的科学家,最后一次待在巴黎。

奇怪的是,惠更斯的声望到此时却变得空前的高。很明显,他被人们广泛地认为是皇家科学院真正意义上的领导者,当时这个位置看起来比皇家学会领导者更加的为人们所肯定。事实上,此时的皇家学会正经历着政治剧变和成员的背叛。1678 年天主教皇普罗特按照提特·奥特的旨意,通过耶稣会士发起了旨在征服国家的运动。直到 11 月份,境况是"这里已经并且仍然是可怕的地狱般的情形,天主教皇反动者们操纵和执行着对国王的暗杀和行刺,以及根除和摧毁新教徒的信仰"。这一年奥尔登堡去世了,伴随而来的是惠更斯与皇家学会的联系也随之告一段落。经过缓慢的发展之后,皇家科学院在开始几年已经增强不少活力。由于柯尔培尔、惠更斯和奥祖都能为科学院配备齐所有的实验室和必需的天文仪器,所有每一年都能看到科学院在科学技术上的巨大改善。同时,皇家学会开始执行一些计划,比如于 1672 年派遣希尔的探险队去卡宴,这一计划对地球形状收集了重要的信息。

然而,法国和英国一样,也到处充满着对新学问的反对和警惕。学院派一直害怕假如科学团体在研究中变得异常强大或重要,那么他们的权威性就会遭到破坏。耶稣会士们希望他们能够垄断新学问,希望有一些人能够激起大众来反对那些一定程度上旨在产生新发明或者改善生活的科学研究。在法国,保罗·佩里森正在撰写路易统治时期的历史,他让惠更斯撰写评论,并且让公众了解皇家科学院的目标和工作。

在这篇评论中,惠更斯只涉及自己堪称权威的领域。他开头暗示了天文研究的必要性和新发现的重要性。相比于第谷·布拉赫时期,摆钟的应用和望远镜的改进,使得观测的结果更加精确也更容易测量。新行星的发现,土星环的证实及其卫星的发现,对月球表面完整的研究和对卫星以及太阳黑子的描述,都是那个时代的最新成就。光速的发现和测量,被引证为是这些发现的必然结果。每一个研究工作无不具有实用价值:木星的卫星的隐秘性提供了确定纬度的方法,对于这个问题,摆钟可能会给出更好的答案。尽管皇家科学院的工作有很大的吸引力,但仍依赖于人类知识和对世界认识的稳步扩展。探险队被派遣到卡宴和汶岛。由于越来越多的星球门类和蜉蝣目昆虫被发现,所以宇宙学理论可能与我们的研究吻合得更加精确。地球本身也成为了科学测量的对象。几何学被应用到"物理学领域的原因探究,今天几乎所有的科学家都开始接受:组成万物的微粒,其形状和运动是造成自然界我们看到的所有现象的唯一原因"。这个世界变得越来越丰富,就像一个完美的机器,贝特说"我们第一次从惠更斯和莱布尼兹的研究中可以明确地得出这个观点"。惠更斯恐怕这篇评论会被误解为是以笛卡儿的漩涡理论为立场来写的,因此他补充说"这些观点曾得到笛卡儿学派思想的广泛支持,然而它们既不坚持他们的敏感度,也不坚持其他一些只想得到权威的作家的观点"。他指出由于缺乏实验,笛卡儿学派在许多事情上犯了错误,尤其是放弃了一些观点的精确定义,而这些观点是伽利略早就开始澄清了的。真实正确的东西现在还得以保留了下来,比如运动、力和动量,流星和大气现象的性质,还有光的性质与效应。显微镜、望远镜、抽气机和其他许多机器一直被人们应用,并且扩展和丰富了知识并导致了科学的巨大进步。

然而,尽管惠更斯对 17 世纪科学发展十分狂热,他把自己所处的时代和古代经典学派所处的时代相比时,显得很小心。他的朋友查尔斯·佩罗真诚地认为 17 世纪相比于其他时代是最有优越性的,而惠更斯就是这个优越性的典范。对于这些夸奖,对于年轻的费马将自己与笛卡儿进行比较,惠更斯给了一个谦虚的回答。他写道:"我就是那些得益于伟大智者的学者之一。"

有些事情是毫无疑问的,那就是惠更斯并不是在所有的地方都如此受欢迎,而且此时科学院内部存在着很多派别。惠更斯的显赫地位在 1679 年被授予奖牌时受到了冲击,因为没有得到卡西尼和德·拉伊尔的同意。而后者正是后来因反对所有外国人尤其是惠更斯的朋友进入科学院而为人所知的德·拉伊尔。法国也像英国一样,信仰上的差异被当做政治目的。皇家科学院里的巨大分歧看起来并不像是缘于国籍或信仰上的偏见,而是由于内部不同派别引起的,其一是以蒙特莫里安为首的,他们是笛卡儿学派的坚定跟随者,其二就是像惠更斯和马略特,他们对笛卡儿体系表示出了强烈的怀疑。在这种情况下,惠更斯已经觉察得应该加强与没有卷入这场争斗的学者们之间的联系,尤其加强了与莱布尼兹间有意义的通信联系。

值得提及的是,莱布尼兹曾于 1672 年跟惠更斯学习力学。接下来的年间,这位德国的数学家沿着新的方向继续着他的研究。1676 年,他已经和牛顿进行了相互通信讨论连续展开的方法。牛顿提起了他的副法线定理和微分方法,但他没有描述后者,尽管他补充了一些图解用来说明微分如何使用。到 1675 年莱布尼兹建立自己的微分学方法,但他不能再与牛顿深入地讨论任何问题,因为这可能会引起矛盾。事实上,牛顿的微分方法直到 1693 年才发表。在与惠更斯的通信中,莱布尼兹声称已经将微积分学发展成为了一种方法,他已经通过它成功地解决了各种问题。尽管如此,惠更斯一直没有放弃将几何方法应用到微分学中,也没有借助任何工具用于计算。莱布尼兹同时还花了很大篇幅描述关于数理逻辑的课题,他是这方面的创始人,但这项研究并没有被惠更斯和当时的任何人所接受,直到下个世纪才被提出来。莱布尼兹很想能够获得作为外国人进入皇家科学院的提名,但这件事惠更斯看起来好像无能为力。直到 1700 年,莱布尼兹才被科学院接受作为外国成员,同年牛顿也以外国成员的身份进入科学院。也正是 1700 年,莱布尼兹在德国组建了柏林科学院。

这个时期惠更斯在皇家科学院的主要活动是出席一系列报告,关于他在几何光学方面取得的成果,一直从 5 月份持续到 8 月份。1679 年的整个暑假,他都花在整理许多年前的研究成果和一些关于冰洲石的特殊问题。许多关于圆锥截面的光学性质的成果是在这个时期完成,发表在《光论》的结尾。费马的最短时间原则,同时,他还成功地因折射而推导出这样一个假设,那就是光在玻璃或水中的传播速度要比在空气中传播慢得多。至于笛卡儿,惠更斯和莱布尼兹都没有太重视他在这领域里的研究成果。笛卡儿对折射法则的"伪证明"被著名的论述所替代,即惠更斯的次级子波理论。事实上惠更斯在光学上的成就可以与以前开普勒、斯内尔、笛卡儿和费马他们的研究成就相提并论,就如牛顿的力学成就可以跻身于伽利略和惠更斯的力学成就中来一样。惠更斯同时在物理和数学方面都达到了很高的成就。当然,他对几何的掌握足以使他以独特的方式胜任这项工作。我们暂时把他在颜色方面的研究放在一边。惠更斯一直坚持要对这项研究给出一个数学解释是不可能的。然而,他很欣赏牛顿在这一领域取得的适用的研究成果。他说镜头色差的发现,说明了这个效应在望远镜制造中和球面像差一样的重要。因此,研制消色差的镜头,可能比研制非球面镜头要有意义得多。到此时,他可能必须承认反射式望远镜的设计观点绝不会是不切实际的奢侈品。

由于胡克的《显微术》关于显微镜的研究引起了惠更斯的兴趣,并且惠更斯大概于 1677 年将列文·胡克的研究成果从荷兰语翻译成法语,在当时引起了许多人开始从事这方面的研究。整个纤毛虫纲的世界急需被发现和研究。复式显微镜的缺陷依然存在,此时的列文·胡克在他的观测中更喜欢用一个短焦距的单物镜去测量,而可能正是这导致了细胞的发现。惠更斯使用非常小的玻璃物镜,其中有一些他制成中空的并充满酒精。洛克当时正在巴黎,他给波义耳的信中提到惠更斯的显微镜"非常的优良"。惠更斯在制作大量的物镜的过程中,他还引入一种方法用来改变被观测物体的照明度。后来,在 1692 年他引入了黑背景照明,这些是对应用显微镜的贡献。1676 年后,惠更斯对观测雨水中的纤毛虫非常感兴趣。

1680 年之后,不好的健康状况无疑让惠更斯缩减了在数学和其他抽象研究方面的成就。在这一年的暑期末他离开巴黎,在末威里做了短暂的停留,那里的乡村空气一度让他的身体有所恢复。他准时地返回巴黎参加对彗星的观测,同时作为消遣,他开始建造行星机器,它通过时钟机构可以模拟太阳系的相对运动。1681 年初,他再次病了,直到 9 月份他回到荷兰。

第13章

最后一次病倒之后,惠更斯的身体康复得很慢,科学家们从巴黎和伦敦给他寄来了大量的带有美好祝愿的信件。甚至德·拉伊尔,最近刚刚被选入皇家科学院但很快就脱颖而出,也给他寄去祝愿,署名"全体同事"。从他的信中可以很明显地看出德·拉伊尔希望惠更斯走后留下的职位至少暂时空缺着。事实上,有大量强有力的证据说明,他竭力地阻止了惠更斯回到巴黎的许多机会。对于他们派别来说,惠更斯首先不用急着离开荷兰,即使惠更斯在1682年身体已经完全康复。这一年的年末,荷兰的东印度公司对最新型的航海钟感兴趣,这也是让惠更斯留下来的进一步原因。始于1683年的暑期,这项制作航海钟的工作真的决定着惠更斯的前途,由于这年9月份柯尔培尔去世,没有这位资助人的支持,对惠更斯的反对又变得异常可怕。不光这样,由于路易侵略活动的复活造成的社会动荡,让政治时局变得很黑暗。1686年,此时的欧洲时局与1672年那时候不同。《南特法令》(1685)的撤销激起了新教徒国家的反抗,许多被放逐的法国人逃亡到荷兰。在法国正处于一个人类自由在迅速收缩的时期,惠更斯的经历足以说明这个事实。当惠更斯重新申请回到巴黎,他的请求没有被接受,人们并不清楚非新教徒的感受是否是唯一理由。惠更斯的好友罗迈几个月前离开了巴黎,4年后《南特法令》被废止。就如非新教徒一样,科学院的研究工作充斥着个人忌妒,自1681年后的这些年,科学院的工作实质上在衰退。

此时笛卡儿信徒对惠更斯充满着敌意,在惠更斯的《摆钟论》发表9年后,卡特隆修道院攻击惠更斯复合式摆钟的论述中采用的基本原则。卡特隆的批判毫无科学依据,他们设想使惠更斯的研究,在那些对数学和力学完全不了解的人们的眼里出丑。数学家詹姆斯·伯努利于1684年出来拥护惠更斯的观点。

1684年中期,托马斯·莫利纽克斯拜访了惠更斯,他是同时代的弗拉姆斯蒂德和胡克的熟人。莫利纽克斯在给他兄弟的信中写道,他受到了"非常礼貌的"接待。他说,惠更斯"出乎意料的用我的母语与我交谈,而且讲得非常好"。惠更斯给他展示了行星机器,他觉得这"只不过是满足好奇心"。他说,"我问他是否可以借助它来观测日食,但我发现他不能给我一个比较好的回答。他不愿意向我承认他的发明物所存在的缺陷,而我要做出看起来很欣赏它的样子"。事实上,惠更斯已经走到了他科学研究活动鼎盛时期的尽头,但是一些意义深远的想法仍得到了发展。皮卡尔是一位在巴黎天文台做出显著成绩的科学家,他于1682年去世的消息让惠更斯想到生命的不确定性,并考虑出版发表"许多我已经写成的或发现的并且有用的东西,我希望用我余下的生命去完成它"。随着事情的变化,他的退休让他感受到了巨大的孤独。他父亲于1687年去世。当1688年威廉成为英国国王时,他兄弟康士坦丁(小)去往英国前与他的道别,只有他独自一人生活在福尔堡与外界隔离的住处。这个冬天他在海牙度过的,在他的信中他悲叹身边没有一个可以与之讨论科学问题的人。由于经济压力,他开始考虑寻找一份作为威廉三世顾问这个职位的可能性,但是这只会使国王感到尴尬,因为他意识到惠更斯有"高尚的智慧,不应该像官员一样虚度"。

在 1689 年对英国进行短期的访问之后,惠更斯萌生了在英国寻求一个职位的想法。他在这一年的 7 月至 8 月都呆在伦敦,但是只有少数的文献记录保存至现在。他在格林尼治会见了弗拉姆斯蒂德,并且出席了皇家学会在格雷夏姆大学举行的会议。和瑞士数学家法蒂奥·德迪勒一起,他第一次会见了牛顿。很少有人知道这次会面,或者另外一次会面。那是在 7 月份,惠更斯、德迪勒还有牛顿一起从剑桥出发,出席牛顿申请国王大学的教务长职务的场合。惠更斯在多次场合中遇见过波义耳,并目睹了几次化学实验。由于他居住地方的闭塞,他带着许多的遗憾离开了伦敦。

了解牛顿和惠更斯在会面时进行了哪些讨论,肯定是非常有意思的。有一点可以清楚地是,这两位科学家在力学方面存在着某些不同观点,值得注意的是关于能量守恒和绝对时间和绝对空间的存在这两个方面。对惠更斯来说,当他读完了牛顿的《原理》,他不仅强烈地批判牛顿的万有引力的基本原理,也对牛顿认为存在绝对空间和绝对运动的观点表示谴责。他很早就察觉,当一个人对于一个观察者来说以匀速沿着直线运动,可能对于另外一个观察者来说是在做加速运动。他起先为了加以区分,支持圆周运动的绝对性质,当然伴随存在着的还有离心力,但当他读完《原理》后他就放弃了这个观点。这与牛顿认可的绝对时间和绝对空间形成对比,正由于此,所有的运动都得冠以绝对的字眼。他们当时是否讨论了这些观点上的区别,他们是否比较了关于受阻运动方面的课题,或者他们都感兴趣的其他方面的问题,这些都无从得知。

关于地球引力的原因这个问题上,惠更斯和牛顿之间就存在着完全不同的观点。没过多久,对于这个问题的争论,牛顿觉得没什么意义。惠更斯采用了一种不会冒犯牛顿的方式,不厌其烦地解释他的观点。其实,他对是否接受牛顿的另外一些观点看起来有些紧张。这里要说的是,惠更斯的理论体系正是由于在光学方面的研究工作使之完善起来,并且他试图由大气或液态物质的行为来解释引力。由于旋转的原因,这些物体会向远离中心的方向运动,因此,将迫使运动较慢的物体结合在一起。到了这个时候,这个理论的困难变得清晰起来。液态物质可以渗入到物体中去,这不足以在物体表面引起反应。德迪勒曾专门为了学习牛顿的成果而去过英国,他对惠更斯指出,行星和彗星运动的任何表面阻力的消失,必然意味着大气必须极度地减少。现在才知道,牛顿并不像大家所猜想的那样,会完全地反对大气理论。但是,他在 1675 年谴责了这个观点(引自胡克),他又回到质疑惠更斯的《光论》上面来了。

地心引力的平方反比定律给惠更斯的力学理论设置了很多困难。他说这是"一个新的并且非常重要的引力性质,找出产生的原因是很有必要的"。他没有认识到这个原因可能是由力学的基本原理或运动规则引起的。他提出一个观点认为引力是物质的固有属性,并认为这将"让我们远离数学或力学的基本原理的束缚"。莱布尼兹也反对惠更斯将引力看做物质内在属性这个观点。如果把它当做"上帝的定律,不采用任何可理解的方式来导致这个现象,因此它将是一个毫无意义的超自然的性质,正由于它如此神秘致使它永远都不会被人理解,即使有神灵,更不用说上帝本人,正竭力为我们解释它",他在给哈特索克的信中这样写道。

尽管如此,在惠更斯看来,牛顿的研究成果的重要性并不是徒劳的,他觉察到《原理》

彻底摧毁了笛卡儿体系的漩涡理论。在给莱布尼兹关于行星的椭圆轨道的信中,惠更斯说他想知道莱布尼兹在读完《原理》之后,是否还会继续坚持笛卡儿漩涡理论。因为这些"在我看来其实是完全多余的,当然是在你接受牛顿先生的理论的前提下。牛顿的理论中认为行星的运动应该这样解释,即来自太阳的引力和背离方向的离心力达到平衡"。

雷韦斯于 1690 年在一本关于希尔·卡宴研究的书中,解释了笛卡儿关于引力的偏激观点。他提出的观点与惠更斯于 1669 年在皇家科学院讨论时提出的想法十分相似。雷韦斯在他的书中完全没有提及牛顿。1690 年,惠更斯在他起初的观点和给莱布尼兹信中提到的观点这二者之间深深地感到不确定和动摇。这一年发表的《光论》的文章末尾有一点关于引力产生原因的短文,这并没有对惠更斯的最终观点提出异议。关于这些后面还会详细地介绍。在英国,牛顿的《原理》更具有深远的影响力。法蒂奥·德迪勒说科学院里的一些人对这本书的观点产生了"极度的好感",并责备那些不接受这本书还有些笛卡儿思想的学者。他在给惠更斯的信中说,"他们让我明白了,在经过他们学者间的调解之后,物理学发生了很大的改变"。有一点毫无疑问,在欧洲大陆,惠更斯和莱布尼兹对笛卡儿体系提出的批判,反而在很长的时间内巩固了笛卡儿体系的地位。可是,惠更斯自己的研究成果也遭到了反对,就如牛顿反对笛卡儿体系的结构一样,他做了大量的工作去处理笛卡儿物理观点的错误。惠更斯生命的最后五年,事实上也是笛卡儿科学体系出现危机的年份。莱布尼兹和惠更斯发展了一种新的替代的分析方法,通过它可以避免笛卡儿错误的影响,同时也否决了牛顿关于物质、时间和空间的观点,但是这项工作一直没有被继续下去。这件事情的结果是,延迟了人们对牛顿学术成就的接受,同时也削弱了人们对笛卡儿物理方法的支持。

同时,更多的正统笛卡儿信徒花费了大量时间,去证明科学研究的新成果与笛卡儿的观点完全的吻合。甚至卡特隆指责惠更斯的微分学是来自笛卡儿的几何学,还批评惠更斯的力学。他提出的这个错误论述引起了与数学家洛必达之间的争论。洛必达把惠更斯当做天生的盟友,极力地支持惠更斯的力学。让惠更斯尴尬的是,他一点儿都不了解洛必达在这方面研究的观点。洛必达想得到一系列基本原理,去证明由相互连通的物体构成的一个系统的重心,在引力的单独作用下是不会变的。惠更斯认为这个是自然的,根本无需证明的,他指出帕斯卡和托里拆利曾有过相同的观点,尽管他们局限于静力学方面。

一个需要注意的是,惠更斯在这个时候还保持着与皮埃尔·贝勒之间通信联系。这位著名的法国怀疑论者在 1681 年被聘为鹿特丹的哲学教授,所以这一年他到达了荷兰,刚好惠更斯从巴黎返回荷兰。在天主教狭隘思想的环境下,曾集中在巴黎的思想动乱,已经进入了这个自由但教育程度较低的省份,也进入了荷兰。1684 年,贝勒创办了一个名为《文学界信息》的期刊,并将第一份期刊寄给了惠更斯。惠更斯对贝勒的目标很感兴趣,并在家里接待了他,在那里他在科学研究方面对贝勒进行了开导。然而,在 1693 年贝勒被判处为无神论者后,惠更斯与这位哲学家的通信就中断了。贝勒的观点认为宗教教条本质上是不合理的,认为"只有教条才与道理相一致"是毫无价值的。"理性的信念"正是这样的观点,但对惠更斯没有多大的吸引力。

更有趣的是惠更斯与皮埃尔·丹尼尔·许埃特之间的通信,这是另一位怀疑论者,他公开承认其目的是怀疑宗教信仰领域里的教义。许埃特和贝勒事实上都在与他们本来的怀疑主义相反的方向上影响了当时的思潮。另外，许埃特强烈反对笛卡儿的唯理论，十分偏爱经验主义。1689 年 10 月，他寄给惠更斯一份他的关于笛卡儿学派哲学体系的《责难》复印件。在回信中，惠更斯说他曾经也对笛卡儿体系给予了粗略的分析，并且希望他的科学研究已经用真理取代了笛卡儿体系的教条主义。他很赞同许埃特的一个观点，即笛卡儿推翻了旧的哲学体系，但又借鉴了旧哲学体系里的教条思想，笛卡儿有过想成为新哲学体系权威的这个野心，他在匆忙中甚至主张反对反证的想法。在惠更斯看来，这个哲学体系出现，只是作为亚里士多德体系的继承者而已。不过，马丁·范和惇，他是一位笛卡儿学派信徒，在鲁汶任职数学教授，由于他批判经院学派的哲学体系而遭到监禁的威胁。惠更斯帮助范和惇，使他没必要成为"笛卡儿学派的一名殉教者"。对于这件事惠更斯感受不是很多，关于实验科学与先前的哲学体系之间的斗争，看起来是惠更斯取得了胜利。莱布尼兹这样说过，"在我看来，笛卡儿学派衰落得很快，而且也没有太多有影响力的信徒"。

第 14 章

1685 年惠更斯依然在和科学院商谈关于返回巴黎的事情，他不断地从荷兰寄出信件，但许多都没有回复。不过，这并不能肯定地说明惠更斯想回巴黎，或许他已经被科学院发生了巨大改变的消息所吓住了。直到 1688 年，他都住在海牙，但在这一年的春天，他到霍夫维克一处属于他父亲的房产住了下来，与海牙相邻。自他父亲于 1687 年 3 月去世之后，他哥哥康士坦丁（小）便把这个房子借给惠更斯使用，而他自己则在接下来的几年里跟随威廉三世参与了去往英国的远征。

在 1685—1695 这些年里，莱布尼兹对惠更斯那些没有发表的成果非常焦虑，并让他保重身体，莱布尼兹说，"我知道你是无人可以代替的"。惠更斯的晚年生活是孤独的，又加上病情的困扰，但是他说，"我发现自己变得慢慢习惯这样的生活了"。他并没有被人们很快地忘记，查尔斯·佩罗特将人们的注意力都引到了惠更斯这位伟大科学家的成果上来。当瓦里尼翁准备发表关于数学的著作时，他觉得他应该抓住这个机会，对"我们这个时代最伟大的数学家"致以敬意。

惠更斯的生活方式直到生命结束几乎都保持不变。他持续进行着镜头改进、可调节弹簧时钟和航海钟方面的研究，并撰写他最后的一部作品《宇宙学》。自 1663 年起，他就开始建造各种航海钟，尽管这些钟的性能都不理想，但他以特有的耐性悉心地完成航海天文钟这个急迫的任务。1685 年，他亲自前往须德海进行了一次短期试验（唯一一次）。在 1686 年和 1690 年，装配着双线摆钟的航海钟在船长的要求下寄出去了，但所有的这些试验都失败了。双线摆钟的失败，对惠更斯至少从 1673 年就开始的这项航海钟研究是最大的打击，这种钟在他的《摆钟论》里描述过。1690 年后，惠更斯开始试验新型的调节器以恢复弹簧弹力，这项研究很早就做过，但后来放弃了。这种新型时钟在实验室中表现很好，所以在 1694 年惠更斯希望荷兰那家东印度公司会制造它，不幸的是，他在这项工作进一步发展之前去世了。

惠更斯不能接受牛顿《原理》里的主要观点这件事是最有趣的一件事情,这可以从他当时的通信中看得出来。在《原理》发表五年后,他这样写牛顿,"我非常敬佩他的理解力和奥妙的观点,但是我认为这些都被错误地应用在他这项研究的重要部分,在这里作者研究了没有什么用处的事物,或者建立了不太可能的引力原理"。他还写道,万有引力这个观点,"对我来说是荒谬的"。不过,他感觉不得不承认牛顿对彗星的解释,远远要好于笛卡儿想象出来的解释。很难解释清楚彗星是如何通过笛卡儿所提出的漩涡的,很难解释行星轨道的离心率和行星在它们轨道上的真实加速和延迟问题。关于地球形状的看法上,惠更斯和牛顿是一致的。他并没有否定太阳对行星的引力与它们之间距离的平方成反比关系,"这和离心力一起就可以说明开普勒的离心椭圆"。但是他和莱布尼兹远没有考虑到,这将使太阳系统减少到另一级了,而是考虑到这将导致一个老问题,即引力到底是怎样产生的。莱布尼兹认为他利用光的强度能觉察到一个连续量,这个量按照简单的几何减小,也遵守平方反比定律。引力线是可以推测出来的,若它们的离心力减小,那么引力线将会使物体下降。这种引力线没有得到惠更斯的采纳,因为这与他有关流动介质的理论不相符。后来,好像是又回到开普勒对地心引力的认识上了,即认为是一种磁引力。至少,莱布尼兹很倾向于这个观点。他和惠更斯仍然坚持把重力效应归因于介质,并认为这种介质遍布整个宇宙。因此他们都对阻尼介质中的运动这方面的研究感兴趣,无疑他们发现这是他们系统中唯一致命的弱点。如果这介质具有力学性质,并且以地心引力、磁引力或其他方式呈现出来,那么他们应该会对行星轨道运动和地球运动产生什么影响呢? 牛顿的《原理》解答了这个问题,并且许多工作故意地旨在推翻笛卡儿漩涡理论。他认为牛顿的论述并不是没有错误的,但是他同意牛顿在阻力定义方面对莱布尼兹的反对。惠更斯写道:"对你,称阻力是介质导致的速度丢失或速度损失;然而对牛顿先生和我,认为阻力是介质阻碍运动物体表面的压力。"今天真的能让我感到惊奇的是,惠更斯不可能没有认识到,牛顿关于阻力运动的研究彻底地证明了漩涡理论是错误的。但是我们必须了解的是,弹性流体理论是在很大困难的情况下于 19 世纪才提出的。此外,这一时期惠更斯与莱布尼兹之间的比较,更利于惠更斯的学术观点。到 1692 年莱布尼兹依然支持漩涡理论,同时又接受开普勒定律。惠更斯看到了牛顿的大量研究成果的压倒性的影响力,即使在他反对固有的引力的时候。当最后惠更斯离开他们的时候,漩涡理论已经相当的衰落了,仅仅在惠更斯的《宇宙学》可以看到一点简单的讲解。另一方面,莱布尼兹将笛卡儿学派的精微物质转化为自己的研究成果《物质世界》。

大量我们称之为纯数学的成果,是突然地出现在惠更斯与莱布尼兹的来往信件中。莱布尼兹提出了很多惠更斯研究的问题,并给它们以新的形式。他写道:"我的设想已经给那些不错的笛卡儿信徒带去了小小的麻烦,所谓这些不错的笛卡儿信徒是指那些通过学习巴塞林或马勒伯朗士原理,相信能以分析的方法处理任何问题。"接下来的一系列通信中,莱布尼兹给惠更斯详细说明了微分学和它的使用。他能研究诸如摆线这样的曲线的性质,仅仅通过纯分析方法,而不需要借助任何图形。关于微分学,莱布尼兹并不是个有条理的解说家。一方面来看,我们很清楚地看到这种新的方法,微分并没有像预期那样,在纯数学领域有很大的发展,而只是被当做一种物理研究的手段。而真正将数学与实验结合，应该是威廉·丹皮尔先生称之为"新数学方法"。对于惠更斯，对于伽利略，甚至牛顿实验，并没有获得它在某些科学分支里的相应地位。通过一些相当的观测，借助于"几何学"，科学家们可以早早地进入新的领域，惠更斯在碰撞和复合式摆钟方面的研究就是很好的例证。惠更斯写道，"不得不承认的是，几何学并不是适于所有的想法"。

从起初的怀疑，惠更斯不久便很看重《微分计算》。当发现莱布尼兹的解释相当模糊时，他希望自己或伯努利能去德国帮助莱布尼兹。一些团体甚至跳出来支持法蒂奥·德迪勒，在惠更斯的笔记本中有许多页记载着这一方面的工作。观点上的巨大改变对于这位伟大的几何学家来说是很困难的一件事，他在使用微分的过程中，并没有获得什么便宜。莱布尼兹强调的这种新微分学，通过一点儿分析就给出了它们的结果，而不需要一点儿思维的努力，"它带给我们的优势超过了阿基米德方法，就如维也塔和笛卡儿曾给我们带来超过阿波罗尼乌斯的思想"。

法蒂奥关于微分学方面的研究，在这一领域的历史中占有重要的地位，因为正是牛顿信徒与莱布尼兹信徒之间爆发的争论使他厌倦。莫尔的《艾萨克·牛顿》（1934 年发表）给出了一些这方面的细节。法蒂奥开始变得怨恨起莱布尼兹的那些对他作品相当高傲的批判，其实这是人最普通不过的本性，大家普遍认为法蒂奥在一种委屈的意识下感到精神上很痛苦。当他从英国返回时，在英国期间他和牛顿取得了联系，他给惠更斯的信中说，关于发明微分学的优先权肯定是属于牛顿的。他认为莱布尼兹的观点其实是从 1676—1677 年间牛顿的信中得到的。他暗示若这些信被发表将会使莱布尼兹很难堪。事实上，微分学观点并不是这段期间提出的，因为两位数学家在更早的时候就开始使用微分法。至少，莱布尼兹并没有对牛顿的新方法的消息留下深刻的印象，反而他对惠更斯暗示他已经完成一些牛顿不知道的研究。惠更斯在这场争论中的作用很小但是值得注目的，因为正是通过他，莱布尼兹第一次经历了由法蒂奥挑起的这场争论。

大约这个时期，莱布尼兹、惠更斯和詹姆斯·伯努利进行了一个有意义的数学方法的比较，通过对同一个问题进行研究比较方法的优劣。这个问题是许多年前由梅森解释过的：一根悬挂着的链子，从它的两端开始找出链子的理论形状，这两端点处于同样的高度，而且在两端点间悬着一根线。三位数学家公布的结果相当的一致，但显示出了微分方法的优势。所以微分方法得到了越来越广泛的应用，不仅用于新问题，也应用于其他那些已经通过经典方法解释了的问题。这些新方法并没有让惠更斯和他们一起高兴，但值得注意的是詹姆斯·伯努利采用这种方法用于解释振动中心这个问题。事实上，惠更斯采用的数学方法总是有点保守或传统，所以很快就会变得过时。

皇家学会没有给惠更斯积极的回应，惠更斯在英国度过的快乐时期，是以通信来实现的。1691 年，他的哥哥康士坦丁（小）向学会提交了一个焦距为 122 英尺的望远镜物镜。这绝不是惠更斯所制造的当中最好的，在这些年里，惠更斯制造出了一个焦距为 210 英尺的物镜。这个焦距为 122 英尺的镜头是个好物镜，因此，胡克被皇家学会委托建造一个空中望远镜并安装上这个物镜。康士坦丁（小）在这个物镜上做了个记号，以便过后能方便地辨认出来——康士坦丁（小）发现胡克不是一个可以信赖的人。这个记号使得最近对物镜的辨认和质量检测成为可能。这个物镜表面的成像和中心对准方面表现得"令人吃惊的优异"，但是玻璃的质量是"令人绝望的差"。通过康士坦丁（小）惠更斯听到了波义耳去世的消息。他在给莱布尼兹的信中写道:"你知道的,波义耳的的确确是去世了,但奇怪的是关于他的所有实验他却没有建立起什么理论,可他的书中记满了实验的结论。事情是困难的,我从没认为他有必要去建立个真实的原理。"因为惠更斯经常表达出他对波义耳的敬佩,所以这个评论或许可以看出他对化学家的困难的尊重,而不是对这位科学之父的轻视。

对惠更斯来说,除了时钟外,他的另一个主要实际爱好是望远镜,并在他生命的最后几年一直在专注于望远镜。1684 年他发表了《宇宙学简史》。这本书包含了对无筒望远镜的说明,这或许可以解释,为什么认为惠更斯是这种复杂而且基本上不能令人满意的技术的发明人。由于色差和球面像差这两个明显无法克服的障碍,惠更斯被迫重新考虑他对反射式望远镜的态度。虽然他依然偏爱折射式望远镜,但金属镜面污染程度轻,而且玻璃镜面的磨光实在是极度的困难。此外,当时对上表面镀银是非常困难的,而给背面镀银又意味着将会由于顶面的部分反射导致的第二次成像,所以会有两个像呈现出来。即使这两个表面的曲率半径调整到刚好使两个图像重合,问题依然存在,因为这两个图像不可能是一样大小。惠更斯最后总结,事实上如果两个图像重合了,那么人的肉眼是分辨不出来这个不理想的图像的。这导致他重新开始实验,但这项工作看起来其实并没有进步多少。

这最后的几年,他主要投身于一篇名为《折射光学》这项工作余下部分的研究,还有关于和声学的研究,同时他继续数学方面和原子论方面的研究。数学方面部分工作,是与大卫·格雷戈里一起合作的,他于 1693 年访问惠更斯。惠更斯是原子学说的坚定拥护者,而正是原子学说为后来化学学科的发展奠定了基础。但是,他通常没被看做为原子论的发展作出贡献的科学家,原因很简单,因为他从事的主要研究方向是物理。他依然反对牛顿的万有引力,除此之外,他和英国科学家之间的不同观点还有关于光的波动理论,而这后来被广泛接受。由于微粒的极度稀少和极快的速度,加上没有直观的方式解释他这个假设中的颜色问题,这一直是惠更斯理论的主要问题,也正是这使得惠更斯的关于光的传播的正确理论在其后一个多世纪里失色。尽管如此,惠更斯并不倾向于去和别人争论。1694 年,他有此机会纠正了路易十四的工程师雷诺关于力的含义,这件事在他看来显得很重要,以至于都忽视了自己正在走下坡路的身体。

惠更斯他自己意识到自从巴黎返回后,病情一直伴随着他,而且变得更加严重。1695 年 3 月,惠更斯觉得有必要联系律师,对遗嘱作最后的修正。接下来的日子里,直到 7 月份,病情变得更加严重,疼痛和失眠让他身体消瘦得十分厉害。他生活在担心失去理智的恐惧之中,这些日子充满了深度的绝望。康士坦丁(小)在 5 月底看望了他几天。他和加尔文教徒都没能让惠更斯觉得舒服些。他不同意对他的个人不朽声望的悼词和皈依教堂的讲道,他认为他是一个坚定的怀疑论者。惠更斯面对着孤独和不朽的声望去世了,他在这方面的态度与 17 世纪的其他科学家形成了对照,尤其是波义耳、帕斯卡和牛顿。

7 月 9 日这天的下午,当生命结束的时候,这位陨落的思想家,经历病痛的折磨后找到了些许平静。这位《宇宙学简史》的作者,备受好评,将自己置身于问题面前,这些问题比数学家和力学家们的要易懂一些,诸如敏感于生命的深刻现实和人类精神的热切渴望。但是他不能忘记所有的经验,或许都要经过冷静的思维和仔细地研究。冷静而又冷漠的惠更斯看起来已经具备这些了。或许,他缺乏的是一种对神秘的意识,他喜欢用他的双眼去看待生命和死亡,在他眼里所有的事情看起来都有一个最终的合理解释。在惠更斯和梅森看来,技术和科学方法都是很高尚的东西,因为它们能够使人的思想从错误里走出来。但对惠更斯来说,没有"两面的真理",要么是错误的,要么是合理的,对他而言真理只有一面性。

惠更斯专业研究和他的业余爱好,是他通信的主要内容。然而,如果认为惠更斯仅仅只是一位有耐心的研究者,却是不对的。他是一个有很高修养的人,并且在欧洲广为人知。他对他祖国的诗歌和音乐非常熟悉,是上等阶层的人,他的绘画达到了不错的境界,有伦勃朗、弗朗茨·哈尔斯和维梅尔题字。在巴黎,惠更斯习惯于经常拜访著名的音乐家,其中有大钢琴演奏家商布尼叶尔,他自己还演奏大键琴。他不反对女性社会,有人应该看过惠更斯和玛丽·帕妮一起在学者孔拉尔的乡下的房子里的那个会议,惠更斯和一些时尚女性一起参加罗豪的报告。至今令人感兴趣的事情,是他还不定期地去参加斯居德莉的沙龙。路易十四的一个工程师的女儿玛莉安·珀替对惠更斯特别的着迷,但她一直未嫁,他们的分开是由于她从学会里撤出而进入了宗教团体。在1672—1678年的战争期间,甚至还闹出惠更斯的绯闻,是因为他经常拜访荷兰诗人卡兹的孙女波埃特夫人,但是由于惠更斯的品德和巨大声望,这丑闻没能站住脚。在巴黎惠更斯有一些远房亲戚,他还拜访过,毫无疑问他对这些亲戚中的长者很关心。

在巴黎这些年里,惠更斯进入了一个高雅而又安逸的社会,在末威里也留下了待过的痕迹,在那里贝洛有一个不错的乡下房子,惠更斯偶尔还去参加这个城市的沙龙。与这多彩生活形成对照的是,邻近福尔堡的那个小村庄里的生活,这应该在前面已经提到过。但是事实上,正在发生的巨大变化和法国天主教的狭隘主义,破坏了许多柯尔培尔曾经忍痛建立起来的东西。1685年后,对惠更斯来说,考虑返回巴黎是不可能的事情。荷兰依然保持着世纪初的样子,自由思想的庇护所,这个国家的新思想依然被传播到世界中去。但是惠更斯充满活力的时期已经过去了,其中有小部分新的成果可以归于他的晚年期间取得的。作为一个无可替代的观测者,他一生中,在这个充满诡计和学问的世界里,他经历过太多太多的事情。应该有人已经考虑过,这个时代的政治专制与各种镇压措施下存活下来的人们构想出的新自由主义,形成了强烈的反差。但是惠更斯并没有对此做出评论。利己主义,政治权力,切身利益和思想自由,都要求继续斗争。这已经很清楚了,但惠更斯真的只属于那个充满深奥思想的世界,并且回避与政治事务的联系。用他自己的话说,他是"无与伦比的",莱布尼兹和约翰·伯努利也同意这个说法。莱布尼兹声明,惠更斯的去世是一个"不可估量"的损失,他取得了与伽利略和笛卡儿同等的成就,在他们取得的成就的帮助下,惠更斯又超越了他们的发现。"一句话,他(惠更斯)是这个时代最伟大的科学巨人之一。"

第二篇　惠更斯的科学成就

第1章　17世纪上半叶（西方）的科学成就

本章的任务重点不在描述科学家们的实质成就,而是要阐明在那个时期,人类是如何探索自然界的,并且指出由他们所提倡的要去解决的那些特殊问题。要说明这些问题是很困难的,也有可能是要人们去蛮干的那类问题,尽管如此,我们仍然去试着说明。虽然在某些问题上,带有个人的观点,但至少从某种程度上说,这些观点会引发出与赞同一样多的异议。

一种可能的说法是,由于来自于亚里士多德研究中不合适的分析事物的方法,直到17世纪,物理科学才有了稳定的进步。毋庸置疑,亚里士多德的兴趣更多的是放在逻辑关系和有关形式逻辑的概念上。这种概念更加适合研究思想看法的发展变化,以及生命组织的成长,而不能很好地适用于有关真实自然界的无生命体的研究。柏拉图认为理念是实物的原型,它不依赖于实物而独立存在,因而拒绝纯粹的物理决定论的理念。亚里士多德和他不同,他将所有的注意力指引到,事情是因某个目的而运动,几乎不考虑条件是否发生变化。如果问题是"为什么事情会发生,为了什么而发生",可以给人们更大的自由去想象事情发生的原因;而如果问题是"为什么事情会这样发生",则将会受到更多的限制,以及少一些个人的想法在里面。更多地需要考虑的是,限制事情怎样发生的客观原因。只要人们的思维困惑于精心安排的阐述性的等级程序,后一个问题就极少被当做很重要。亚里士多德考虑得更多的是,关于地面上的运动,至少是在球体上的运动。在球体内部存在很多自然的运动,通过这种运动各元素才能达到正常水平(估计这里的意思是达到平衡)。"地面"上向下的自然运动与"火"向上的自然运动是相互有关的,但这种关联并没有引起讨论。对于"不自然的"运动,比如在水平地面上,只有对物体施加持续的力,才能保持物体的运动。而另一方面,对于圆周运动,比如在天空中的物体这种明显的运动是没有向心的加速度的,也不需要力的维持,亚里士多德认为只有对于天空中运动的物体(星体)才适合这种运动形式。它不仅这样解释运动,并且传授给他的学生,他认为完美的运动形式,仅仅适用于天空中的物体。

伽利略一定是在一定阶段的困惑之后,才慢慢地脱离学术教条的,因为他无疑对当时所有的解释进行了验证,不论是否值得。从罗吉尔·培根到西曼托学院经历了很长时间,在观点上有较大差异。差异在于,西曼托学院留存了下来,通过实验去了解世界,并以不屈从于宗教的形式做出解释。但是在17世纪初期的学术环境下,唯一安全的办法是专心于用几何术语描述运动,而在这方面开普勒当然是非常幸运地做到了。尽管开普勒与伽利略差不多同样出名,但他完全没有像伽利略那样有被定罪的危险,因为他的工作可以看成是对亚里士多德的形式所作的优雅的数学形式的表述。数学确实保持着它的高贵,这仍然可以从柏拉图的声望以及16世纪意大利学术中心对毕达哥拉斯学说的重新关注中看出。对毕达哥拉斯,怀特海曾评论说:"数学与数学物理学发端于他。他发现了处理抽象概念的重要性,特别是将注意力贯注在用数字表征音符的周期性上。周期性这一抽象概念的重要性,从此出现在数学和欧洲哲学两者的起源中。"对于开普勒,"观测到的结果之所以出现,是因为其中蕴藏着的数学的美与和谐"。

对现象进行这种数学处理的历史,通常有点被简单地忽视了,好像这完全归功于伽利略和牛顿的洞察力,而其他所有人都是傻瓜。但应当记住的是,哥白尼在很早以前,就表示过差不多类似的看法,尽管他和开普勒都没有关注过其中的物理。1543年,在他的《天体运行论》一书中,他已经把线性简谐运动作为两个组合的圆周运动的产物进行了分析。这是关于这种被哥白尼自己称为摆,一种悬吊物体式的运动形式的研究的第一份记录。但是从表现特性上,圆周运动仍然没有被看做一个特别的问题。然而,班纳带蒂在他1585年的《力学论》中作了进一步的发展。他通过改变亚里士多德有关运动的概念,引证了线性简谐运动。之后他声称,尽管他没有证明,如果将一个重物扔进通过地球中心的孔穴,它会像摆锤一样在孔穴中来回振动;而决不会如亚里士多德学说所认为的,因为中心是它"自然"的位置而停留在那儿。对加速运动的兴趣,标志着接下去的100年内,对亚里士多德日益猛烈的批评的开始。由此确实可以认为,现代科学始于对动力学的研究,以及更重要地,对于简谐运动的困惑。

伽利略在他的《关于托勒密和哥白尼两大世界体系的对话》(1632年)中,大量地将单摆应用于他对自然加速运动的研究中。他重新陈述了班纳带蒂关于一个物体被扔进穿过地球中心的孔穴后如何运动的观点。不满意开普勒的工作中设置诸多限制的形式,他试图在加速运动情形下,寻找后来牛顿所说的外加作用力。他甚至有了关于假定作用力和反作用力的必要性的观念,因为他在单摆的著述中觉察到,摆线既然有质量,必然会"阻碍"摆锤的运动,由此就有一个问题,复摆的问题,这个问题到现在仍待解决。不过,伽利略对单摆的研究包含了一些必要的理想化,若没有这些,要发现周期与长度的关系将非常困难。实际上伽利略的工作标志着实验和数学的第一次成功结合,因为他集合了自然定律的简单性判据和它们与实验的一致。那些他留下来的问题与他解决的问题同样重要:在伽利略死时,人们还只以一种有些混淆的方式理解质量与动量的概念、力和功的概念以及现在称之为牛顿第三定律的规律。梅森的《宇宙和谐》(1636年)不被认为是伽利略著作同时的书,梅森从伽利略的书中受益良多。但他应该得到荣誉,因为他是欧洲第一个察觉伽利略的天才并传播他思想的人。

目前为止,我们介绍的都是关于17世纪科学研究的光明和积极的一面,然而和今天的科学研究仍然存在着很大的差别,某些东西甚至继续影响着今天。那时,在科学和哲学之间并没有明显的界限,不像今天,不仅仅是科学和哲学,科学的发展产生了不同的学科,在不同的学科之间也有着明显的界限。另外,在哲学中,并没有一个原理可以透过现象解释事物的本质。我们试图挑出一些伟大的名字来见证17世纪科学进步中了不起的事件,但这样的人实在是太少了。例如,炼金术士在那个时期是主要进行"科学启蒙"人,科学的进步也依赖于他们的"手艺",这一时期科学的发展非常缓慢。所幸的是,在 17 世纪,巫术和神秘主义不再盛行,并且遭到疑问,人们开始对物理定律普遍感兴趣,这为科学的显著进步带来了曙光。与此同时,力学和天文学都取得了大的进步,但是思想家笛卡儿由于困惑于自己的怀疑而错过。靠直觉研究科学,无法缩短创建一个整体科学体系的时间,因此,笛卡儿和亚里士多德在本质上同样错误。只有那些喜爱言语和逻辑分类的人,才可以心甘情愿追随笛卡儿的科学世界。虽然笛卡儿的世界也是被物理规律所决定,但是,这其中存在很大的差异,而不具备实际操作性,但是这种构想实际上是一个普遍的动力学定律。笛卡儿创建机械论哲学,是对 17 世纪科学改革的一个巨大贡献。但是,需要指出的是,笛卡儿的机械论哲学虽然是机械论哲学中最突出的,但并不是唯一的。

在法国,原子论的主要复兴者伽森狄和他的朋友,强硬的唯物主义论者霍布斯提出了类似的哲学,不过没有笛卡儿的那么精致;各种版本的机械论哲学大同小异。而关于原子论,直到 1650 年也没有显著的进步。事实上,原子论的许多重要的成就来源于波义耳在他关于原子论的某些文章的讨论中,我们可以看到最初机械论的雏形。

但是由亚里士多德、毕达哥拉斯、卢克莱修、笛卡儿和伽利略所提出的诸多解释原理的存在,以及一些科学家在区分事实和纯粹的假设方面的无能,导致了不必要的含混。这种具有数学和天文学特征的方法,需要设法引入到一个充斥解释性假说的领域。对权威的参照被禁止,一种反知性论的看法受到鼓励,例如威廉·吉尔伯特公开指责"书的浩瀚海洋"这个词组,认为创造该词组的作者的解释仅仅显示出了语言上的机巧。他还说"希腊语辩论和希腊词语对于寻找真理都毫无用处"。不错,弗朗西斯·培根也表达过类似的意思,但涉及的范围比吉尔伯特要小,他能为那些可资借鉴的方法作辩护。实际上,他阻碍了进步,他极具说服力地暗示有一种特别的方法,特别是他赞成对事实进行分类而且疏于考虑测量。尽管如此,这些科学家在将他们的问题归纳为某种规律的抽象推理方面,仍然取得了同实用机巧一样的成功。而且当时巴黎和伦敦的科学院成立了,人们开始相信自然哲学可以并且应当在不小的程度上对人的物质福利做出贡献。当时,人们并不认为自然哲学有可能深刻地改变人的信仰,而且这种更多体现在智力方面的谦虚是真诚的。笛卡儿的方案一直发展到受教育者所需要的程度,他们以此展示圣经宇宙学的观点如何与自然哲学相协调。直到 1670 年,还没有人期望对基础研究做计划以建立的新的宇宙观念。尽管惠更斯与其他人在详细地检验笛卡儿理论时,可能怀疑其中一些理论的正确性。17 世纪 60 年代进行的科学工作中,大量都与实际事务相关:采矿,航海,军事学,纺织等等。那些追随着培根的科学家们似乎都相信,"科学真实而合理的好处,在于新的发明和规律对人类生活的改善"。

这种对实用的偏爱有充足的理由,因为文明世界的很多技术在几个世纪里发展较少。例如,为了扩展贸易,航海仍然存在显著的困难,因为缺乏在海上确定经度的可靠实用的方法。自 12 世纪以来,地理学家和制图师在这方面也没取得什么进展。自从伽利略发现了木星的卫星后,这些卫星在两个方面引起了同样的兴趣:其一是把它们作为标准时间的来源;其二则是它们的宇宙学意义,像它们表现出来的那样,用来代表太阳系的缩微版。但是直到 1668 年,这些卫星的天文历表才发表;之后,伽森狄出版了它们,这使这位天文学家获得受邀访问巴黎的褒奖。如何确定经度的秘密明显地对国民收入意义重大,因为船只要在向东印度群岛的航程中奋力前进,必须通过航位推测法和由观察地标完成的经度确认。庞德试图利用等磁偏角来解决这个问题,他撰写了《经度的发现》(1676 年)一书。哈雷认为该书非常重要,尽管其中的方法在实践中没有起到任何作用。

天文学在 17 世纪上半叶是人们急于解决探索的问题,并且也是这个时期科学发展的动力。在这个时期,由于第谷、开普勒、伽利略等人的工作,天文学在这个时期取得了很大的进步。纳皮尔在 1614 年发现了对数形式,为天文学的研究提供了及时的帮助。在拉普拉斯实验室,相当于将天文学家的研究生涯延长了一倍。通过纳皮尔的努力,罗马教皇成了一名反对基督的人。由于资金的充足,法国决定在巴黎建立天文台。直到今天,仍然应该记住托勒密、第谷和哥白尼,在宇宙体系上,第谷既不赞成托勒密,也不同意哥白尼,而提出一个折中体系,但在数学上和哥白尼体系等价。第谷体系的优点在于找到了恒星的视差,而哥白尼体系中却没有观察到。哥白尼的拥护者将其归结于视差如此之小,而太阳系如此之大因而很难观测到。

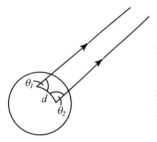

当时,为了检验奥佐特、里奇、皮卡尔和其他人的关于能量的结果,在法国的卡宴和巴黎同时观察火星。观察的困难仍旧在于太阳系过于庞大。1672 年,当火星离地球最近时,里奇在卡宴,伽森狄在巴黎,分别对火星的地平纬度做了观察。如图 2-1 所示,当三角形的底边 d 的长度和两个底角 θ_1、θ_2 已知时,很容易得到火星离地球的距离。

图 2-1

这是开普勒行星运动定律的直接运用。另外,恒星的运动周期,与它的运动轨道的直径有关。开普勒在 1721 年关于火星的卓越的研究工作,是第谷研究工作的延续,也成为运用数学进行科学研究的一个范例。他计算的太阳到地球的距离为 87 000 000 千米。对于这次观测,正如 1942 年,奥姆斯特所写的那样,"这次观测的意义在于,人类认识到太阳系惊人的规模,以及太阳和较大行星的巨大体积和质量。当时,公众一时难以接受这些"。在那个时期,旧的亚里士多德的宇宙体系被推翻了,教育必须适应正在改变和增长的自然科学知识,到了 1672 年,仅仅只存在一个似是而非的"系统",那就是笛卡儿的学说。

正如安得拉特教授 1942 年在他的《自然》上所写的那样:"笛卡儿学说是简单的,生动的,牛顿学说是困难的、精确的。"笛卡儿学说含混,并且没有牛顿学说那样科学,然而,不能忽视笛卡儿学说的重要性。在牛顿学说创立之前,笛卡儿学说也是人类探索自然科学理论的思考和总结。并且笛卡儿的研究为牛顿正确提出运动定律,以及彩虹、磁铁和透镜的性质做出了铺垫。人类探索科学的领域,是没有界限的,并且,更重要的是,笛卡儿寻找的科学解释,是使原理令人信服而简洁,可以用稀薄的物质和"以太",来解释一系列现象。企图寻求一个生动的动力学图像,也可以说是笛卡儿学说的最大弱点。在测量和用数学公式表述之间建立联系是可行的,毫无疑问,笛卡儿在此做出过贡献。但是他没能在伽利略理想化的实验和他所从事的纯粹假设中,找出区别。

这些问题在惠更斯生活的年代已经非常明显。他在笛卡儿曾经研究过的领域中工作时,惠更斯会经常读到笛卡儿的论文,这些领域包括:作用原理、向心力、振子的运动中心、透镜的性质、光的本质以及重力产生的原因。在这些问题上,笛卡儿都进行过讨论,并且从某种意义上说，为惠更斯的精确研究提供了帮助。同时安得拉特教授还作了一个极好的评价："什么是牛顿疏忽的，什么就是亚里士多德和笛卡儿准备开始的。"他对于牛顿成就的总结是不能被质疑的："如果我们问怎样用一句话来概括牛顿那个时代的主要成就，我认为答案是提出了力的概念和建立了定量研究科学的方法。"但是在 1751 年阿尔姆贝特关于百科全书的"最初的演讲"中，他指出，牛顿在科学研究中突出的成就，贬低了在 17 世纪早期的科学成就，特别是笛卡儿学说。对于认识在那个时期什么是人类科学研究的成就是很重要的，如果我们认真对待惠更斯的科学成就，并给予一些资助的话，他的作品将会出版，这样，更加有利于科学的进步。哈考特·布朗写道："证据显示，惠更斯吸收了笛卡儿学说中最好的地方，在一个方向上研究动力学，而不是其他的多个方向。当时，在意大利、英格兰或是其他的地方，也有许多人在相应的领域进行研究，并有一些成果和建议，这些也被惠更斯所采用。18 世纪，这个百科全书般的新科学时代即将来临，惠更斯作为迎接它到来的团体中的一员，贡献着自己的努力，这个时期，彬彬有礼并带着适当的怀疑主义，被定义为伏尔泰世纪的前兆。"

尽管惠更斯选择研究刚体运动形式为开始，他的观点可以说最能预示 18 世纪是一个完全的物理决定论时期，因此，在这一章的结尾将会是一个关于惠更斯动力学假说的简单讨论。伽森狄的影响随处可见，即使笛卡儿体系不能为伽森狄留下发展他的原子论的工具，并且这两位科学家被认为是站在相反阵营中的，但是伽森狄特别推崇惠更斯的自然力学观点。开普勒假设磁体间的吸引来源于"交互的影响"，伽森狄则认为这种吸引是一种纯粹的物理作用。在他看来，光是一种物质，这种物质由光子和热子组成，并且作为这种方法的应用，也可以用来解释声音的传播。这些观点和笛卡儿的观念是相反的，后者认为空间或外延并不是无限可分的。他们都认为宇宙应该被看做一个机器，尽管以前探索时，伽森狄似乎并不认为这个机器的运作是自身有规律的。虽然这是一种来源于惠更斯的动力学研究的教条式的科学形式，但伽森狄自己更喜欢科学和哲学间有一条界线，当然，直到他们去世，惠更斯的动力学解释中存在某些和牛顿力学根本不同的观点。事实上，作为他的研究计划的一部分，惠更斯在研究普遍的重力形式时遇到了很大的困难，他更加倾向于认为物体除了与其他物体发生碰撞而运动外，其他情况下，它自身是孤立的，静止的，这个困难的事实表明他保留了一部分笛卡儿学说。在 1646 年，笛卡儿嘲笑罗伯瓦"荒诞的信念"，即在物体的粒子之间存在着相互吸引力。笛卡儿认为，如果这样，它将意味着物体的每个粒子拥有了灵魂，并被赋予了意识，因此，它将知道穿过空间发生了什么，以及它的行为的影响。对于笛卡儿学说，事实上，最重要的问题就是去发现碰撞过程中动量转移的定律，这也是惠更斯最早的研究之一。

因此，很肯定地说，惠更斯的一些好奇的观点来自于笛卡儿。例如，作为笛卡儿《哲学原理》的读者，在对待把光和力学作为相关的主题上时，并不存在不相称的意见。在解释能够使物体在穿越相互空间能彼此作用的介质时，笛卡儿以及他以后的惠更斯，都认为可以用引力和光来解释。惠更斯也许还曾经一度试图引进笛卡儿理论中的数学和科学的形式，这种鲍尔·莫伊支持的理论，实际上也由他提出来了。但是事实上，在工作的初期，惠更斯看到了在笛卡儿的科学原理中存在着非常少的真实。另外，即使在相当大的程度上把这些力学问题置于考虑之外，他也不能接受牛顿的观点。

就像已经提到的，惠更斯认为把引力看做在物体中先天存在的和固有的，这种观点看起来十分荒诞，并且"这样还会带我们远离数学和力学的原理"。作为一个认为一切都在变化的运动学理论的热衷者，他不能接受物体具有保持其惯性的属性。还有一点需要再次提出，他认为他已经得到了一种有关稀薄物质存在的直接证据。但是对于作为哲学体系的笛卡儿学说，他却没有多少的耐心。他与耶稣会士和笛卡儿教条主义者还发生了几次冲突。当克谢尔采纳了第谷的宇宙论时，惠更斯还批评他除了胆怯，什么都没有，"而我们"，他声称，"是无所畏惧的"。

从某种意义上说，惠更斯对笛卡儿一些观点的支持，直到 17 世纪很晚才被实验所证明是失败的。它的失败很清楚地说明，在理论领域中，一些观点的外延往往存在很大的限制。对于像惠更斯那样的人，可能有不满意的感觉，他驱使牛顿作了自然界哲学的很大革新。科学解释的进步，可以看做涤除多余的因素，从而达到一个真正成功地提取真理的过程。如果是这样，其实是返回到了伽利略的方法上。

惠更斯的实验室里有很多具有实用价值的成就，这已不需要再强调了。更不用多说，他对钟摆、望远镜、还有其他的实验上可观测用的辅助工具的兴趣。伽利略和佛罗伦萨学者的实验仅用最简单的仪器来做。但是，人们已意识到一个新的发现，需要经常致力于新的仪器的应用。一个很好的用来列举的事实，是真空泵的发明。科学进步的速度，在某些时候是和可获得的实验资源直接联系的。这就是理论和实验相结合。如果没有对普通镜头的缺点的定量研究，就不可能改善望远镜，也不可能去发明一种新的目镜。理论感兴趣的问题，致使真空泵得以建造；而利用真空泵所做的实验，又致使他向新的理论推进转化。这使惠更斯认为，空气的属性是引力产生的原因。新型仪器的进步对人类伟大科学的进步所提供的贡献，是不可估量的。望远镜、显微镜以及其他的仪器，都会在这里被提及。如果没有它们，科学的快速进步是无法想象的。

第 2 章　关于弹性物体之间碰撞的工作

笛卡儿机制由惯性定理和运动守恒决定。这种碰撞定律的可靠性，来源于流体的运动学原理和静止条件。与伽利略最大的不同之处在于，笛卡儿将牛顿第一定律表达得更加清楚：物体总是保持静止和匀速直线运动，曲线运动受到限制。我们知道，这条定律伽利略也陈述过。然而，笛卡儿在伽利略的基础上又进了一步，他认为旋转运动应该产生一个向外的离心力。在他的漩涡理论中，所产生的离心力被相邻漩涡所产生的离心力所平衡，而趋向于扩展。实际上，每个漩涡的中心的物质比较少，这样，在向外的离心力的影响下，中心的物质将向周围扩散，直到离开这个漩涡的边缘。笛卡儿用这个理论来解释磁力和太阳黑子。作为漩涡理论的推论，还可以解释其他的两个现象：不论漩涡中心的物质是否稀薄，由于向心力的吸引，产生了重力；稀薄物质的粒子间的离心力产生的压力，是光的来源。然而为什么引力是沿着半径的方向作用的，而不是沿着垂直旋转平面，笛卡儿从未真正回答。用他的观点来解释其他的现象，也存在一些的困难。首先，他不能解释，为什么地球中心的稀薄物质并没有穿透地球表面而飞出来，而且在地球的硬壳下面物体的重力也不会消失。其次,笛卡儿并不认为重力正比于物质的质量。按照他的推测,在液体中,由于粒子之间较大的内部运动,粒子间由于地球旋转运动所受到的压力较小,因此相同质量情况下,所受到的重力也较固体小。惠更斯虽然看到了这些不足,但他将笛卡儿对于重力的研究推广到了其他的方面。他甚至计算了稀薄物质在漩涡中移动的速度有多快,以致可以产生已知的效应。还有其他方面,比如惠更斯对光的传播的理论。在以下的几页里我们将会看到在许多人的著作中,都将笛卡儿的思想奉为主流,而惠更斯并没有和他们一样坚决赞成。另一方面,惠更斯也没有像莱布尼兹一样,坚决反对笛卡儿思想。

笛卡儿认为,物体间的运动是由于它们之间直接或是间接的作用力传递的。他假定世界上的"运动量"的总量是一个常数,这个观点从某些方面看来是合理的。正如斯蒂芬、达·芬奇,还有可能其他人的著作中所表明的那样,这种观点隐含着关于能量想法的萌芽。但是笛卡儿区分了物体速度的大小和速度的"趋势",或者说是方向,而将它们作为分离的个体区别对待。在他的运动第三定律中,笛卡儿表明:一个沿直线运动的物体,遇到另外的物体,若该物体继续运动的力比后者阻止它运动的力小,它将会失去物体运动的方向,而不会停止运动。如果它有更大的力的话,它将会移动第二个物体,损失的运动将会转化为第二个物体的运动。笛卡儿的七个作用原理都是这条定理的推论,这在他的理论体系中非常重要。不幸的是,笛卡儿所有的原理都与实验结果不符。笛卡儿显然知道这一点,他回答道:定理只适用于真空中理想的刚体运动。通常的实验条件并不是理想情况,而实验物体也不是理想的刚体,物体在流体(是不是指空气流)中运动。当物体在这样的流体中运动时,外来的流体部分或多或少"腐蚀"了物体,从而陷入到物体中。这样,进入到物体内部的流体,它的粒子间的作用力将会对抗物体内部粒子的作用力,因此定理不能很好地符合实验结果。

在1652年,惠更斯23岁时,他开始意识到了笛卡儿关于运动和作用力的方法中的某些错误。在惠更斯1652—1657年期间和叔本华等人的通信中,表明他已经用新的原理取代了他认为笛卡儿错误的部分。实际上,惠更斯的这个工作,在他一生中都没有完整地发表出来,这不能将其归结于笛卡儿的威望,而是由于他在进一步研究动力学问题的过程中所遇到的困难。关于经典形式下,对笛卡儿理论的改动,惠更斯早在1656年前就完成了,但这篇论文的结果与和他同时代科学家的交流,却花了12年。

惠更斯首先考虑的是,两个相同的物体的碰撞。他开始于两个假设,第一个是伽利略的惯性定理,笛卡儿也提出过;第二个则是对称性原理。然后他假设,两相等的理想刚体在同一条直线上以相同的速度大小对撞后,各自以原速度大小被弹回。他指出,这只在静止参照系成立。运动参照系的速度应该被看做一个矢量。在运动参照系和相对参照系中,速度和力一样是相对的,应该分别对待。由于力已经被论述,问题当然是关于动量的,在他的几何方法的论证中,已隐含了动量这个概念。假设在一艘船上站着一个人,他拿着悬挂着小球的线,这些球都是具有光滑表面的理想的刚体。这艘船以向左或向右的速度前行,那么若以这个人和这艘船看来,小球所具有的速度,和站在岸边的观察者看来,小球的速度是不一样的。惠更斯以此认为,运动可以在不同的参照系和坐标系中进行转化。

如图 2-2 所示，如果一个球以速度 v 运动（和船具有相同的运动速度），而另一个球

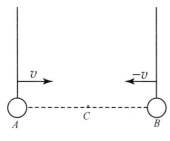

图 2-2

以相对于船的速度为 $-v$ 运动。若按照第二种方法观察第二个球（即以岸边的观察者来看），第二个球的速度为 $-2v$。它们碰撞后，两个小球的速度分别为 $-v$ 和 v，但是相对于岸边的观察者来看，两个小球的速度分别为 $2v$ 和 0。由此可见，当一个物体稳定后，撞上和它相同质量的物体，则动量将会转移。在这种情况下，假设物体 A 以速度 v_1 运动，物体 B 以速度 $-v_2$ 运动，其中 $v_1 > v_2$，假设参考系的速度为 $(v_1+v_2)/2$，则在这个参考系中看这两个物体，它们具有大小相同、方向相反的速度，在他们碰撞后，在参考系中两个小球的速度分别与原来的方向相反、大小相同。这表明，一对相同的弹性球碰撞时，速度互换。

更进一步，惠更斯认为，如果一个质量大的物体与一个静止的质量小的物体碰撞后，很明显，小的物体将会运动，而大的物体将会丢掉一些运动（速度变小）。现在，惠更斯的处理，已丢掉了笛卡儿理论中速度只是一个数值的错误。1669 年的 5 月，惠更斯给出了关于动量守恒的正确表述："系统中某一方向的动量等于这个方向上的动量减去与其反方向上的动量，这个值保持不变。"在《论物体运动的碰撞》中的第七定律中，动量守恒还有另外一种表述形式。在这个研究中，惠更斯还没有区别质量和重量，而第一次区别，是他关于向心力的研究工作，质量来源于向心力的作用。"对心碰撞前后的两个理想物体，在碰撞前后沿着某条直线上的动量之和不变。"这样可以直接说明，为什么在相对参考系〔速度为 $(v_1+v_2)/2$ 的参考系〕中，碰撞后的两个物体的速度相等，方向相反。

更有意思的是，在《论物体运动的碰撞》研究的碰撞物体的模型中，物体的速度总是和物体的质量成反比，当他们每次迎面相撞时，它们都会和各自原来速度大小相等、方向相反，被反弹回去。

在第一篇中，曾经介绍过一条重要的定理，在重力作用下，一个系统不论做怎样的运动，它的中心将不会上升，惠更斯证明了这条定理。他的证明方法好在也可以适用于除了碰撞前后速度大小相等、方向相反的其他情况。

如图 2-3 所示，A 物体具有质量 m_A，并且具有速度 AC，B 物体具有质量 m_B，并且具有速度 BC，它们的关系如下

$$\frac{m_A}{m_B} = \frac{BC}{AC}。$$

根据前面的理论，在碰撞后，A 物体的速度为 CA，B 物体速度为 CB。惠更斯假设它们的速度为 CD 和 CE，并且满足条件 $AC+BC=CD+CE$（忽略球的半径）。假设初始的速度分别沿着重力方向下降为 HA 和 KB，则根据伽利略的定理：$v^2 = 2gs$，因此：

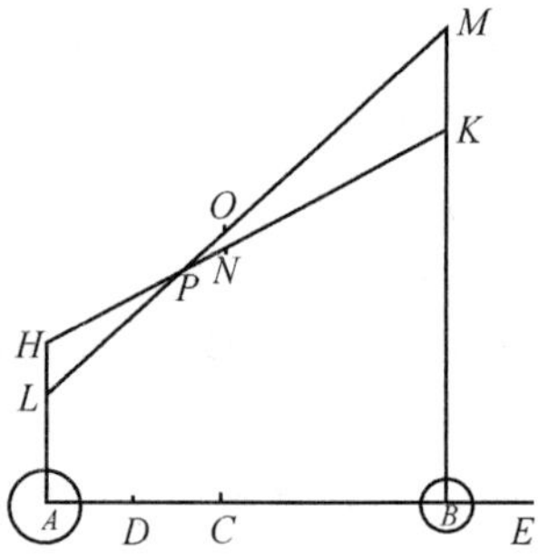

$$\frac{HA}{KB} = \frac{AC^2}{CB^2}。$$

图 2-3

若它们的初始速度为 CD 和 CE，则需要的高度为 AL 和 BM，并且同样得到

$$\frac{AL}{HA} = \frac{CD^2}{AC^2},$$

以及

$$\frac{BM}{KB} = \frac{CE^2}{CB^2}。$$

当 m_A 和 m_B 的中心被提高到 N 时,它们分别恢复到位置 L 和 M 时,重心将移动到 O,有

$$m_A \cdot AC = m_B \cdot CB$$

以及

$$\frac{HN}{HK} = \frac{AC}{CB} = \frac{LO}{OM}。$$

接下来可以证明,不仅当物体碰撞后,反弹的速度和原来的大小相等、方向相反、点 O 高于点 N,而且也可以证明,在碰撞后,物体静止或具有更大的速度时也成立。

可以看出,物体的水平线上的速度可以转化为高度,它隐含着 $v^2 = 2gs$ 的联系;其次,也包含着能量的转化,比如:$mv^2 = 2mgs$,等号右面则是势能的表示形式。毫无疑问,利用这个关系,惠更斯在 1661 年成功地解决了钟摆的问题。这个工作在历史上对于能量的概念的提出有着重要的作用。

在惠更斯解决了两个相同理想刚体的弹性碰撞大部分问题后,他开始研究质量不同的物体间的弹性碰撞,并证明了碰撞前后两物体的相对速度大小不变。惠更斯给了一个参考坐标系,在这个参考坐标系中,物体的运动速度和它的质量总是成反比。他所运用的几何方法使他不能直接用物理量表示出这个结论。在惠更斯的著作中,关于碰撞最基本的定理就是,对心碰撞前后的动能守恒,表示为:$m_A v_A^2 + m_B v_B^2 =$ 常数。惠更斯并没有提出 mv^2 为动能,而表示为运动物体的效能,或者活力。在 1652 年,他使用这个形式并且认为在碰撞前后,这个活力守恒原理才是最基本的原理,而不是运动量守恒(运动量也就是我们今天所说的动量)。莱布尼兹采取了相同的观点,遗憾的是,不论是他还是惠更斯,都没有指出运动量(动量)和 活力(动能)之间的联系。

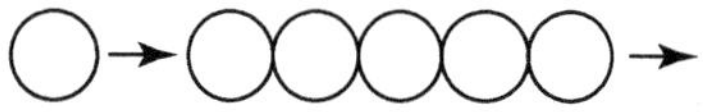

在《论物体运动的碰撞》中,惠更斯还证明了运动可以在连续放置的刚性物体之间传播,从一头传向另一头。一个简单的模型就是将几个小球静止放置在一条直线上,紧密排成一行,一个小球沿着这条直线,撞向第一个小球,如图 2-4 所示。惠更斯用类似于钟摆那样,悬挂着的玻璃球和水平凹槽中滚动的玻璃球作了这样的试验。众所周知,在这个实验中,惠更斯提出了光的传播具有相同点。假设有三个小球 A、B、C,质量分别为 m_A、m_B、m_C,A 球速度为 v_A,而 $v_B = 0$、$v_C = 0$,其中,B 球的质量在 A 球和 C 球质量的中间,且满足 $m_B = \sqrt{m_A m_C}$,这样,无论 m_A 和 m_C 如何赋值,碰撞后,C 球的速度 v_C 将会最大,关于这个的证明是显而易见的,尽管惠更斯的证明比较复杂。

图 2-4

前面提过,和惠更斯一样,其他的科学家也在这个领域上做出了成就。1668 年 11 月,沃尔斯看到了英国皇家学会的一篇文章,他也采取了笛卡儿运动量的观点来研究碰撞。在 1671 年,他公布了弹性碰撞的结果,同时还有(完全)非弹性碰撞的结果,用公式表达为

$$u = \frac{mv \pm m_1 v_1}{m + m_1},$$

其中 v 和 v_1 为初始两物体的速度,而 u 为碰撞后他们的共同速度。而在 1668 年 12 月,雷恩也独立地给出了关于碰撞的经验公式,这个公式和惠更斯的结论类似。

对于一般碰撞的研究,可以清楚的是,同时代的科学家参考的是牛顿运动定律。通过牛顿的运动定律,可以得到动量守恒。作为惠更斯理论的更进一步,动量守恒不仅适用于两体碰撞,还适用于多体碰撞,同时也适用于系统中各种形式的碰撞。尽管牛顿原理取代笛卡儿原理是一个很慢的过程,在 1723 年英国出版的罗豪尔特的著作《自然哲学系统》中,关于笛卡儿研究运动和作用力的方法还是给了详细的介绍。例如,在其中的 78 页写道:当一个物体运动时,它的运动轨迹是确定的。在格拉夫桑德的《自然哲学的数学元素》一书中,对惠更斯这方面的成就进行了更多的介绍,并且对于了解 17 世纪的科学成就提供了有趣的引导。惠更斯的工作,对后来牛顿的继续研究做出了重大贡献。

第3章　关于离心力的工作

受笛卡儿的影响,惠更斯很早就致力于圆周运动的研究。在《原理》中,笛卡儿尝试分析研究放在投石器里的石头的运动。他发现石头趋于沿着它的切线运动,同时也受到绳子张力的阻碍作用。如何确定绳子张力的大小是笛卡儿遇到的问题。大约 1659 年,惠更斯完成了关于圆周运动的研究,并在他的著作《摆钟论》的最后部分发表了这一重要结论。论文《论离心力》,包含了这些重要定理的实验和有关的理论,不过直到 1703 年他死后才得以发表。同时期的其他科学家,包括牛津大学天文学教授奇尔和萨维里,为这一定理提供了更多的证据。牛顿也独立地计算出了圆周运动粒子的加速度基本公式。

在他的论文的开始,惠更斯引用了伽利略关于在地心引力作用下物体下落的结论。他说,"地心引力""是物体下落的趋势"。悬挂重物的绳子的张力来自物体下落的趋势。加速度常指"由静止出发的物体在不同时间内的位移之比,等于经过这段位移需要的时间的平方之比"。在投石器例子中,张力和使物体沿运动方向产生加速度的力一样,也是一种真实力。

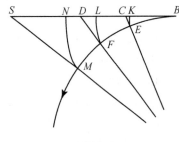

图 2-5

在图 2-5 中,惠更斯考虑了两条路径上的一系列连续的点,这些点分别是物体沿圆轨道和沿圆的切线方向上自由运动轨道上的点。

在连续相同的时间间隔上,也就是图中的 K、L、N 点,位移 BK、BL、BN 和弧 BE、BF、BM 的弧长分别相等。如果时间间隔很小,BK、BL、BN 近似和 BC、BD、BS 相等;点 C、D、S 分别是过点 E、F、M 的半径与切线的交点。EC、FD、MS 是两条轨迹上连续相同时间间隔上的距离。他把这些距离看成一个数列 $\{1,4,9,16,\cdots\cdots\}$,这与在地心引力作用下相同时间间隔内下落物体的距离一样。对此,惠更斯没有做进一步的解释。这些讨论使我们回忆起伽利略的射弹研究。在重力加速度作用下,水平发射的子弹的运动轨迹是抛物线(《关于两门新科学的对话》),但他可能得到了我们现在用速度的平行四边形法则得到的结果。见图2-6。作为一名数学家,他对曲线 EK、FL、MN 的特性很感兴趣。他认为这些曲线是弹性绳沿弧 BE、BF、BM 运动的渐屈线,但他回到了物理的角度来研究这个主题。连续时间内经过的距离(EC,FD,MS)之比,近似等于一个平方序列之比。他写道:"我们所讨论的趋势和被一悬绳挂着的重物下落的趋势一样。因此我们可以得到这样的结论:在等长圆周

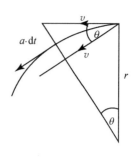

图 2-6

上以相同的速度运动的物体,离心力与物体的重力或固有量成比例。"克留教授认为,这可能是最早的对物体质量和重力差别的讨论。

从最基本的开始,我们可以得到一些很自然的简单结论。如图2-7所示,如果角速度和质量是常量,离心力随着圆周运动半径的变化而变化;它也随着切向速度的平方的变化以任何常因子而变化(图2-8),与圆周运动的半径成反比(图2-9)。

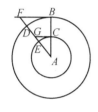

图 2-7

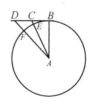

图 2-8

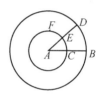

图 2-9

（a）相同的角速度

$$\frac{F_1}{F_2} = \frac{DF}{EG} = \frac{BF}{CG} = \frac{BA}{CA},$$

即离心力随着圆周运动半径的变化而变化;

（b）

$$\frac{v_1}{v_2} = \frac{BE}{BF},$$

$$\frac{F_1}{F_2} = \frac{CE}{DF}。$$

依据原始关系,

$$\frac{CE}{DF} = \frac{CB^2}{DB^2} = \frac{v_1^2}{v_2^2}。$$

（c）相同质量的物体具有相同的线速度

$$BD = CF = v,$$

令 $CE = v'$,有

$$\frac{v'}{v} = \frac{CE}{BD} = \frac{AC}{AB}。$$

由 $\frac{F_2}{F} = \frac{BA}{AC}$ 和 $\frac{F'}{F_1} = \frac{AC^2}{AB^2}$,有

$$\frac{F_2}{F_1} = \frac{BA}{AC}\frac{AC^2}{AB^2} = \frac{AC}{AB}。$$

关于寻常圆周运动的命题的研究,遵循以上证明可得出一些简单结论。我们不必再列举关于通常圆周运动的其他命题。但是,对圆锥摆的研究还是很有意义的。这可能是惠更斯致力于研究这个主题的原因。如前面所言,惠更斯在他的一些钟上用到了圆锥摆。

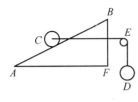

图 2-10

在本节中,我们将从对两个简单的定理的描述开始。这两个定理是关于在水平绳张力作用下的光滑物体静止于斜面上的定理。因此,在图 2-10 中(定理 1),物体 D 和 C 的重力之比等于垂边 BF 和底边 FA 之比。惠更斯认为,这个众所周知的结论的定理是不需要证明的。这个定理也被直接用到关于物体在旋转的抛物面里做旋转运动的定理。这个定理是在抛物面上做水平圆周运动的物体的转数是相等的,与圆的半径无关。这个定理提供了可以把圆锥摆用到摆钟的理论条件。惠更斯关于这个定理的证明要点是:他把离心力看做和其他形式的力处于相同地位的力,在上面的定理中他用绳中的张力来描述离心力。在抛物面上任一点,离心力与物体重力沿切向方向的分力大小相等,方向相反。因此有

$$\frac{F}{mg} = \frac{HG}{GF} = \frac{HK}{KL} \text{。}$$

另外,由抛物面性质可知 KL 是常数(图 2-11)。

因此,物体在抛物面上在任意两个位置做圆周运动所受的力之比为

$$\frac{F_1}{F_2} = \frac{H_1 K_1}{H_2 K_2} = \frac{r_1}{r_2},$$

并且具有等时性。

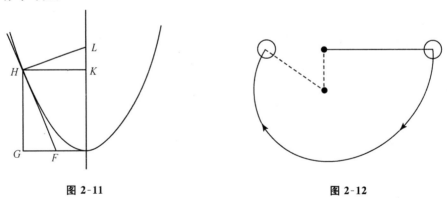

图 2-11   图 2-12

接下来的命题中,惠更斯得到所有可以想象的简单关系:分别考虑垂直高度、长度相对于垂线的倾角以及角速度等变量。正如他经常用到公式 mv^2/r,但他却不能给出圆锥摆的周期公式 $2\pi\sqrt{(l/g)\cos a}$。因此,现在的读者会认为这个工作有点乏味。最后,惠更斯得出这样的结论:当圆锥摆的悬线与垂直线的夹角为 $2°54'$ 时,圆锥摆的周期等于物体垂直下落摆线长度的高度所需要的时间。这个结论由垂直平面内的圆周运动也可得到。在这里,第一次解决了现行教科书里仍存在的一些问题。惠更斯也给出了伽利略关于截断摆实验的必要条件(图 2-12)。这是一个有意义的实验,因为它解释了关系式 $gh = v^2/2$,并注意到摆所要到达的高度与实际路径无关这一事实。图 2-12 可以充分说

明这一点。

我们曾经提到过,惠更斯追随亚里士多德关于圆周运动是一特殊运动的观点。这也和伽利略的观点一致,因为尽管他自己发现了椭圆运动,但他不把这种运动归于另外两种基本的运动。伽利略和惠更斯都认为行星运行的椭圆轨道可以用更为简单的量表示。惠更斯曾一度对圆周运动的研究持保留态度,他仅考虑圆周运动,而很少考虑这种运动在自然界中的联系。然而,在牛顿原理出现以后,他站出来反对绝对运动思想以及绝对时空观。1694 年,他批评莱布尼兹仍坚持绝对运动的旧思想,但他却拒绝承认自己的观点来自牛顿原理这一说法。他认为马里奥特尝试区分物体的状态特征也是错误的。于是便出现这样一个问题,我们如何判定物体之间是相互静止的。惠更斯从两个方面回答了这个问题:做自由运动的物体之间以及相对于背景的相对位置不变;另外,对由绳连接的物体,我们可以不考虑相对于背景的情况,因为如果旋转运动存在的话连接物体的绳中存在张力。

当然,惠更斯从来没有忽视由于自转对地球形状影响的研究。开普勒在他的著作《新天文学》(1609 年)中,第一次提出离心力等于"吸引效力",而惠更斯在 1666 年才跟随他。与极地的速率相比较,惠更斯计算了在纬度 45°处摆钟速率的变慢的大小。为了计算这个量,假设地球是球形的,$g = g - F \cos a$,其中,F 是在纬度 a°处作用到单位质量上的离心力。很显然,我们可以得到

$$F = \frac{4\pi^2 r^2}{T^2},$$

其中 $r = R \cos a$,R 是地球半径,T 是地球自转周期。把 R 和 T 的值带入上式,离心力在纬度 0 处是最大的,可以得出大约是 $g/289$。这和惠更斯计算的一致。但是,他计算的关于钟的变慢和现在的计算不一致。然而,他推演出地球形状的尝试是很有意义的,因为它为平衡流体理论的研究提供有用的原理。惠更斯写出了关于流体质量的原理,当物体表面上任一点所受到的合外力的方向与该处的表面垂直时,流体保持静止。18 世纪的实验证明了他的这一普遍结论,但不能证明他关于两极处扁率程度的计算。

卡西尼曾经反对惠更斯和牛顿关于由于自转对地球形状的影响。在牛顿的《原理》一书中印刷了两张关于地球周期的卡通图片,如图 2-13。后来,毛裴图伊斯的研究驳斥了卡西尼的结论,并给了他一个绰号"地球碾平机",这与卡西尼得到的其他绰号相比已经是友善的了。

达朗贝尔在 1751—1765 年出版的《百科全书》第四卷中记录了牛顿哲学派和笛卡儿哲学派关于地球形状的辩论。

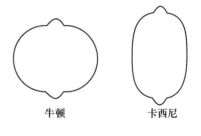

牛顿　　　　　卡西尼

图 2-13

第 4 章　关于静力学的工作

在早期研究中,惠更斯把他应用于动力学研究的基本原理,用来研究悬挂物体的悬

线上力的分布。一个用线连接的系统处于平衡时,一个小的位移(相对于悬线的长度)不会引起系统的重心的上升。托里拆利和帕斯卡曾经用到这一虚功思想,但惠更斯把这一思想作为研究问题的普遍方法的基础。例如,他把虚功原理用到约丹努斯的关于斜面理论的证据,这个理论形式被成功地运用到了他对于摆动中心的研究。在某种程度上,惠更斯受到伽利略的《对话》的引导。另外,斯蒂文 1586 年和 1608 年的两本著作为他提供了早期的思想。众所周知,斯蒂文把永恒运动不可能作为基本原理,研究了重力场中的物体平衡。我们将会看到,惠更斯的工作中贯穿着这种思想,他把能量守恒有效地引入到力学系统。

在《关于两门新科学的对话》中,伽利略给出了阿基米德的简单杠杆的解释,考虑了横梁在弯曲力作用下的折断条件。大约从 1662 年,在伽利略的早期研究中,也提到了这两个问题。阿基米德关于杠杆的工作的不足,是他假定已经有效地证明了他的定律。据马赫的观点,斯蒂文以及伽利略的这一不足,最终没有能克服最初的困难。他们都采用"重力中心的学说的通式,也就只是杠杆学说的通式"。惠更斯也是这样做的。他关于这个问题的计算是很有意义的,因为他使用了一个装置,这个装置可以测量出相对于任意轴的力矩。奥利斯和惠更斯同时分享了把力矩引入力学这一殊荣。在 1659 年 1 月 1 日给惠更斯的信中,奥利斯把物体表面的部分绕某一转轴的力矩,看成是重力和距离的乘积组成的一个序列。他用这种思想找到了任意形状物体的重心。1661 年,惠更斯在伦敦和奥里斯见面,他极有可能受到奥里斯的关于力矩思想的影响。在计算复合摆的惯性质量 $\sum mr$ 时,惠更斯遇到了很多确定系统重心这样的问题。这一重要的思想经过很长时间才成为力学出版著作中的一部分。伐里隆的著作《新力学大纲》是包含力矩这一近代思想的第一本书。

在关于横梁折断的手稿中,惠更斯提出了做功这一现代思想的应用。在重力场作用下,系统的重心尽可能地下降,也就是,重力做功将会最大。在这衔接时期,惠更斯用术语"下降引力"来描述做功。系统的重心不会上升,这个第一原理将会应用于处于平衡状态的系统。

由线连接的两个光滑的重物在斜面上的平衡条件是

$$\frac{m_1}{m_2} = \frac{AB}{BC},$$

这个问题的论证最早被 13 世纪的一本著作的作者所完成。斯蒂文简单地应用永恒运动不可能的原理给这个问题一个完美的解。现在的著作中没有提到过,惠更斯也独立地给出了这个问题的解。然后,这却表明他的基本公理的有用性,这个公理就是在物体重力作用下运动的系统的重心不会上升。

在图 2-14 中,m_1 和 m_2 是两个由细绳连接的物体的质量,这两个物体产生一个很小位移。这要求系统的重心 G 不会发生改变。在水平线 DE 上的重心 G 满足关系式 $m_1 DG = m_2 EG$。

取 $DD' = EE'$ 和 $D'L$ 平行于 DE,我们可以得到

$$\frac{BD}{BE} = \frac{BA}{BC} = \frac{m_1}{m_2} = \frac{EG}{GD}$$

和

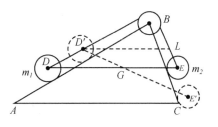

$$\frac{BD}{BE} = \frac{BD'}{BL} = \frac{DD'}{EL} = \frac{EE'}{EL}\text{。}$$

因此,

$$\frac{EE'}{EL} = \frac{E'G}{D'G}\text{。}$$

所以,G 也是物体 m_1 和 m_2 在新位置的重心。

图 2-14

在静力学发展的历史中,奥里斯在 1669 年发表了《运动物体的力学》,其后续部分分别在 1670 和 1671 年发表。他对静力学进行了系统的分析,其工作的重要性应当在惠更斯之上。正如前面所言,惠更斯对动力学的研究很感兴趣。然而,他们关于静力学的研究有着惊人的相似。他们都应用了虚功原理和把力的思想推广所有效果的力上。但是直到这个时代,重力还是被单独考虑。

第 5 章 关于钟摆的论文:摆钟论

第 1 部分 钟摆的构建和应用

大约于 1580 年,丹麦著名的天文学家第谷·布拉赫把钟应用于天文观测,但他并不是把钟用于天文学的第一人。在罗宾森看来,阿拉伯天文学家曾更早地用简单的摆来进行短时间的测量,但是罗宾森推测的证据并不很明朗。在摆钟发明之前,还没有好的时间测量方法,而到了 17 世纪中叶,对时间的测量要求变得很迫切。在伽利略实验中,他用到了基于自然加速度的水钟。他掌握了简单摆的属性:摆的周期几乎与悬摆的幅度无关。当然,哥白尼也极有可能知道这一性质。伽利略通过观察比萨教堂里灯的摆动,发现了简单摆的这一性质,虽然不能证明他这种说法的正确性。但是在他的《关于两门新科学的对话》中的一段话,鲜明地体现出来了他的这种思想,他说他经常观察教堂里的这种简谐运动。

第谷钟是一种采用了平衡或边缘擒纵器的粗糙装置。这样一个调时器没有固定的内秉周期,但它靠惯量力矩来实现调整。尽管这种钟从 13 世纪就出现在一些公共建筑上,但是它们不适合用于天文观测。在乌拉尼堡,第谷认为有必要对装置的调时量进行修正。更有意义的是,在 15 世纪后半叶,天才的达·芬奇虽然没有制造出这种调时器,但他绘制了用摆制成的擒纵器。到了伽利略时代,利用摆这一思想开始盛行,应用已成为可能。伽利略的设计体现了他非常棒的机械设计天分,而且和达·芬奇的描述相比,很少效仿老式的平衡钟。在著作《时钟结构的演化》中,罗伯逊从惠更斯设计的钟的不足方面,对惠更斯钟和伽利略描述的钟作了比较。他写道,"与惠更斯用附件摆来取代平衡控制老式擒纵器的规则运动相比,伽利略机制更为精细和精致"。然而,惠更斯研究这一问题的理论,更为深刻而且日臻完善。在实际应用中,惠更斯的擒纵器优于伽利略的擒纵器。他实际上的贡献是,用发明的锚形擒纵器以及后来的不晃擒纵器,取代了伽利略的擒纵器。不晃的擒纵器在钟摆的零点位置给摆一个冲力,来弥补由于摩擦而导致的摆幅减小。直到 19 世纪后期,这种自由摆的思想才出现。

首先,惠更斯用两个尖端分叉的叉形物或支柱把摆杆 DF 与圆形平衡器连接。DE 部分是柔韧的。然而,这种装置很快就被抛弃了,而在 1658 年的《摆钟论》对钟作了些改进。比较图 2-15 和图 2-16,我们将会更清楚这一点。抛弃了圆形的平衡器,通过曲柄 Q 和齿轮 P 对小齿轮 O 的驱动作用,摆的摆动可以驱动平板架 V 边缘的棘爪。主轮是垂直的。然而,一般不用到垂直的冕形齿轮。在海牙,惠更斯的钟表匠考斯特曾制造了很多水平主轮的钟,其中被罗伯逊描述的一种钟不是靠重力,而是靠发条驱动的。尽管这块钟上刻有 1657 年的字样,但这些金属盘是后来被加进去的。正如罗伯逊所言,我们可以推测惠更斯开始时是用水平主盘,只是在《摆钟论》中为了解释图中的齿轮 O 和 P,才把水平主盘改成垂直主盘。对于在摆的两侧用到曲盘,从惠更斯的信件中可以清楚地看到,他也不确定是用一个很小弧度的摆,还是用曲夹板来设计钟。在《摆钟论》中,没有考虑夹板。因此,惠更斯对裴提特解释说,他不能省去齿轮 O 和 P,因为齿轮 P 有限制摆简谐运动的弧度的作用。

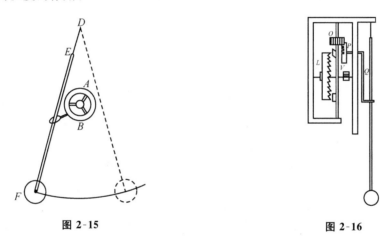

图 2-15　　　　　　　　　　　　　　　　图 2-16

惠更斯在 1657 年 12 月给勃里奥的写了一封很有意思的信,他的目的是询问正在梅迪西宫殿构建的钟的情况,"是为了确认他们是否也用到了摆。确切地说,一年前的昨天,我做出了关于这种钟的第一个模型,但在 1657 年 6 月份,我开始对向我询问如何建造钟的人介绍它的构造,其中可能有人把这一消息带到了意大利。数天后我们在离斯科芬尼克村庄半里格的邻海村庄的钟楼上看到一些大的钟。这钟摆大约有 12 英尺长,40 到 50 磅重"。曾有一段时间,人们认为梅迪西宫殿钟先于惠更斯的发明,事实上,它被认为是抄袭。现在作者都赞同这一说话,因为梅迪西钟的钟摆严格地连接在擒纵器上,这是达·芬奇和伽利略设计特点。这是他们设计的摆钟的不足,因为如果钟摆很轻,他们的摆动也就很容易受到外力的影响,这种摆钟的机制也就类似于劣等平衡钟。"惠更斯发明的钟的最大优点",罗伯逊写道,"是通过一个叉或铁制弹片自由悬挂着钟摆,通过摆杆和棘爪的相互传递来驱动钟的运动,这种装置经常会被用到,因为所有的钟中会有这锚形擒纵器。"

当我们查阅 1673 年的《摆钟论》时,发现惠更斯放弃了夹在摆和带棘爪的边缘之间的齿轮,使金属夹板恢复原状而引起摆锤以任意弧度摆动都同步。在 1659 年,他发现了这些夹板的理论形式并证明它是圆弧。这必然要求回到考斯特在 1657 年的设计和图中所示的水平主轮。从图 2-17 中,取自《摆钟论》,可以很明显地看出夹板之间的弹性悬线。第二个图(图 2-18)描述了惠更斯发明的由重力驱动的具有锥形圆柱摆锤的摆钟。后一个装置可能会使钟运动下去。在大图中,连接重物的绳索缠绕在有刺状的定滑轮 D 上。下面的引文取自《摆钟论》。

图 2-17

图 2-18

对应的图(图 2-19)是摆钟的侧面剖析图,由四个小支柱固定着支撑柱 AA 和 BB 的四个角,距离为 1.5 英寸的两支撑柱大约有 1 英尺多长,22 英寸宽。主要的几个轮的轴被固定在板 AA 和 BB 的两边。第一个最下面的轮是标记为 C 的轮,它具有 80 个齿。与 C 轮共轴的滑轮 D 上焊接有锥形的铁铆用来固定和重物连接的悬线,其中的原因将在稍后给出。因此,由重力驱动轮 C,它使距离它最近的具有 8 齿的小齿轮 E 转动,同时间接驱使与小齿轮 E 同轴的 48 齿的齿轮 F 转动。齿轮 F 又同时驱动同轴的小齿轮 G 和轮 H,它们分别具有与小齿轮 E 和齿轮 F 相同的齿数。齿轮 H 被工匠们称为冕形齿轮。齿轮 H 的齿驱动垂直轴上的有 24 个齿的鼓轮 I 以及与小齿轮 I 共轴的齿轮 K。齿轮 K 具有 15 个与锯齿一样的齿。在齿轮 K 的中间安放着与棘爪 LM 平行的水平杆,棘爪两端由被支撑柱 BB 支撑的平板的两端 N 和 P 固定。我们应该关注平板 NP 中间的凸起 Q。轴 LM 穿过凸起 Q 上的长方形孔,并且凸起 Q 与支撑齿轮 K 和小齿轮 I 的垂直轴的上段连接。

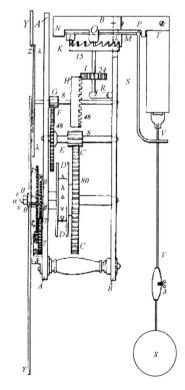

图 2-19

穿过支撑盘 BB 上的孔的平板 LM 的一段固定在 P 点，这与直接固定在支撑盘 BB 上相比，平板 LM 要灵活得多。这样同时也将平板 LM 延长了，曲柄 S 直接连接到延伸部分的端点上，使得曲柄绕 LM 摆动。由于齿轮 K 的齿与平板 LL 相连而被驱动，从而导致曲柄的摆动或来回运动，这不需要再进一步的解释。

悬挂振子锤的铁制摆杆穿过曲柄 S 底部弯曲部分上一方形孔。这个铁制摆杆上部被夹在两个平板中间的两根悬线悬挂着，我们在图中只看到一个平板 T。在旁边的第二个图中，我们可以很清楚地知道摆线和平板的形式以及摆杆悬挂的一般方法。然而，有必要回到这个问题上去考虑平板的真实弯曲。

为了解释图 2-19 中剩下的部分，我们现在回到这摆钟的运动上。我们可以很容易地看到，当我们让钟摆 VX 运动起来，它将在由重力驱动的齿轮的作用下保持运动。同时，摆钟的固有周期由所有的齿轮，以及整个钟和摆锤的运动规律和模式决定。事实上，曲柄的微小运动是由齿轮驱动的，它不仅跟随着钟摆一起运动，而且在摆的来回运动中也给摆一个很小的冲力。如果没有这种辅助运动，在空气阻力等部分原因的阻力作用下，钟摆的运动将会越来越小以至于最后静止下来。其实，摆钟具有遵循原来过程的特性，如果钟摆的长度不改变的话，摆钟的这种性质不变。尽管钟的共性特点是尽可能地做到可以随便调整时间的快慢，但是一旦我们确定了我们前面谈到的夹在曲板中间的摆线的量，齿轮 K 就不允许被随意地调快和调慢。这里，通过齿轮 K 的每一个齿所需要的时间必须相等。和其他手动齿轮运动一样，这些前级齿轮形成一个系统的统一，它们之间成比例运动。因此，如果在摆钟的构造过程中出现故障或对时间进行时时调整，对齿轮轴的驱动变得十分困难。只要这种困难不是足够的大而导致钟摆完全静止下来，我们没有理由去担心摆钟的不等时性或钟摆运动的延迟性，这摆钟将永远正确地记录时间或完全不能测量时间。

在对摆钟的机制介绍之后，惠更斯直接给出了如何调整摆钟使它能完好地描述一个平均太阳日中的 24 小时。对每一位摆钟的使用者而言，摆钟的调整是最普遍的。在天文台，利用恒星日而不用平均太阳日记时是基本的要求。两种记时日大约相差 4 分钟，但是这种修正量不是一个常数，因为一个太阳日不是一定的。惠更斯提供了一个恒星日和给定太阳日的时间修正表。

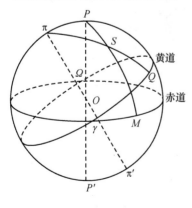

图 2-20

在 17 世纪，由于对中天高度测量存在很大的困难，所以在天文学上通过测量恒星经过子午圈的时间来代替。缺乏对大气折射的精确修正数据，对中天的高度测量也变得有些不确定。为了解释这种现象。图 2-20 显示的是天球上的赤道平面和黄道平面。众所周知，天空的恒星一般不用它的高度和方位角来确定，因为不像它们的赤经和赤纬（或他们在天球上的经度和纬度）一样，不同地球表面上恒星的高度和方位角是不一样的。图中的 O 点是观测者所在的位置，天球的黄道和赤道相交于春分秋分点 γ 和 Ω。很显然，黄道平面是太阳的运行轨道，天球赤道平面与黄道平面的夹角与地球的极轴与地球轨道的夹角一样都是 32°27′。如果 S 是一恒星,我们可以用他的赤经(弧 γM)和赤纬(弧 MS)或用它的经度(弧 γQ)和纬度(弧 QS)来确定它的位置。除了赤经经常用时间测量外,其他的弧都用角度单位测量,因为天球的自转周期是 24 小时,对于给定的恒星,每小时运动的角度是 15°。春分的中天与恒星通过子午线中天的时间间隔给出了恒星的赤经。因此,通过极地 P 和 P′ 而且过春分点的偏向 15°的圆成为时圈。所以赤经既可以用小时、分钟和秒来表示,也可以用度数来表示。

很显然,把原始的记录高度和方位角的恒星放进一球坐标系后,观察者的观察时间也就被确定下来了。这种做法首先用到了太阳的高度和其他标准的恒星上。普尔巴赫和勒吉奥蒙塔努斯在 15 世纪就使用了这种方法。有时,伯恩哈德·瓦尔特,勒吉奥蒙塔努斯的学生,曾被认为是把由重力驱动的摆钟应用于科学目的的第一人。他的钟没有考虑时间的间隔,第谷是第一个考虑把时钟进行时间间隔的人。第谷利用象限观测高度并且经常得到这个距离,通过从子午线出发沿着赤道。他利用子午线象限来观测中天的应用要求对恒星凌日和春分线的时间间隔的测量。

1667 年,惠更斯描述了一种找到测量恒星通过子午线时间的方法,这方法类似于众所周知的等高方法。1690 年,罗默建立了利用凌日望远镜测量赤经和赤纬的方法。他也提出了一个装置,这个装置上有赤道两边同高度下所观测恒星的高度和方位角。他所使用的钟与惠更斯的钟有很多相似之处。人们想当然地认为他们都是巴黎天文台的成员,因而罗默使用了惠更斯设计的摆钟。直到 1680 年锚形擒纵器的发明,惠更斯的钟才被精确使用,而且在巴黎很多年内都处于领先地位。

在考虑天文学上的时间测量这一主题时,人们会想在海上如何用时钟解决经度确定问题的。不在子午线上的恒星钟要通过增加或减少 9.8565 秒每小时距子午线一个小时的经度来对航海钟进行调整,增加还是减少要依据航海钟所在的地方是在格林尼治的西方还是东方。惠更斯对航海钟的说明忽视了恒星日和平均太阳日的微小不同。他说,在航海出发时依据平均一个太阳日的时间对钟进行调整,海上的太阳时(通过太阳的高度)应该与钟上的标准时间进行对比。当然。我们必须根据太阳日的不等性对摆钟进行调整。如果调整后的摆钟显示的太阳时早于观测时,那么船是向东行驶的,反之船向西行驶。每小时相差 15°经度。图 2-21 和图2-22显示了惠更斯航海钟的某些特征。

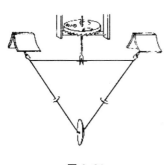

图 2-21

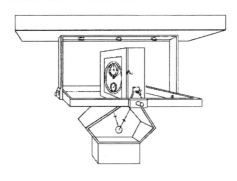

图 2-22

第6章　关于钟摆的论文：摆钟论

第2部分　圆弧中的摆动

在这部分的内容中首次彻底解决了前面曾经提到的摆动运动问题。对在曲线中的加速运动的研究发源于伽利略，而惠更斯巧妙地完成了这一研究。这两个作者都把曲线中的加速运动问题看成是几何学的分支。在牛顿的《原理》的基本原则被人们所接受后，数学家们才发展了力学里的相关概念：质量、力和冲量。伽利略隐约地认识到质量与重量的区别，而惠更斯则明确地认识到这种明显的差异。同时，他们都集中注意到速度和加速度，都可以用几何来表示。惠更斯从真正意义上发展了力学中解决做功问题的方法，即我们现在所说的能量方程，但是他的研究却从来没有得到完全赏识。

在《关于两门新科学的对话》中，伽利略提出了关于加速运动的经典的命题。他从简单加速度定律的假设出发，导出了在重力作用下物体静止下落的著名的方程。此外，他还指出，光滑的物体沿相同高度的斜面下滑的时间与斜面的长度成正比，也就是说，沿相同弧的弦下滑所用时间是相等的。后者在伽利略和惠更斯的证明中将会被用到，这些证明将会用符号的形式很好地呈现出来。

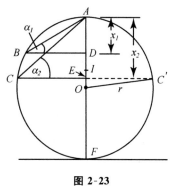

图 2-23

在图 2-23 中，圆心为 O，半径为 r，B 和 C 是圆周上的任意两点。AF 是直径，AD 和 AE 分别是 AB 和 AC 的垂直高度，而 AI 是 AD 和 AE 的比例中项。令 $AD = x_1$，$AE = x_2$，$AI = m$，我们可得，$m = \sqrt{x_1 x_2}$。现在有

$$AC^2 = x_2^2 + CE^2$$

和

$$CE^2 = CE \cdot EC' = r^2 - OE^2,$$

可以得到

$$AC^2 = x_2^2 + r^2 - OE^2 = x_2^2 + r^2 - (r - x_2)^2 = 2rx_2,$$

因此有

$$\frac{AC^2}{AB^2} = \frac{2rx_2}{2rx_1} = \frac{x_2}{x_1}。$$

但是又有

$$\frac{x_2}{x_1} = \frac{m^2}{x_1^2},$$

故得到

$$\frac{AC}{AB} = \frac{m}{x_1} \tag{i}。$$

对于竖直下落的情况，我们有下列等式

$$AB = \frac{1}{2} a_1 t_1^2,$$

$$AC = \frac{1}{2}a_2 t_2^2 。$$

这里的 a_1 和 a_2 是由加速度产生的。

由于

$$\frac{a_1}{a_2} = \frac{\sin a_1}{\sin a_2} = \frac{x_1}{AB}\frac{AC}{x_2},$$

因而有

$$\frac{t_2^2}{t_1^2} = \frac{AC\sin a_1}{AB\sin a_2} = \frac{AC^2}{AB^2}\frac{x_1}{x_2},$$

也就是

$$\frac{t_2}{t_1} = \frac{AC}{AB}\sqrt{\frac{x_1}{x_2}} = \frac{AC}{AB}\frac{x_1}{m} \qquad\qquad (\text{ii})。$$

比较（i）与（ii）的结果，我们得到

$$\frac{t_2}{t_1} = 1 。$$

事实上伽利略把关系式（ii）作为一个独立的命题来证明。伽利略指出，一个物体沿倾斜的平面下滑所获得的速度，与它沿斜面上滑相同高度所需要的速度是相等的。他的分段钟摆实验说明了这一观点。他也曾误如歧途，甚至猜想在重力作用下沿圆弧下滑的路径是最快的路径。

伽利略在考虑单摆问题时，经常设想单摆是在所有弧中做同步摆动，而单摆运动的周期与振幅是完全独立的。这些在伽利略的著作《演讲》中明确地被提到过。他在书中论述道：物体沿着斜面从 A 点到 B 点下滑所花的时间，比物体沿圆弧线 CB 所花的时间要长（见图 2-24）。接着他补充道："这正如不同长度的单摆摆动周期，近似与单摆长度的平方根成比例。"在他的著作中并没有任何记录可以证明，伽利略已经观察到大小摆摆动周期的差异。然而，佛罗伦萨的学者们却认为伽利略

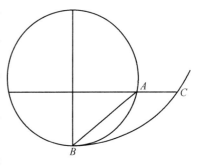

图 2-24

已经观测到摆的"非常近似的等式"。数学家梅森认为伽利略没有观测到这些差异，他在其论文中写道，"如果伽利略做更多精确的实验，那么他将会注意到这些差异"。然而，当人们考虑伽利略从单摆研究中体现出来的丰富的思想时，他的悔意的出现就有点不合适了。从这个阶段来看，考虑单摆的振幅和周期的精确关系，可能仅仅是障碍而没有大的帮助。我们对伽利略的方法知道的已经够多了，他的这种处理单摆的方法是理想化的，因此，他可能有意忽略公式定律与实验的一些小的误差。伽利略认为自然界的规律必须用尽可能简单的形式表达。

惠更斯并没有全力去研究单摆问题。当单摆的摆弧很小时，单摆可以被当成是等时摆这个观点被证实之后，惠更斯便把他的注意力转到研究等时降落轨迹问题，即：在重力作用下，沿曲线的摆动用了相等的时间。他指出摆线必须满足这些要求，摆线曲线必须是由一个轮子沿水平面滚动其边沿上的点所形成的迹组成。拉格朗日和拉普拉斯完成

了对单摆研究剩下的问题，并且导出了有关振幅和周期之间的一些关系式。在拉格朗日的《力学分析》（1788年）和拉普拉斯的《天体力学》（1799年）这两篇论文中应该都可以看到。

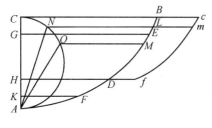

图 2-25

通过《摆钟论》这部分可以明显看出前九个命题实际上是对伽利略的有关自然界加速度研究的清楚的概述并做了一些小的补充。在惠更斯能够抓住中心问题之前，许多领域的问题必须得弄清楚。如：摆线的一些几何性质，画曲线切线的方法，及建立弧线长度的极限。之后，惠更斯在命题中相当简练地提出：如果考虑具有相同垂直高度的摆线的弧上物体由静止下滑，那么曲线的倾斜度越大则物体下滑得越快。在图2-25中，BD 和 EF 是为弧，同时具有相同的垂直高度只是倾斜程度不同，其中一个要比另一个倾斜一些。

利用摆线的性质，摆线上任意一点 L 的切线与基圆上的弦 NA 平行。在摆线上 E 点之下取 M，使得 M 与 E 的垂直距离跟 B 与 L 的垂直距离相等。平移弧 EF 到位置 ef 点 M 到 m，与 L 线保持平行。因为在 m 点的切线已经给出为弦 OA 且对所有的点如 L 和 m 其曲线越陡峭它切线的斜率就越大，相应的下滑所花的时间就越短，如：物体沿弧 BD 下滑就会比沿弧 ef 下滑所花的时间要短一些。

在接下来的命题中，惠更斯比较了在具有相同高度的斜面的分小段的摆线的下滑时间。假设一个物体从 B 点释放且沿弧 BG 下滑（图 2-26）。他比较了沿 MN 与沿 OP 的下滑时间，还比较了沿 MN 下滑时到达 G 点的速度与沿 BI 下滑时整段所获得的平均速度。线 BI 为摆线上 B 点的切线。利用伽利略垂直下落关系式：$v^2 = 2gh$，惠更斯得到一个物体沿 BI 下滑的速度为 $\sqrt{2g \cdot 2r}$ 或 $2\sqrt{gr}$，而在 G 点时物体的速度为 $\sqrt{2gh}$。前者取其一半为 $\sqrt{gr}$。

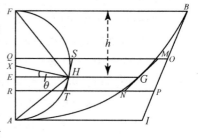

图 2-26

这样得到

$$\frac{v_1}{v_2} = \frac{\sqrt{FA}}{\sqrt{FE}}。$$

利用类似的三角关系

$$\frac{FA}{FH} = \frac{FH}{FE}$$

和

$$\frac{FA}{FE} = \frac{FH^2}{FE^2},$$

得到

$$\frac{FA}{FH} = \frac{FH}{FE} = \sqrt{\frac{FA}{FE}}。$$

因此有

$$\frac{v_1/2}{v_2} = \frac{FX}{FH}。$$

这样就有

$$\frac{t_1}{t_2} = \frac{MN}{v_2}\frac{v_1/2}{OP} = \frac{FX}{FH}\frac{MN}{OP}。$$

剩下的证明可以利用几何知识来完成,由

$$\frac{MN}{OP} = \frac{FH}{HE},$$

因而

$$\frac{t_1}{t_2} = \frac{FX}{HE} = \frac{HX}{HE} = \frac{ST}{QR}。$$

最后一个等式利用了

$$HE = HX\cos\theta$$
$$QR = ST\cos\theta。$$

这个关系的出现似乎很奇妙。但是,关于摆弧下滑时间可以通过这样的方法来获得,即通过参考沿一系列切线 ST 下滑时间与沿轴 FA 截段的下落时间的关系来获得。不幸的是,接下来的理论在这里是不适合再从它的初始形式得到重现的。任何查找这些初始工作的人,都会发现这是一种竭力取极限的有趣的方法。

在图 2-27 中,有大量的弧和对应的切线。我们要去证明沿弧 BE 下滑时间 t_1 与沿弧 BI 下滑的时间 t_2 的比,等于弧 QH 比 QG。假设 BI 中的截段是相等的,沿每个截段运动的时间间隔 St_2 是固定的量。时间间隔 δt_1 为沿切线元 M_1N_1,M_2N_2 等下滑所需的时间,利用 t_1 为对所有 δt_1 的求和,这样,前面的理论的关系式就可以很好地得到证明。

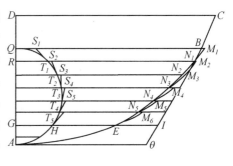

图 2-27

前面的理论的等式可以写成这样的形式

$$\frac{\delta t_1}{\delta t_2} = \frac{S_1 T_1}{QR}。$$

这里 QR 为直径 QA 平行线间的间距。等式两边同时除以切线元 n,我们可以得到

$$\frac{\delta t_1}{n\delta t_2} = \frac{S_1 T_1}{nQR}。$$

这里有 n 个关系式联合在一起。我们把它们相加得到

$$\frac{\sum \delta t_1}{n\delta t_2} = \frac{\sum ST}{QG}。$$

取极限,即当切线元非常小且其数量巨大时,$\sum ST = QH$,$\sum \delta t_1 = t_1$,我们可得

$$\frac{t_1}{t_2} = \frac{QH}{QG}。$$

这样惠更斯就证明了，摆线上的任意一点下滑到最低点的时间与沿轴下滑的时间之比，等于半圆周长比这个圆的直径的结论，并能够利用这个证明来完成他的实验。

运用前面的理论，对物体从 B 点下滑到最低点的情况有

$$\frac{t_{BA}}{t_{BG}} = \frac{arcQHA}{QA}。$$

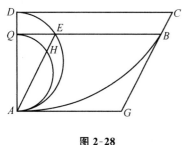

图 2-28

这里的 t_{BG} 表示物体沿切线 BG 匀速下滑所需的时间。然而这也等于物体沿 BG 自然加速下滑所需的时间。这里 BG 是平行且等于 EA（利用摆线性质）（图 2-28）。因此

$$\frac{t_{BA}}{t_{EA}} = \frac{arcQGA}{QA} = \frac{\pi r}{2r} = \frac{\pi}{2}。$$

利用伽利略的理论，因为 EA 和 DA 是相同弧上的弦，t_{EA} 可以用 t_{DA} 代换。这样就建立了钟摆摆线的等时性。

惠更斯并没有在他的《摆钟论》的正文中证明钟摆振动中恢复力正比于弧的位移。这部分仅仅是作为文章的附录，然而确实极为重要，因为惠更斯是第一个给出简谐运动的数学理论的科学家。莱布尼兹于 1691 年 3 月给惠更斯的信里写道："牛顿先生并没有解决弹性定律。而我似乎在一些其他场合听你说过你已经验证了弹性定律，而且你已经论证了摆动的等时性。"我们自己或许可以从惠更斯前面的发现中得到钟摆运动是简单谐振子的事实。他似乎在大约 1673 年就已经得到了此结论。

在图 2-29 中圆形弧被 B 点分成两段。惠更斯写道："这样重力在 A 点和 B 点的切线分量，都与 A 和 B 的切线的斜率成正比。"用现在的术语来说也就是

$$\frac{\text{在 } A \text{ 点沿切线向下的力的分量}}{\text{在 } B \text{ 点沿切线向下的力的分量}} = \frac{g\sin\alpha}{g\sin\beta}$$

$$= \frac{EM}{EC}\frac{PC}{PN} = \frac{OQ}{OC}\frac{PC}{OQ} = \frac{PC}{OC}。$$

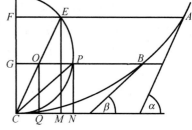

图 2-29

除此之外，再利用该理论的引理，这个引理已经为惠更斯用简单的几何所证明了，即

$$\frac{PC}{OC} = \frac{EC}{PC}。$$

因此有

$$\frac{\text{在 } A \text{ 点沿切线向下的力的分量}}{\text{在 } B \text{ 点沿切线向下的力的分量}} = \frac{EC}{PC}。$$

不难证明，EC 比 PC 就等于对应的弧 AC 和 BC 的长度之比。这个比例关系利用现在的数学方法可以很容易地证明，但是这个关系在惠更斯的证明里并没有被正式地提出。有了这些证明，有关简谐运动的理论就基本完善了，即摆线弧上任意一点的加速度正比于对应圆弧上的点到最低点的弧线长。从惠更斯的笔记本里可以清楚地了解到，他已经解决了在简谐运动研究中经常出现的绝大多数问题。这样的问题只能利用各种数学方法才得以处理。

不可否认英国科学家胡克,早在惠更斯之前就对简谐运动所需的条件有过论述。在他的论文中有这样一段话,其要点为:不同弧长或长度的摆动的持续时间的等式取决于曲线的形状,这图形的主体是移动的;图形主体的大部分与圆的主体的大部分非常接近,它遵守这个规则,同一个圆的不同弧长的运动有几乎相等的持续时间。胡克曾经尝试用数学知识去证明这些后来出自伽利略力学里的结论,可是总是徒劳无功。甚至具有更加高超的数学能力的会长布隆克尔,在这方面也几乎毫无进展。然而,这两位科学家也与惠更斯有相同的基本概念,具有一样的出发点。胡克在 1678 年出版的论文中,含有对这方面更深刻的讨论,而他的研究经常被看成是研究简谐运动的出发点。他还包含了有关定律和许多推论。尽管如此,他的贡献还是无法与惠更斯相比,因为惠更斯的研究基本上是完全独立的。惠更斯在 1675 年的时候就已经很好地理解了弹簧的性质,因此在这个时期他发明了手表的螺旋调整器。惠更斯对这些必需条件的掌握,或许可以从他运用三点钟摆的实验中得到更有力的说明。这种所谓的三点钟摆指的是一个很重的平面环被三条等高的绳子悬挂着,这三条绳子是系在等距离的三个点上。这种钟摆具有扭转的特性,他希望利用这样的钟摆去证明螺旋摆的性质,特别是考虑关于温度的影响。他还谈到恢复力的建立与力的性质是没有关系的,不管是重力,弹力或磁引力都可以作为恢复力。

第 7 章 关于钟摆的论文:摆钟论

第 3 部分 渐近线和曲线的测量

有件事在惠更斯的数学研究中,可能被简要地提到过。它似乎可以被分为两部分,从他数学著作中的一部分中可以看出,惠更斯应属于阿基米德、开奥斯的希波克拉底和欧多克索斯的古典时期,而不是属于牛顿和莱布尼兹时期。举例来说,他对三个古老的问题有浓厚的兴趣。这三个古老的问题是:求与圆面积相等的正方形,把一个角三等分,复制一个立方体。同时,他是他那个时代在古典几何上最出众的几何学家。他早期的大多数著作中都有古老经典思想的印记。他早期出版的书(1651 年),毫无疑问是从阿基米德在解决某一几何体在液体中浮力的流体静力学中获得灵感的。在某种意义上,它是阿基米德《论图形的平衡》的延续,并且为了求出双曲线椭圆或圆的给定部分的面积,惠更斯利用了求极限这个古老的方法。这个古老的方法采用"不可分割的方法"的形式,已经被开普勒和卡瓦列里扩展,特别是后者的著作受到了影响。惠更斯抓住了揭示同时代伪数学家格雷哥里·德·圣·温森特作品中的一些谬论,后者似乎并没有理解那些最新进展。

惠更斯开始他的论述,通过测定每个上述图形的指定部分面积的范围。然后,他标出了重心位置,证明了一些定理,尤其是一条关于以圆弧的长度、弦、半径和圆心到所选部分重心的距离的关系的定理。这为验证或补充批评德·圣·温森特的研究铺平了道路。这些补充引起了一场持续了十年的辩论,在这次辩论中还卷入了不少数学家。然而,它没有产生什么重要的效果。

在 1652 年 1 月,惠更斯开始研究那些导致第三或第四度的等式。这些"立体"的问题的出现,极可能来自于他对阿基米德著作的研究。在他的著作中,惠更斯(1654 年)采用了测定圆周的新方法,在测定形式上,范·苏兰在那个世纪的早期(1621 年),对这个古老的问题作出了新贡献。他敏锐地缩小了范围,由阿基米德的原始的设定,利用了一些没有被严格证明的定理。然而,如果惠更斯的著作中没有什么所谓新的内容,那就什么也没有了。在他关于阿基米德遗留问题的研究中,更有趣的部分是关于物理而不是关于数学。如,在发展阿基米德浮力问题的研究中,他利用了他的基本原则:一个体系的重心在各种限制条件下,总是尽可能地占据最低位置。在他 1650 年的著作的前四个命题中,他这样推论:当地球表面的漂浮物的密度,与维持起漂浮的液体的密度相等时,漂浮物处于平衡,而著名的阿基米德原理是指固体的密度小于液体的那种情况。

在他著作的另一部分,我们发现惠更斯对新的和创造性的发展的兴趣,比对古典问题的继续研究要大。在惠更斯对摆线的强烈兴趣中,有一种情况会被涉及。这种曲线可能被看做对他在渐近线方面研究的简单回顾的出发点。笛卡儿在这些联系中,对惠更斯的影响极大。因为他总是坚持认为任何曲线模型的产生,都明显地确定属于几何学。笛卡儿相应地把所有的曲线都看成是由两条移动的直线交集形成的,这种运动有一个可知的比率。

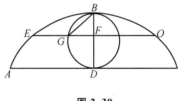

图 2-30

惠更斯没有对他在摆线方面的研究作出评论,直到 12 年后,在 1646 年梅森第一次给了他关于出版这种有趣的曲线的著作的信息。帕斯卡的问题被提出来,第一次吸引了惠更斯。这个问题是:求一条摆线 EBF 一半的面积(图 2-30),它的重心的位置和固体通过 BF 和 EF 部分的旋转形成的体积。

惠更斯首先求得了 EBF 面积,并进而推广到整个 EBO 区的面积,接着又求这区域的重心与底 EO 距离,并推出相应的旋转体的体积公式。随后,帕斯卡又求出了以 AD 为底的相应的重心距离和旋转体的公式。惠更斯由此得到一个不完整的结论,但没有发现这项工作是如此困难,以至于他怀疑帕斯卡的问题是否能够解决。在过去的时间里,我们会注意到惠更斯改进了一般证明所需要的为摆线画切线的方法。在斯科腾编辑的笛卡儿著作《几何》中,给出了这样一个有趣的性质:在画过摆线上的 E 点的切线必须与圆弧的弦 BG 平行。

同惠更斯的著作相比,帕斯卡对上述问题的证明更加雅致且更加通俗。然而,瓦里斯却抱怨说,帕斯卡在他 1660 年的著作中对这个问题的解决所用的方法,是来自于瓦里斯本人的工作。一场在瓦里斯和卡卡维之间的争论便随之发生了,惠更斯在此充当了协调者的角色,但这些看起来似乎意义不大,整个事件真正有趣的是惠更斯从此开始了对渐近线的研究。

曲线渐近线的想法也可以用抛物线的原理来理解(图2-31)。这条曲线就可以被描

述为到给定的焦点 F 和给定的线段 XY 等距离的点的集合。除了圆之外，所有曲线都显示出不同的曲率，而且所有的法线都相交在圆弧的中心，其他曲线的法线相交于一系列的点，这些点形成了另一些曲线。这就是渐近线。从这个抛物线的图形中我们能更清楚地理解这一点。

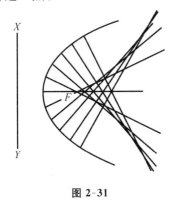

图 2-31

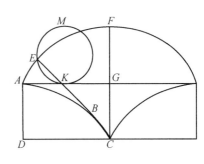

图 2-32

实际上，渐近线也可以被定义为给定曲线的法线的交点的集合。惠更斯在他的简单摆的实验中清楚地看到，摆锤能够用来描述悬挂的类似于脸颊形状的不同弧线的变化。在《摆钟论》第三部分的第 5 和第 6 个命题提到，圆摆的渐近线就是它们本身的摆弧。这个证明当然是属于几何上的。在图 2-32 中，弧 AF 和弧 AC 的长度是相等的。利用这一点，惠更斯能够调整这些曲线，并证明了摆线的长度是产生圆弧长度的四倍。在这里并没有必要去概括他的方法。

惠更斯作为渐近线的发现者而为人们所铭记，但需要指出的是他同样研究了抛物线（命题 8）和椭圆双曲线（命题 10）。他同样指出了怎样去调整已知渐近线的曲线。这一点并没有引起更多的注意，可能是因为瓦里斯得到的一般证明方法更为重要。惠更斯他自己并不知道，渐近线理论在几何光学的焦线理论领域将会极为有用，而他本人正是这个领域的首位探索者。

第 8 章 关于钟摆的论文：摆钟论

第 4 部分 复合摆的振动中心

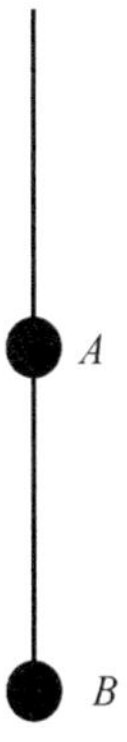

在前面已提到了在连接体之间存在作用力和反作用力的情况。伽利略没有能解决沿着一条细线悬挂的两个小物体的行为（图 2-33 所示）。他可能假设对于几个物体来说一致的摆动是可能的，然而事实是两个独立的摆动，在这样的系统中是存在的。这是个困难的问题，并且没有重要现实的理由来对它加以说明。一个更紧迫的问题是，计算给出的复合摆的周期。这里的复合摆，更确切地说是指一个悬挂着的并且绕通过其本身的轴摆动的刚体。这种类型的摆在摆钟中使用

图 2-33

过,问题是找到从摆动轴到摆动中心的距离。后者是找到整个质量集中的那个点,这是为了获得等价的简单的摆,即这个简化的摆与其有相同的振动周期。据说是这个中心问题解决了以后,钟构造的科学原理才为人们所知道。但更为重要的是,这个特殊的问题为动力学体系整个课题打开了一扇门。

惠更斯最早是通过麦森尼熟悉这个问题的,并且猜想这个问题起源于他。然而这个问题有一个相当长的历史。巴尔迪 1621 年的著作中已包含了一些关于振动中心的错误结论,它们似乎曾经被希腊的作者讨论过。振动中心的现代的解释是求某一点,在这点上球被撞击后,必须保证用最小的力得到最大的效果。如果振动中心存在,振动中心也就是摆动中心,这个关系被麦森尼经验地发现了,一些年以后也被理论证明了。在这个问题上,一些数学家像笛卡儿和罗贝瓦尔,在某种程度上表现出来的兴趣归结于这个课题的现实价值上。然而他们没有一个能够取得成功。在 1646 年,麦森尼在一封信中谈到,笛卡儿研究了在某种长度下振动中心的一些特殊情况,如长杆、平面三角和其他一些形状。他清楚地知道,这个问题在静力学中能够简化为一点,即某个平面和立体的重心上。他的这个工作不严谨,只是一些机灵的猜想,并没有给出什么证据。

虽然惠更斯的关于振动中心的问题可能最早从 1646 年开始的,当时他已与麦森尼通信开始一些力学问题的研究。但他的理论研究不会早于 1659 年。他似乎已经在做很多实验,有些实验伽利略已经做过,并且事实上他的过程是归纳法的一个极好的阐述。从最简单的线性刚体摆的情况开始,接下来他进一步研究薄板在其平面上的振动。对于这些情况,他很快成功地找到计算摆长的方法。这种关系的数学表达式是:

$$l = \frac{I}{mh},$$

式中,I 是摆动轴的转动惯量,m 是总质量,h 是重心到摆动轴的距离。转动惯量概念起源于惠更斯的工作,但是后来欧拉给出了这个术语。然而,惠更斯发现了一个关系到两轴互相垂直的薄板的转动惯量重要理论。所有的薄板的形状是规则的,并且有一个对称轴。从这些情况出发,对薄板绕对称轴旋转得到的旋转体进行进一步的研究。对于这个计算 $\sum mr^2$ 的方法和关系 $I = \sum mr^2$ 被发明了,对于已经习惯用积分方法解决这个问题的现代读者来说,这部分工作的内容是最难阅读的。

正如所期望的,惠更斯着手研究伽利略留下来未能回答的问题,并能够用他的碰撞理论解决这些问题。转动惯量这个课题,从这初步的工作中已获得了解决方案。

在图 2-34 中,一个不可伸缩的质量可以忽略不计的杆上有两个物体,D 在最底端,E 在 AD 某点上,给出物体 D 和 E 和距离 AD 和 AE,问题是找到振动中心。这里的问题不同,惠更斯用的是相连的刚体,而伽利略所用的物体是用一个轻质量的线相连的。

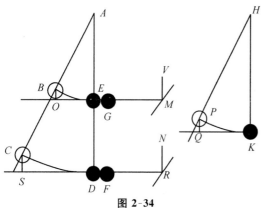

图 2-34

惠更斯的处理是,假设钟摆拉开一个弧到 ABC 然后释放。在通过摆动的一半时,物体再一次在位置 D 和 E 并且具有速度,它不同于两个单独的长度为 AD 和 AE 的钟摆所获得的速度。惠更斯假设,两物体在这点时分别与相应等质量的不相连的物体相撞。如果碰撞是完全弹性的,就没有动量损失,物体 F 和 G 将获得先前 D 和 E 所拥有的速度,后者在碰撞后将会完全静止。惠更斯对这些物体应用了势能和动能方程。解决这个问题的方法是非常新的。他假设 F 和 G 在所获得的速度作用下,物体可以抵抗重力到达 N 和 V 点。在这个过程中,重要一点是和它原来的位置即摆在 ABC 位置时相比物体的重心并没有上升。

在图 2-34 中,给出了等效简化摆 HK 的长度 x。如果我们令 $AD=a,AE=b,D$ 的质量为 m_1,E 的质量为 m_2,它们在最低点的速度分别为 v_1 和 v_2,则有

$$\frac{D\ \text{点速度}}{K\ \text{点速度}} = \frac{v_1}{v} = \frac{\text{弧}\ CD}{\text{弧}\ PK} = \frac{AD}{HK} = \frac{a}{x},$$

其中,v 是摆锤 K 通过最低点的速度。如果让 CS 的高度等于 d,那么 QP 的高度由下式给出

$$QP = d \cdot \frac{x}{a}。$$

我们必须记住,等效摆与复合摆具有相同的摆动周期。RN 到物体 F 的高度会上升,有

$$\frac{RN}{QP} = \frac{v_1^2}{v^2} = \frac{a^2}{x_2},$$

这里

$$\frac{x^2}{a_2} = \frac{xd/a}{ad/x}。$$

因此,物体 F 的高度可以通过 ad/x 得到。对于 MV 的高度和其他物体的高度,我们可以通过相同的方法得到 b^2d/ax。

通过简单的计算,我们可以得到两物体质心的高度。即:物体从 NR 上升到 MV 所需做的功等于物体从 CS 到 BO 下落时势能的减少量。这个高度可以记为 x,等于等效摆摆长。

$$FgNR + GgMV = DgCS + EgBO,$$

或者

$$m_1 \frac{ad}{x} + m_2 \frac{b^2 d}{ax} = m_1 d + m_2 \frac{bd}{a},$$

也就是

$$m_1 a^2 d + m_2 b^2 d = m_1 dax + m_2 bdx。$$

这样有

$$x = \frac{m_1 a^2 + m_2 b^2}{m_1 a + m_2 b}。$$

如果这种做法延伸到一个均匀的棒,棒可以认为是由相邻的物体组成,那么基本方程可得到

$$x = \frac{\sum mr^2}{\sum mr}。$$

$\sum mr^2$ 这个量,就这样被引进到了力学中。我们能够看到,惠更斯在他的研究工作中有效地利用了克服重力做功的想法。不幸的是,他没有将自己的想法表达很清楚,也没有用公式表述成一般方法。在他发表的论文中,仍然可以看出他对这些"直接"方法的初始形式做了些改进。方案是假定相同物体间没有连接,相互间的影响被忽略。惠更斯简单假定,组成摆的各个物体在摆动过程中,连接点对它们无约束,数学上保持不变。

我们应该非常感谢惠更斯在这一方面所做的工作,因为它对物理学中能量概念的发展有很重要的意义。主要想法中蕴藏了他的基本原则:物体在满足伽利略关系速度是下落高度的平方根的引力作用下发生的位移不可能使其质心上升。在《摆钟论》,将悬浮粒子在所走路径上任何点的速度与其所下降高度相比,这个过程等于用了某种守恒律,对应于在力学中应用了能量守恒。从这点出发,对孤立系统我们得到一个动能和势能之和不变的方程是可能的,由拉格朗日的形式给出

$$T + V = H.$$

如果你存在任何关于惠更斯在能量方面贡献的质疑的话,也会在看了随后有关他的想法的陈述后,而被公正地打消。1693 年(他死前两年),他在手稿中写道:"所有物体的各种运动中,力在没有产生相应的效果时,是不会损失或消失的。我所指的力,是指提升一个重物的能力。因此,两倍的力就能够提升相同的重物两倍的高度。"在当时的文章中,力这个词是 vis,它和 17 世纪用的词 potentia 一样,有力和能量的两重含义。不幸的是,这定义是含糊的,但它符合功或能量的观念,这比牛顿学说中力的定义要好。文章精简成下面的文字:运动的物体有些东西能够使它改变自身和其他物体的状态,这些结果与由力或能量引起的结构存在定量的联系。这些相同的想法,远不及莱布尼兹表达得清楚,"似乎必须承认,在物体中有些东西不同于数量和速度,除非我们愿意否认物体的所有作用力"。

让我们回到《摆钟论》的内容上来。惠更斯发现,不可能应用"直接"的方法求出悬浮物体的振动中心。例如,计算一个悬浮球的振动中心的位置,就花费了他很多的时间,并且在他工作中用的方法又长又难。他的想法对于现在的读者来说总是显得很怪,在这里需要作些解释。为了理解惠更斯的想法是如何形成的,我们就要有兴趣知道他读了一篇在 1646 年由法布利的学生毛斯尼尔写的文章,它里面有在一般情况下解决打击乐器中心问题的新颖的尝试。我们似乎只知道毛斯尼尔的一点点情况,但他的想法,我们能够在很大范围里从法布利那里得到。毛斯尼尔用了一个在运动中命名为"推动力"的概念。他用这个概念所指的物理量的变化,就像一个运动粒子的乘积 mv 一样,并且他将这个物理量按如下的方法应用到了振动体的基本的部分上。考虑轴在自己平面的一个振动平面,估算所有运动元的总的"推动力",毛斯尼尔画了一些垂直于表面的线,这些线的长度代表了运动元在自己轨道最低点的速度。这样就产生了一个楔形的东西。有简单形状的薄板作底的楔形的体积是能够计算的。毛斯尼尔不知道,正如惠更斯做的,打击乐器的中心和振动中心是重合的。在那个时候,两点的同一性还没有被证明,并且还有些人怀疑,特别是罗贝瓦尔,他认为那两个点只是近似地在同一个地方。经过实验与归纳,惠更斯能够找到与按规定振动的薄板等价的简单摆,这为我们研究处理悬浮物体打开了门。每种情况的问题就是去估算表达式 $\sum mr^2$。

举一个简单的例子，薄板 ABC 在与之相切的轴 EAE 周围振动（如图 2-35 所示）。惠更斯以薄板为基构造了一个楔形体。第二个平面与薄板 ABC 所在平面成 45°角，一条生成线 DB 垂直面 ABC，楔形体由 DB 绕薄板 ABC 的边界运动，并在倾斜平面投影所形成。如果构造楔形体的基底具有规则的几何图形，振动轴与楔形体的几何对称平面垂直并相交于 A 点，那么所构造的楔形体的质心就能够找到。惠更斯从楔形体的质心 X 作基底 ABC 的垂线 XL 交 ABC 于 L，并将直线 AL 命名为子中心线。AL 仅表示

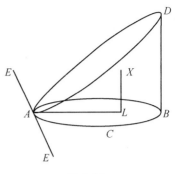

图 2-35

XL 与 EA 之间的距离。实际上，楔体是积分表达式 $\int y\,da$ 的几何表示，其中 da 是薄板 ABC 的面积元，v 是薄板 ABC 在振动中点的线速度。如果 da 将换成 dm，我们将更清楚地看到，楔体表示的是薄板 ABC 通过它摆动中点时的线动量之和。点 L，实际是惠更斯在找的将总质量 M 放在此处与薄板具有相同动量的点。我们令 $AL=l$，作为一个例子，将薄板简化成一根均匀的棒。我们已经用直接计算的方法将这种情况的结果给出

$$l = \frac{\int y^2\,dy}{\int y\,dy} = \frac{\frac{1}{3}y^2}{\frac{1}{2}y} = \frac{2}{3}y。$$

（这是提前给出的现代的表达式）。我们用新的几何的办法同样可以得到相同的结果，但点 X 就是等腰直角三角形中线的交点。我们可以得到关系式 $AL=(2/3)AB$（见图 2-36）。

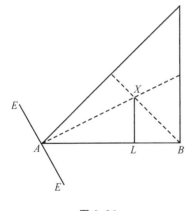

图 2-36

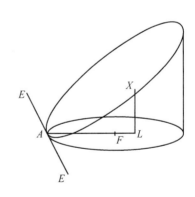

图 2-37

在薄板的情况下，计算楔体体积的方法是必须的。惠更斯展示了一个简单的表达式来计算楔体的体积。表达式为：$V=$ 薄板的面积 $\times$ AF 的长度，其中 F 是薄板的质心（见图 2-37）。惠更斯的方法用于计算关于轴 EAE 的 $\sum mr^2$ 问题时十分有效。他没有解释他是如何做出此发现的，但是他给出了一个简单形状的薄板绕几个不同轴（包含通过质心的轴与质心有一定距离的轴）振动的 $\sum mr^2$ 是多少。

他所用研究悬浮物体转动惯量问题的方法，其过程与采用微积分的方法，来解决这

些问题具有本质的类同之处。他将规则的物体用适当方向的平面分开,形成一系列具有简单几何形状的薄板。然后将 da 用坐标 x、y 写出表达式,$y^2 da$ 在 y 的取值范围内积分,y 是面积元到振动轴的距离。积分要求有一个采用 y 和 dy 写出的表达式。这是有关惠更斯的方法勉强满意的一种陈述,尤其是因为他还缺乏求和的一般方法。不过太多的细节,如果读者感兴趣,可去查看有关的文献。惠更斯的方法只能很好地用于少数几种规则的物体上。

在任何情况下,悬浮物体的振动中心 C 都比质心 G 要低。如果 l 是 C 点到振动轴的距离,r_0 是 G 点到振动轴的距离,惠更斯给出了在特定的情况下如何计算 $(l-r_0)$。他在 1664 年发现,$(l-r_0)r_0$ 是常数,这给人以深刻的印象。他将此发现命名为"直角距离律"。对于振动轴平行的情况,我们可以应用方程

$$(l-r_0)r_0 = (l'-r_0')r_0' \tag{i},$$

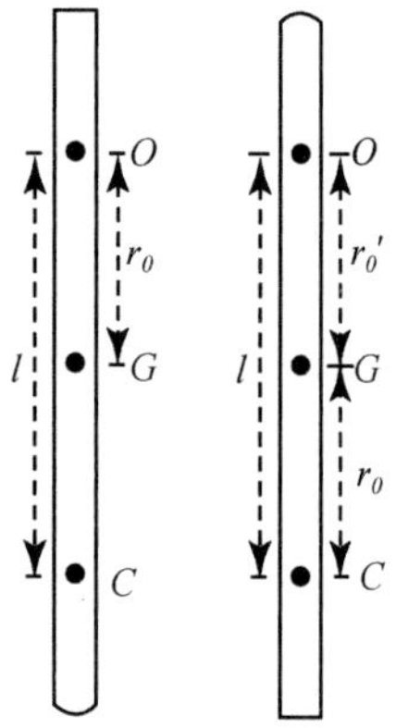

等号后的符号表示第二个钟摆的位子。这使惠更斯能够准确地计算悬浮物体的伸长效应。如果在第二种情况下,我们使振动轴通过前者的振动中心点,那么新的振动中心点将会在前者的振动轴上,如图 2-38。

$$r_0' = l - r_0 \tag{ii},$$

又因为

$$\frac{l-r_0}{l'-r_0'} = \frac{r_0'}{r_0},$$
$$l'-r_0' = r_0,$$

且从(ii)式,有

$$l' = r_0 + l - r_0 = l。$$

图 2-38

这表明复合钟摆在这两种位置具有相同的周期。卡特将可逆摆的想法用得最成功。卡特摆实际上是实验室测重力加速度的最好的方法,因为两刀形边缘之间距离,其周期是一样的,可以准确地测量。

有关摆钟的全部理论所必需的定理,惠更斯没有丢掉一个。他通过考虑沿钟摆的杆移动一小重物的效果,完成了他的论述,并清除了最初的困难。之后考虑由一个刚体杆在它的最下端带一重球组成的摆。为了找到这样一个摆的振动中心,需要分别计算杆(长为 L)与球的 $\sum mr^2/\sum mr$ 的值。他取杆和球的质量分别为 m_1 和 m_2,给出杆的 $\sum mr^2 = \frac{1}{3}m_1 L^2$,球的 $\sum mr^2 = m_2 L^2$,L 是从球的球心开始量的 $\sum mr$。杆与球的相应的值分别为 $\left(\frac{1}{2}\right)m_1 L$ 和 $m_2 L$。因此,将它们结合起来得到

$$\frac{\sum mr^2}{\sum mr} = \frac{\frac{1}{3}m_1 L^2 + m_2 L^2}{\frac{1}{2}m_1 L + m_2 L}。$$

简化一下这项工作,悬挂球的回转半径不是 L 而是 $\left(\frac{2}{5}R^2 + L^2\right)^{1/2}$,$R$ 是球的半径。惠更斯继续计算同样的摆的振动中心,但在摆的杆上的指定位置加了一个小的球。他表明,

加的一个小球在摆的一个周期中,对于一个给定的变化一般有两个位置。

在工作的结尾,惠更斯建议了一个基于摆的长度定义。标准的英尺是在巴黎计时的摆钟摆长的三分之一。振子不能太大,振动中心能够很快找出来。因为振子足够大的摆,就不能看成一个单摆。这种单位的缺陷是,重力加速度 g 随纬度的不同而变化;在测量经纬长度时必然增加误差。尽管如此,一个有创造性的建议被设计出来克服上述的缺陷,应当采用依赖于一个有标准长度的棒的方法。

惠更斯在《摆钟论》中的工作中,包含了一些引人注目的原创性思想。关于功或者能量的思想,已隐含在他有关碰撞的一些工作中,这里只是以更准确的形式给出来。功或者能量的思想,实际上是受了他所做的直接找出振动中心的方法的工作的影响。有些人确实受到由伽利略运动方程来推导的束缚。将伽利略运动方程乘以质量 m,给出(用现在的符号)

$$mv = mgt = pt,$$

$$ms = \frac{1}{2}mgt^2 = \frac{1}{2}pt^2,$$

$$mgs = \frac{1}{2}mv^2。$$

假如当时惠更斯的工作更快更多地出版,假如他没有删掉他所写出的几何形式的内容,第三个方程可能很早就出现在力学中了。惠更斯在转动惯量上的贡献,和他在能量方面作的贡献一样,没有被适时地认可。惠更斯的《摆钟论》和牛顿的《原理》一样,被已经习惯了解析方法的读者们认为是十分难学习的东西。

第 9 章　引力的起源

关于作用到地心的力的思想,可以追溯到最远古的时期。亚里士多德认为,除火以外的基本元素都有它们所应处的"自然"的位置,就是这一思想的变形。他的学说后来又被一些经院派学者重新提出。哥白尼给出了一个更为清晰的描述,他写道,"地球是圆的,它的所有部分被向中心的引力拉紧"。很久以后,麦森尼把"宇宙的中心"定义为一个点,所有巨大的天体都沿着直线倾向这个点。吉尔伯特(1600 年)把引力的作用,归因于地球旁边的其他天体,但是他又认为这并不是普遍存在的。对他来说,引力作用下物体的运动形式的特性,是"实在的、特别地、属于主体地",这显然就是受了亚里士多德的影响。开普勒最早认为,引力是"可以合二而一的两物体之间的相互吸引力"。他说,是地球的引力使石头下落,而不是石头自己下落。

对于 17 世纪早期的科学家来说,直到惠更斯离心力公式的提出,为什么地球和月球不相互吸引到接触在一起,才真正成为一个问题。伯努利(1665 年)认为,虽然地球和月球有相向运动聚集一起的趋势,但又受到某种不确定压力的阻碍。继开普勒之后,伯努利相信,是太阳释放出的某些"效力",使行星都在各自的轨道上运行。一件最有趣的事是,虽然惠更斯在 1659 年就发现了离心力定理,但他极有可能没有意识到,把他的物理工作与有关太阳系物理基础的思想联系起来的重要性。把有关引力的思想与离心力结合起来,是英国的哈雷完成的,当然,还有牛顿。但惠更斯却囿于某种倒霉的偏见,而没能在如此重要的发展中获得他应有的地位。惠更斯为什么没能先于牛顿许多年发表《原理》的这部分内容,没有明显的原因。这里,笛卡儿的影响使惠更斯坚持如下的假说:所有的改变均要通过物体间的物理接触,要么是直接的接触,要么是以空间中某种不易觉察的物质为媒介。继笛卡儿之后,他采用了一种方法,由现象直接推到运动学。除此之外,他还意识到,构建一种有关物理现象的诠释性原理的重要性。但是,穿过空的空间所引起的改变,对他似乎是远远超出其经验的,在因果关系上留下了一个缺口。采用缘由科学模式的力的思想,惠更斯认为,有必要限定"物体之间相互作用"的措辞。这有可能是受了笛卡儿关于"真理应该是可以理解的"的影响。正是采取可以构造一个有因果机制的这种限定性观点,使惠更斯假设出他的各种各样的"媒质"。

对光的透射,磁场要求的是磁媒体,而重力场要求的是某种细微物质。他认为,"'以太'中的粒子,尽管很小,但可以构成其他部分的粒子,而且在那种细微物质的快速运动中,这些粒子可以从各个方向渗透进细微物质里面,并分布成某种结构,其规则是使流体容易顺畅地流动而通过通道"。惠更斯受到伽森狄的原子学说的影响。与波义耳不同,惠更斯认为基本物质原子的运动是不足以解释弹性膨胀和热膨胀的。关于这些结果,他写道:"假如细微物质在运动中没有极端的速度,那就不能解释。"

惠更斯的著作中有关于重力的最有趣的评论。之后,惠更斯在牛顿之前,找出了质量和重量的差别。但这些情况,并不意味着惠更斯已把引力当做物质固有的性质。

在 1661 年后,惠更斯忙于一个简单的空气泵实验。他对这种设备的兴趣,始于他在伦敦旅行期间。到 1668 年,造成了一个改进的泵,用铜制的镶纤细亚麻边的活塞来代替原来的灌了蜡的木塞。这个泵后来在帕平·丹尼 1674 年关于实验的书中有描述。事实上,惠更斯和帕平在他们 1674—1677 年的实验中,几乎没有加什么东西到波义耳的工作中。惠更斯并不满足于当一名化学家,他要继续研究更有趣的问题。最引人兴趣的观察,是他的真空泵实验,产生了很多反常的现象。惠更斯自己解释,假设存在细微物质,它产生了压力,甚至在空气的压力完全没有后也还存在。这个效应只在除去空气的水中发现。就像在这本书的前部分所写的,瓦里斯怀疑惠更斯的细微物质是否能真正解释这个现象,"因为如果这种物质,'以太',甚至不能通过玻璃顶部达到水银,我没有看见。为什么它自己不能用相同的方式像普通空气那样平衡。如果管子能在两端通过,水银由于它自己重量的趋势,很快就掉下来。"胡克虽然是笛卡儿信徒却接近了真相。在他的《显微术》中,提到液体和玻璃的凝聚现象。"水银和玻璃由于它们本身的原因和水很不一样,但它们两者却有某种相似,有一种介质将玻璃和水银连接起来。"如果不是水,胡克觉得要被迫接受惠更斯的解释。即使牛顿也建议,毛细管中的液体的上升可能由于"以太"媒介。众所周知,他自己对"以太"假设的坚持,在某种程度上也是矛盾的。

他的细微物质存在的解释,是对笛卡儿漩涡理论很强的支持。在 1667 年,他尝试得出了由于引力造成圆周运动效果的令人满意的解释。他希望这个由于存在细微物质,液体毫无疑问地上升的观念,被越来越多的科学界的人所接受。到 1669 年,他觉得自己处在先于皇家科学院摆出自己观点的位置上。这个机会是一个以引力为主题的讨论。这个讨论中,其他的发言人是罗贝瓦尔和毛利埃特里。事实上,没有其他的理论摆出来,讨论变成对惠更斯理论的批评。

惠更斯建议限制来自陆地本身的引力,为此目的,他考虑把地球当成一个孤立系统。根据他的观点,笛卡儿漩涡以这种方式绕着地球运动,每个地方的细微物质都平行于地球表面的大圆而运动。所以可以判断将引力延伸到月球也没有问题。为了说明他的观点,惠更斯描述了一个实验,一碗水绕着它的轴旋转的实验。当旋转慢下来后,液体中较重的粒子被推向中心。惠更斯假设,细微物质在真空泵中起的作用事实上就是地球的漩涡。如果旋转速度足够大,可能会引起向心的反冲引力。但是,假设漩涡的圆周运动自然的、必要的,而不是被迫的。惠更斯计算细微物质应该会以地球每日旋转速度的七倍的速度旋转。

罗贝瓦尔和马略特发现了很多明显的缺陷。因为很难设想,渗透到物质中的"以太"能够对物质有力的作用。更进一步,他们质疑,把所有解释限制在物质和运动形式的合理性;他们质疑假设在此时刻圆周运动是"自然"的证据。罗贝瓦尔更倾向于引力是粒子和物体相互作用的观点。他说他在 1636 年前期,都持有这个观点。他和马略特都认为,惠更斯只是用一个神秘的事物取代另一个神秘的事物。

第 10 章　惠更斯的光学研究

对光的传播、光的反射和折射面的研究已经有很长一段历史了。光学是物理学中最古老的一个分支,几个世纪以来,它一直是拥有许多思想的神秘对象。只有在现象被看做普遍规律的解释的时候,我们才能揭开光学神秘的面纱。笛卡儿把光学放在他的自然哲学的中心位置;他的一本著作被命名为《世界体系——光学》。

然而,笛卡儿在光学研究中获得的成果相当小。开普勒在 1611 年有关折射光学的研究,奠定了现代光学的基础。欧几里得在《光学》(约公元前 300 年)中阐述了光的平面反射角和入射角是相等的,托勒密(约公元 150 年)介绍了关于折射的研究。开普勒虽然花了很多时间,但是他没能得到入射角和折射角的关系。他的最重要关系实际上应该是(使用现代符号)

$$\frac{i}{D} = \frac{i}{i-r} \text{ 常量}(\mu),$$

其中,i 是入射角,r 是折射角,D 是两角之差 $(i-r)$。当入射角小于 $30°$ 时,两角差随着入射角而改变。开普勒算出普通玻璃的常量值大约为 $1/3$。然后他通过图 2-39 所示的几种情况计算出它们的主焦距。

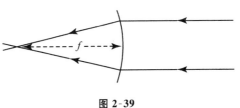

图 2-39

(i) 平行光入射到凸玻璃表面上,他得到的结果为 $f = 3r$,其中 f 是主焦点 F 的距离,r 是凸面的半径,

$$f = \frac{\mu r}{\mu r - 1} = \frac{1.5r}{0.5} = 3r;$$

（ii）平行光入射到玻璃块的内表面，拥有一个凸面，见图 2-40。他得到 $f=2r$，该结果简单遵从现代表达关系如下

$$\frac{1}{f} = \frac{1-\mu}{r} = \frac{0.5}{r}$$

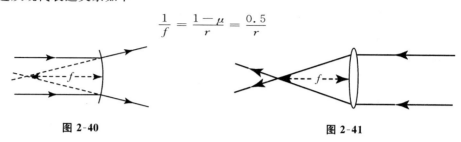

图 2-40　　　　　　　　　　　　　　　　　　图 2-41

（iii）平行光入射到凸透镜上，见图 2-41。他得到的结果为 $f=r$，在凸透镜有两个相等曲率半径表面的情况下。这个结果是正确的，因为

$$\frac{1}{f} = (\mu-1)\left(\frac{1}{r_1} - \frac{1}{r_2}\right) = (\mu-1)\frac{(r_2-r_1)}{r_1 r_2},$$

把 $r_1 = \mu r_2$ 代入，得

$$f = \frac{1}{0.5} \cdot \frac{r^2}{2r} = r。$$

惠更斯开始他的光学研究工作的时候，对于透镜的处理还没有通用的公式。卡法里尼沿着开普勒的思路进行研究，并于 1647 年证明了前面所用到的薄透镜焦距关系公式。伊萨克·巴尔鲁于 1674 年通过几何学创立了厚透镜沿着光轴的成像法。沃尔夫教授写道，"对几何学的研究很烦琐，因为它要求必须单独地考虑许多特殊的情况"，"它完全被笛卡儿的分析法取代了，并由哈雷于 1693 年成功地应用于寻找厚透镜的一般公式上"。

在球像差的处理问题上，笛卡儿做的工作比开普勒多，但他没有取得实用性的结果。他的关于椭圆面和双曲面构想的建议简直是妄想，试图把他的思想应用于实践，浪费了许多精力。

不幸的是，惠更斯在光学中的研究是属于沃尔夫所提到的时期的早期，而且他的作品读起来很费力，因为有代数公式的出现。他的一生完全用来扩充和改写他的手稿上了。在有生之年，仅仅有《光论》一书出版，这本书我们将会在后面的章节中谈到。在他广泛的研究中，除了《光论》之外的部分，有些是以给皇家科学院的讲座的形式出版了，而保留下来的其他部分直到 1703 年才出版，在那时期，它已经失去了它应有的历史重要性。

在他的《屈光学》中，没有广泛地引用折射率。他认为要是可以从材料中获取小的数值，那么精确值就没那么重要了。应用他的方法，可以决定平-凸玻璃透镜的焦距，而且还可以使用下面的公式

$$\mu = \frac{r+f}{f}。$$

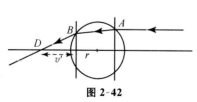

图 2-42

用他的方法既可以通过物体的实际深度，也可以通过矩形遮挡物后的物体的深度，来计算常量 μ，该方法被他用于研究冰洲石。对于流体，他的方法是把大的玻璃圆柱填满，发现当入射光线垂直于轴的时候，焦距是一样

的。见图 2-42。

对于圆柱透镜有

$$f = -\frac{r\mu}{2(\mu-1)},$$

把 $f = v'-r$ 代入(参考上面的数据),得

$$v = \frac{r(\mu-2)}{2(\mu-1)},$$

也就是

$$2\mu v' - 2v' = \mu r - 2r,$$

或者

$$2\mu v' - \mu r = 2(v'-r),$$

正如惠更斯给出的,有

$$\mu = \frac{v'-r}{v-\dfrac{r}{2}},$$

而这些结果都是通过纯几何学的方法得到的。

惠更斯的处理折射的方法,可以用下图所示的找凸球面主焦点的方法来举例说明。见图 2-43。惠更斯表明,如果 C 是曲率的中心,而 NP 和 OB 是平行于 AQ 轴的入射光线,令 $AQ/QC = \mu$,那么点 Q 就是这些光线通过凸球面后与主轴的交点。这当然是正确的,因为使用下面的公式

$$\frac{\mu}{v} - \frac{1}{\mu} = \frac{\mu-r}{r},$$

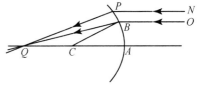

图 2-43

把 $u = \infty$ 和 $v = f$ 代入得

$$\frac{\mu}{f} = \frac{\mu-1}{r},$$

由此得

$$\mu = \frac{-f}{r-f}。$$

不用说,在这工作中,根本没有引用什么类型的公式。如果仔细检查惠更斯的图解,我们会发现他的几何学符合现代的实际应用。他用透镜可以把点光源的像放大,其中用到了下面的公式

$$\frac{DO}{DC} = \frac{DC}{DP},$$

或者

$$DO \cdot DP = DC^2,$$

式中,$DO = u-f, DC = u, DP = u+v$,因此有

$$(u-f)(u+v) = u^2,$$

也就是说,

$$uf + vf = uv,$$

或者

$$\frac{1}{v} + \frac{1}{u} = \frac{1}{f}。$$

这就是我们现在所熟悉的形式,而最初的证明是很冗长的。

惠更斯指出,通过透镜光心的光线传播方向不改变,它从透镜中出射后的传播方向

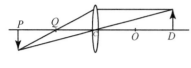

图 2-44

与入射方向是平行的。在图 2-44 中,E 和 F 是透镜的曲率中心,而 ED 和 FB 是它的半径。那么光心 L 可以通过下面的关系找到

$$\frac{BL}{LD} = \frac{FB}{ED}。$$

考虑透镜放在液体中,比如水中的情况。他还指出,在知道空气折射率的情况下,可以计算两种相互接触的介质的折射率。他还对人眼的机理做了一个有用的说明。但他错误地把水晶般的透镜也归为玻璃状或水状的物质来加以区别。光学理论中的一个基本思想,是考虑清晰图像的最小位置,而距离的选择使惠更斯的工作呈现出不必要的复杂性。惠更斯获得图像的距离是通过肉眼测量得到的,而不是通过透镜观察到的。然而,他却因此发现了关于放大率的理论,这些放大效果是由透镜系统生成的。简单来说,就是对调人眼和物体的位置,不改变透镜的位置,进入人眼的像的大小和对调前是一样的。这个结果只有理论上的意义,但是它带来了这样的结局:拉格朗日在那之后,获得了与奇异法则一致的方程组,而这又导致了哈密顿、克劳修斯和基尔霍夫工作的出现。惠更斯的工作与后来有关光程的概念之间,似乎有某种联系。惠更斯更重要的研究课题,与球相差的处理问题有关。我们知道,从开普勒时代,透镜球表面的中间部分的焦距,与边缘部分的焦距是不一样的。为了保证更好的精确度,我们习惯上把除了中间部分之外的地方遮盖住。对孔径的使用由经验来判断。惠更斯认为,任何给定透镜的可允许的孔径,是可以计算出来的。对于给定焦距的透镜,我们甚至可以决定它的最适合的孔径形式。这样,早在 1653 年,惠更斯就比较了平-凸透镜的凸面与平面对光的形变,首先是凸面向光,后来是平面向光。他还引入了用光测厚度的思想,那就是不直接测量中间部分的厚度,而是通过测量中间部分和边缘部分的厚度差,来获得它的厚度的。平-凸透镜边缘部分的焦距,可根据曲率半径和入射光线到轴的距离来计算。对于靠近轴的光线,焦距可由一般公式给出。惠更斯完成了透镜这两个位置的计算后指出:当光入射在弧形表面的,两焦点的间隔变小。当弧形表面向光的时候,出射光线的偏差等价于两次折射带来的差。惠更斯看到,球形相差会随着偏差量而增加。因此,在望远镜中使用两个目镜而不是一个目镜,是有好处的,它会平均分配这两个透镜间的偏差。惠更斯指出,当两透镜的间隔与它们的焦距差相等的时候,情况就是这样的。

惠更斯认为,通过球像差制造伽利略望远镜,比制造由凸目镜构成的开普勒望远镜更加容易。我们看到,前一个凹目镜对物镜补偿了一定的像差,而要在没有增加望远镜长度的情况下获得更大的放大率,需要一个很大的光圈。然而,惠更斯认识到,仅以天文学为目的的伽利略望远镜所能提供的视野太窄了。人们虽然考虑了各种各样的改进方法,但最终都放弃了,因为把透镜打磨成特定的形状,实在太难啦。

任意给定透镜的孔径的可行性极限的确定,是很重要的,因为关于这点的处理实在是太混乱了。惠更斯认为,孔径的确定简单地依赖于落在视网膜上的单位面积上光的量。惠更斯的方法是要从已知尺寸的、并且具有良好效果的望远镜开始研究,再根据它计算出具有相同尺寸标准的望远镜的长度和孔径。为了这个目的,惠更斯限制自己先考虑物镜而暂不考虑目镜。

如果 f 和 f' 是两个物镜的焦距,而 ϕ 和 ϕ' 是它们对应的目镜,g 和 g' 分别是它们对应的放大率,而 d 和 d' 是孔径的直径。那么,在相同光强下有

$$\frac{d}{d'} = \frac{g}{g'} = \frac{f\phi'}{\phi f'},$$

$$\frac{\phi d}{f} = \frac{\phi' d'}{f'} \tag{i}。$$

为了比较这个误差,我们必须和惠更斯一样,假设这些透镜是“相同类型的”,也就是说,有

$$\frac{R_1}{R_2} = \frac{R_1'}{R_2'}。$$

其中,R 代表透镜表面的曲率半径。在图 2-45 中,FF_1 代表焦点间的间隔。我们可以把 $FF_1 = \delta$ 和 $FF_1 = \delta'$ 代入,然后可以得到

$$\frac{\delta}{\delta'} = \frac{d^2 f'}{d'^2 f} \tag{ii}。$$

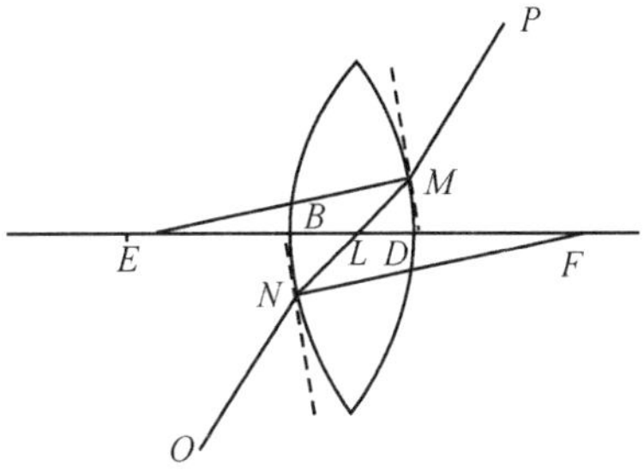

图 2-45

从图 2-45 中,我们可以清楚地看到,从透镜边缘部分通过的光线,会与过 F 点的焦平面交于以 FH 为半径的圆周上。FH 由下式给定

$$FH = \delta\tan\theta。$$

天文望远镜的物镜的焦平面也是它的目镜的焦平面。该圆周的像就是望远镜的像差,而且它的半径为 $K\delta\tan\theta/\phi$,其中 K 是常数。

把 $\tan\theta = d/2f$ 代入,就会变成 $K\delta d/2f\phi$。两个望远镜都会产生相等的像差圈,

$$\frac{\delta d}{f} = \frac{\delta' d'}{f'} \tag{iii},$$

或者,由(ii),有

$$\frac{d^3}{f^2\phi} = \frac{d'^2}{f'^2\phi'} \tag{iv}。$$

由(i),有

$$\frac{f}{f'} = \frac{d^{4/3}}{d'^{4/3}}$$

和

$$\frac{\phi}{\phi'} = \frac{f^{1/3}}{f'^{1/3}}。$$

这些方程在《惠更斯的著作全集》的 13 卷中,在序言的注解后面给出,它概述了由惠更斯所阐明的规则。

正如所提过的那样,惠更斯的同辈和前辈都知道球像差的存在。牛顿在处理平-凸

透镜像差问题时,找到了像差值,他是在平面向光的情况下得到的。FF_1 级数的形式中,它的第一项是 $\mu^2 e/(\mu-1)$,其中 e 是透镜的厚度,μ 是它的折射率。皮卡特也值得一提,在他的《屈光的分解》中,他用平-凸玻璃透镜的凸面来接收光,获得的像差值为 $7e/6e$。他的方法和惠更斯的方法类似。毛利留斯在他的《屈光新论》(1692 年)中给出了一个纯数字计算;他算出在平-凸透镜的凸面向光的情况下,"焦点的深度"最小。见图 2-46。

惠更斯花了大量的时间来研究透镜表面边沿部分的倾度和球像差之间的关系。他认为,对于薄透镜来说,由某给定点生成的偏差值是个常量。之后,惠更斯意识到色差是一个参量,该参量受角倾斜度变量的影响较大。

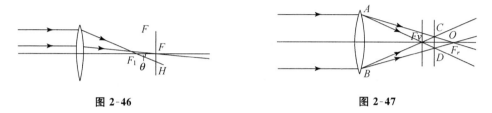

图 2-46   图 2-47

当惠更斯返回到对色差的研究的时候,他利用了牛顿的研究。似乎没有证据表明,惠更斯测量了玻璃对不同颜色的折射率。现今,牛顿估计色差环的半径(图 2-47 中的半径 CO),是所使用的透镜的直径的五十分之一。惠更斯得到了一个相反的结果,这可能是由于他使用了很不一样的玻璃或者选择了不同的环。牛顿环被置于 F_v 与 F_r 之间;选择通过点 F 的平面将得到一个半径很大的环。惠更斯通过一个孔径为半英寸,焦距为 12 英寸的平-凸透镜来比较色像差和球像差的相对放大率。其光学厚度仅仅为 1/192 英寸。根据皮卡特法则,在弧形表面向光的情况下,沿轴所测得的球像差为 1/164 英寸。色差还可以通过 $f_r-f_v=\omega f$ 的关系来获得,其中 ω 是玻璃的色散率。当然,f 就是它的初始焦距。令 $\omega=0.017$,这也就是说,f_r 到 f_v 的距离为 1/5 英寸。这个距离是像差的 33 倍。对于大望远镜来说,这个差别会更大。沿着先前所使用的方法,惠更斯把任一给定透镜,与能给出符合要求的结果的仪器进行比较,并由此估算出该透镜的孔径。惠更斯认为用做物镜和目镜的透镜的孔径比,等于望远镜焦距的平方根。

当惠更斯使用为观察土星而专门设计的望远镜研究月球的时候,他发现所看到的像的亮度非常高。因此,他对目镜的孔径做了很大的限制,并惊讶于发现当达到某点的时候,所成的清晰像突然变小了。他认为这是由肉眼的某些特性造成的。"也因为",他写道:"当把一个有直径的线上的 1/5 处或 1/6 处的圆孔的平板置于肉眼前的时候,肉眼看到的物体就开始模糊了,孔径越减小,看到的物体就越模糊。"惠更斯认为这和格里玛尔迪在他的《光的物理与数学》(1665 年)中所描述的衍射是不一致的。这在牛顿的《原理》中也提到过。

当然,某种影响望远镜结构的条件,也应用在显微镜中。惠更斯曾经是一个热衷于使用显微镜的技术人员,他和列文·胡克、雷迪和斯瓦莫达姆持有同样的观点:迹象表明,即使原生动物,也不是自发产生的。惠更斯把光学系统和显微镜的结合方法,与他把光学系统和望远镜的结合方法是一样的。它们表明,由于光线的折射,使实像通过物镜而形成。用目镜放大的像,可最大限度地清晰。他给出了这台仪器放大率的表达式,结果表明,如果用减小物镜焦点长度的方法增加放大率,焦距的减小是不可避免的。作为一名实际的显微镜观测者,他发现,光的反射比光透射的观察效果要好。他曾负责过暗地照明的研制。

如果要更正我们对他只是一个物理学家的印象,在这里有必要介绍惠更斯曾经涉足生物学方面的研究。他对滴虫的研究非常著名。当然,对于 17 世纪的那些科学工作者,没有人为的麻烦去限制他们的研究对象。惠更斯不仅翻译了列文·胡克的显微镜观察资料,他还重复和扩充了他的同胞的实验。像列文·胡克一样,惠更斯反对自发产生理论,他自己对这个学科的实验研究,是巴斯德所取得的那些成就的前奏。在科学中有令人激动的活跃的东西,这是吸引人们的兴趣和感觉的另外的问题。但是读了惠更斯的信件和他笔记里的工作后,就会产生做一位专业科学家的想法。他对显微镜的兴趣,是他对望远镜无时无刻兴趣的实践。为了研制他的仪器,他需要光学的计算;为了解释"假日"、"光晕"等现象,他需要天文学的计算;为了认识自然界,他需要从事的研究领域,上至宇宙的空间,下至最小生命体的极限。

第 11 章　光的波动理论

人类对于大自然中的光现象类似声现象的认识,已有很久的年代了。罗吉尔·培根就曾经说过,光穿过空气中一个接一个的区域,在它的信息中隐含了一些振动性的行为。在这之后,除了弗朗西斯·培根提出的光现象和声现象具有相似性外,再没有其他进展。笛卡儿最先对这种现象进行了解释,引起了 17 世纪科学家的兴趣。他认为,光的传播是因为光压以无限大的速度通过光周围的细微物质。他说:"发光体的光只是一个特殊的行为,或是活泼的行为来通过我们的眼睛。发光体的动力或阻力,就像是盲人用他的手杖过马路。"又说:"发光体的运动趋势,并不像我们所以为的和光一样,光的射线并不是别的,而是沿着其发射方向的一条直线。"

惠更斯并没有受到笛卡儿的影响,然而伽桑狄的观点很值得一提。最重要的是,伽桑狄关于自然哲学的联系,使惠更斯产生了关于真空的最原始的构想。他假设,光微粒通过天体之间的空区,这些微粒是定期发出的,就像声波一样。惠更斯将笛卡儿和伽桑狄的部分观点合并起来并形成了自己的新理论。胡克又认为光波的传播是有一定速度的,他在 1665 年出版的《显微术》中说明了这一点。同年,格里马尔迪也在他的著作《光的物理数学》中提出相同的观点,他认为流体介质中的运动应该是螺旋状的。不知道惠更斯是否知道他的这些观点,但在他死后都记录在他的书中了。

也许帕德斯(1673 年)的工作应该是更重要的,他是一个业余的科学爱好者,虔诚地信奉光现象和声现象相似的理论。他把自己所有的工作成果都给惠更斯看了,但是,惠更斯无法接受如此完全相似的观念。惠更斯对其中一点进行了评论:帕德斯提出光通过光压传播在周期上是无规则的。安古于 1682 年出版的著作《光学》中,包含了一些他自己的想法。光是周期性传播的观点最早是由牛顿提出的,马勒伯朗士是第一个支持牛顿的法国作者。在这个问题上,惠更斯提出了一些他自己的独特观点。关于冰洲石的令人困惑的特征和晶体中回转椭球体的构思,是他 1677 年在海牙得出的。然后,通过试图维持惠更斯的波动论,得到了一些发现。他还从巴蒂的手稿中得到了一些启示。他在这项理论上的成就,应该归因于他很好地利用了发展起来的几何学

惠更斯并没有借助笛卡儿介质去研究光的传播,直到 1668 年,当他从真空泵试验中得到了明确的证据。他又试图将这个假说和波义耳提出的微粒理论结合,同意波义耳所说的固体、液体都是由微粒组成的。但他认为它们之间还有空隙而且是由一些更加细微的物质填充着。空气的可压缩性也由波义耳的试验所证实了,空气是由一些飘浮的粒子组成,他写道,"无形的摇摆不定的物质是由一个更微小的部分组成"。惠更斯的原子论很独特,他认为,那些小部分可以是很细小的微粒,也可以是大小可以估量的物质。像金那样的高密度物质,都不会屏蔽物体引力或磁场的影响,根据这一事实,他认为很明显,固体物质内无形介质占了相当大的比例。

惠更斯认为他的物质运动理论只是个开始。他被迫提出"软"物质去限制光在不透明物质中的运动,其运动说明了"以太"是由一些小东西组成,并可以由第二种细微的物质穿过。使我们感到疑惑的是,在惠更斯的观点中存在一些矛盾,他的设计常常有明显的区别,一方面他认为是在"以太"中传播光;另一方面,细微媒质的传播是因为万有引力或是其他的作用。他虽然区别了"以太"和细微物质,但这些区别却不是非常清晰的。惠更斯后来简化了这个观点,表明媒介和光的传播有关,在不规则的真空泵试验中也一样。他解释他无法区别光传播介质,这些介质引起万有引力,即使在他看来这种物质也只是存在于地球附近。他认为,这些问题现在都已被讨论过了,就像麦克斯韦说的:"那整个空间都充满新的介质,无论会出现什么新现象都没有什么哲学上的意义。"

在他的论著中,他开始认为一些提议只是个假设:"鉴于几何学家们通过确定的、无可争辩的原理证明他们的主张,那些原理是已被证明了的,因此这些主张也是不可改变的。"这与科学理论在开始时都是假说这个观点一致的是。和声音的传播一样,光是以振动的形式在球状波中或是表面上传播的。这两种情况最主要的区别,是由勒麦建立的光有很大的速度而且通过介质时是振动通过的。发光体的每个部分都是相对独立的,振动频率与声波相比是非常高的,这是非常明显的。随后,惠更斯就开始证明,光是如何被认为是一系列有压缩作用的或是纵向振动通过相邻的"以太"部分的。与微粒理论相反,它们在平移过程中是没有任何变动的。这解释了两束传播方向相反的光可以通过同一位置,或是有角度的错开而不相互影响。这使得惠更斯开始研究次波,每个在路径上的微粒受到扰动后就会离开中心,并且这个扰动会在微粒间通过相互接触而传递。惠更斯认为这种扰动会使光的横行动力减弱,阻碍光线的继续前进。他设定的波源的极限看上去是相当武断的,就像我们所知道的,牛顿并不满意这种不一致。光的运动只是会变迟,这在波的衍射传播中能很好地证明。

运用惠更斯原理常常需要考虑一些反对的意见,如光的波前以相反的方向接近光源,在理论上可以建构,但在实践中无法实现。惠更斯对于这种反对意见的回应是,这种反对意见并不包含在他基于几何学的来自有关弹性碰撞研究的原理之中。如果介质中的微粒都是同等的,任何一个施加于 A 的力,都会按微粒排列依次传下去,直到 C,并使 C 与 D 运动方向相同,在碰撞以后下一个静止的微粒 E 又将被弹开,只有当 C 远小于 E

时才不被弹开。惠更斯假设,所有的微粒都有相同的大小,而且当微粒存在时,允许这种作用存在。他怀疑是否这样反过来的波能够像光一样。然而,当考虑到波上的一点是另一个波的中心时,总叫人有些不满意。见图 2-48。

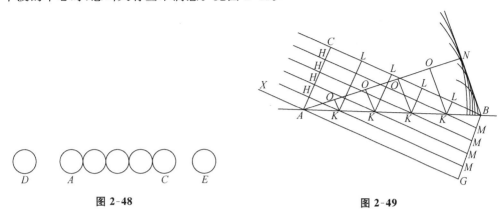

图 2-48   图 2-49

有关光学的书中就给出一般的平面反射。次级波不是从 GMMMMB 射出,而是从反射平面 AB 射出。当次级波由 C 传到 B 时,由一个波从 A 发出,传播的路线 AN 和 CB 相等。干涉波的半径以同样的方式决定,因此可得切线 BN。一个波的终止又是另一个波的开始。几何上我们可以说它的入射角和反射角相等。见图 2-49。

光在反射时速度不变的条件下,惠更斯原理确实可以成立。引用胡克定律,回答以下这个问题:"这一不变的速度来源于物体在弹簧作用下的特性,也就是说,给的压力不论是大还是小,它都将在相同的时间内弹回。"

考虑一束光从一种介质射向另一种介质时,情形就不同了。波动说和微粒说哪一个更重要呢? 根据微粒说,惠更斯推断光在高浓度的介质中传播的慢,这并不是完全因为介质的不同。惠更斯认为非物质的介质遍布于所有的固体和液体中。速度有区别,是因为光通过包围着元素更密集的粒子而产生的弯路。如果我们问惠更斯"以太"是怎样穿过物质的,他的回答提出"以太"进入托里拆利空间,而空心的物体具有的惯性完全是与其质量成比例。与牛顿一样,他能查明固体与"以太"间是没有摩擦力的。而且,在一些物质中,惠更斯假设物质微粒不受光振动的影响。在这种情况它们同样传送振动,并且表现在第二个模型中解释为双重折射。

对于一般的折射,惠更斯认为 AC 是在第二介质表面的反射线。光的速度在第二介质(玻璃)中被认为是在空气中速度的三分之二。在相同的时间内,从 A 点发出的波的半径也是在空气传播距离的三分之二。同样当波从 C 点传到 B 点时,波从 A 点在新介质中传播的路径为 AN,且 AN 是 CB 的三分之二。见图 2-50。在任何情况下,由 K 点发出的波的半径是 KM 距离的三分之二,KM 表示子波在空气中的传播。新的波阵面是与 NB 相切的,满足以下公式

$$\frac{\sin\angle DAE}{\sin\angle NAF} = \mu = \frac{光在空气中的速度}{光在玻璃中的速度}。$$

当光从玻璃射向空气时,速度之比就倒过来了。见图 2-51。因此,AN = 3/2BC 或 3/2AG,就有

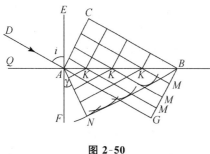

图 2-50　　　　　　　　　　　　　图 2-51

$$\frac{\sin\angle DAE}{\sin\angle NAF} = \frac{2}{3}$$

对于大的入射角 DAE，当 $BC=3/2AB$ 时，有

$$\sin\angle DAE = \frac{BC}{AB} = \frac{2}{3},$$

$$\sin\angle NAF = \frac{NA}{AB}。$$

而

$$\frac{\sin\angle DAE}{\sin\angle NAF} = \frac{2}{3},$$

则有 $\sin\angle NAF=1$，反射角变为 $90°$。如惠更斯所说，波阵面为 BN"并不能在任何地方都看到 AN，因此入射光 DA 不能穿透表面 AB"。

对于超过临界角的入射，光线无法传播到表面，还无法给出一个满意的物理答案。由于反射在内部的发生，他认为："空气中的微粒或是其他混合微粒，与非物质微粒或是更大一些的微粒发生了碰撞。"他无法解释当空气被真空代替时，反射将如何发生。

在关于反射的最后章节，惠更斯表明他的次级子波理论是遵守费马原理的。费马原理指出：光在两点间传播所通过的路程，是两点间的最短路程。费马是强烈反对笛卡儿的，他认为笛卡儿的"错误"表明，斯涅耳折射定律要求光在密度大的介质中的传播速度要比空气中的快。在给德·拉·卡姆贝的信中，费马认为提出相反的假设是非常有必要的。他在信中说明了如何从最短时间原理推出反射的正弦法则，并将这封信再写了一次在 1662 年寄给了惠更斯。惠更斯最初是非常鄙视费马原理的，这个原理对他就像是亚里士多德的滋味，他说，这个"可怜的原理"是他听过的最有用的。然而，他后来改变了对费马原理的观念，而且使他高兴的是他用自己的理论推出了这一点。

费马原理和惠更斯的诠释在一些情况下是可以总结起来的，两者都给了反射同样的物理解释。虽然惠更斯曾经怀疑这一理论在未来的发展，但他并没使这一重要原理失去意义。这个最短时间原理有一个很有趣的应用，是在大气的折射率上。在他的著作中，大气的折射率是对天文学家非常重要的课题。惠更斯指出，球状波只能运用在同种介质中或是一组具有同向性的模型中。随后，他指出在非均匀介质中，波会呈椭圆形的形状。但这个问题在大气层中是非常不同的。折射率是随密度的变化而逐步改变的，并且惠更斯认为波从源头传到表面应该是经过相等时间的。为了总结密度对波动理论的影响，应该让空气微粒受阻碍而产生振动或是要投射光自己，最后发现这些都是无用的。

　　惠更斯自己预见到,他随后的工作能为他完成"不完备的理论"提供帮助,然而对于去建立一套完备的理论还有很多事要去做,剩余的文章开始从事将波动理论用于双反射的研究。众所周知,惠更斯阐明非寻常光线的波表面形态就像旋转的椭圆,而且这一理论到现在也一直被大家所认同。他所无法解释的是光通过两块相叠放置但方向不同的冰洲石的现象,他成功地用椭圆光理论去解释非寻常光线,但无法描述透射光的极化性。

　　冰洲石的特性在一些较重要的光学研究中都有说明,例如马赫的著作《物理光学原理》。它的一般特性也就是当一束光射向冰洲石时,折射光将分成两束,其中的一条(寻常光)按原方向在晶体内传播,另一条(非寻常光)就不是了。因此,惠更斯确信这种物质是不规则的,而且它的现象"似乎否决了我先前解释的一般折射定律"。然而惠更斯一开始认为这和原子论有关,并认为晶体的光学性质是和它的精细结构有关的。因此,他开始在著作中描述并且包含有冰洲石晶体的详尽排列。

　　这种晶体(图 2-52)具有三对平行的平面,并且每对平面都是相倾斜的,并且惠更斯给出平面间所成的角为 $101°52'$ 和 $78°8'$。晶体中相对的两个角是由三个钝角组成的,而其他的角都是由两个锐角和一个钝角组成。如果平行四边形上的角 ACB 由 CE 进行平分,并想象有一个平面通过 CE,垂直于平行四边形,这个平面上也包含边 CF,因此这个平面可以确定,而且其他的面都平行于它。

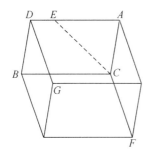

图 2-52

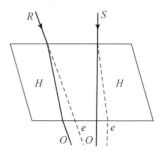

图 2-53

　　如巴塞林那斯所示,每条入射光(除了特殊的)都有两条折射光,其中一条是寻常光:它的光路和通过一般正常介质时一样。另一个光的光路就是非寻常的了。当入射平面都按定理作用 HH,它们的折射光也在同一平面上(图 2-53)。对于其他的平面非寻常光的折射光线将在不同的平面上。此外,当一条寻常入射光 S 和一条与它有特定夹角的入射光 R,它们都在主截面上;折射光为寻常光,非寻常光表现出奇怪的性质。一束寻常光在主截面上时非寻常光将向钝角 C 偏移 $6°40'$;另一方面 R 与主平面成 $73°20'$ 夹角(几乎与 CF 平行)发出无偏离的特别射线 e。

　　采用一种方法,当光透过晶体去看一个小目标时,它们之间有明显的可以测量的距离,惠更斯发现寻常光线在主截面上的折射率是常数,接近 $5/3$。用相同的方法去研究非寻常光的折射率不是常数。光源明显地向晶体偏移。毫无疑问,惠更斯发现了非寻常光折射得非常重要的规则。如图2-54所示,平行四边形 $GCFH$ 是主截面。

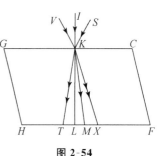

图 2-54

　　IK 是射向平面的寻常光,KM 是非寻常光。惠更斯发

现 VK, SK 在 IK 的两侧并与 IK 所成的角相同。非寻常折射光 KX 和 KT 在 HF 截取 MX 和 MT 相等。这就是惠更斯的非寻常光的折射定律。

如果有可能,这些现象应该被整理为关于透射的一个单一的理论。寻常光的折射是没有什么特别的。这一理论中,关于球面波传播速度比在空气中小的问题是足够的,"对于其他的辐射也应该会有一些不同寻常的折射",惠更斯写道,"我希望能对椭圆波或是其他球面波进行研究"。这些可能在稀薄物质的粒子,在类似球体的波形源的粒子:"我几乎不怀疑这种晶体与类似粒子排列相似,因为它的架构和它的角度是明确不变的。"

在研究这个假设时,惠更斯关于一般入射光产生非寻常光的解释,如图 2-55 所示。RC 是波的起始处,AB 为晶体表面,这是有主截面的,半波出现在 $AKKKB$。轴线和最大半径都是倾斜于 AB 面的,如图中 AV。"我强调轴线和最大半径是因为对于同一个椭圆 SVT,作为回转椭球体的一部分,它的轴线是 AZ,垂直于 AV",惠更斯写道。随后他认为,平面图形上的椭圆只是回转椭球体的一部分。所有半椭圆体的切线是 NQ。在惠更斯最早的理论中认为,它是由 RC 传播而成的。NQ 与 AB 平行,但是它作为非寻常光折射所必要的出现的较晚。

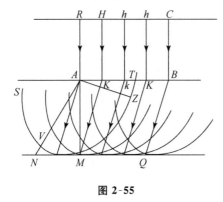

图 2-55

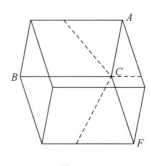

图 2-56

接下来很有必要找出旋转椭圆的确切形状和晶体中的原始轴线。幸运的是,左右的六个面中相平行的面有相同的折射情况:实质是单轴的,如图所示菱形冰洲石的钝角(图 2-56)。假设对于三个面的每一个都分别有一个主要的截面标准,它们交于一条直线上,

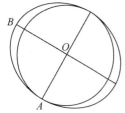

图 2-57

惠更斯称它为角的轴,每个边缘对角的角相等。如果旋转球面波轴线的方向并不像惠更斯一开始想象的与角的轴线相符,三个主要部分都不能通过与光学相关的特性与辨别。这个角的轴线对于角的每个面所成的倾角之和为 45°20′。球状体的形状已经知道,非寻常光对角主截面偏离 6°40′的正常影响范围,事实是足够可以建立球体的形状。通过这些数据的计算,惠更斯发现下面这种现象与事实相吻合。如果 OA(图 2-57)是冰洲石的轴线方向,寻常光从 O 点射出,球的半径为 OA,以 OA 为轴旋转 AB,非寻常光也会从 O 点射出。OA 与 OB 的比为 8:9,当 OA 与在空气中所经过的路程之比为 3:5。

倾斜的入射光所产生的折射光会是下面这样,MN 是冰洲石与空气的接触表面,SO 是入射光。见图 2-58。

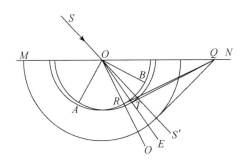

图 2-58

让光线 SO 射到 S'，并且以 O 点为圆心做圆，当圆与 SOS' 相交时过交点做圆的切线，并使切线与 MN 交于 Q 点。如果以刚才圆的半径的 $3/5$ 为半径以 O 为圆心做圆，过 Q 点做切线与圆交于 R，OR 为寻常光。OA 为菱形冰洲石的一条轴。球状体中较小的一个球面的轴为 OA，与 OR 相等，是较长轴长度的 $8/9$。过 Q 点做切线与球状体交于 T，OT 为非寻常光光线。只有当一个平面与入射面对称时才会这样，也就是要么与入射面一致，要么与入射面垂直。对于非寻常光的其他方面时会偏向入射面的。这个结果是惠更斯通过实验证实的，他将晶体切开，使光学轴正好在表面上，在入射面上与表面平行，或在它们之中。他还在实验中发现当入射角为 $16°40'$ 时，非寻常光不出现折射。他在这里所做的是为了表示在这个角度光线还是无法发生折射的，因为它被直接指向椭圆体的长轴线。光线不发生弯曲除了在进入新的介质中改变速度的现象，可以根据球面波中产生的现象，新波的方向与光线的方向不同。

作为他的理论的基础，惠更斯期待通过冰洲石而劈开的光线能够通过另一块冰洲石，除了一些他自己无法解释的特殊位置外，当进入第二块冰洲石寻常光和非寻常光会再次劈开。这个发现绝不是事实。惠更斯对于发现这种现象而十分苦恼，而且试图去解释它，但也是枉然。就像马赫所说他站在"自然光波"发现的门口，但他的想法阻止了他前进的脚步。"在完成晶体的专题论文前"，惠更斯写道，"我将要在论文里添加一个不可思议的现象，这是在写完前面一些内容时发现的。因此，我直到现在才发现，我并不是有意不发表它，为了给其他人机会去发现。看上去除了这些外我们需要更多的假设，但是这些假设必须和多次测验所证实的现象一致"。这方面惠更斯是正确的，他对椭圆球面波的几何学分析到现在都还是十分有影响力的。他又说道（图 2-59）：两块相叠放置的冰洲石，他们之间保持一定的距离，并且两块冰洲石所对应的面都是平行的。当一束光线 AB 射入时，根据双折射原理，在第一块冰洲石中就会分解为两条光线 BD 和 BC，一条为寻常光，一条为非寻常光。当穿过第一块冰洲石后，光线经过两块冰洲石的空隙和第二块冰洲石时，都不会

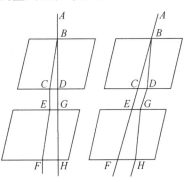

图 2-59

再发生分裂的。寻常光在第二块冰洲石中会再发生一次寻常折射，如同光线 DG 和 GH；非寻常光会再发生一次非寻常折射，如 CE 和 EF。相同的事并不只在这种情况下发生，

只需要每一块晶体的主要部分在同一平面，而不是需要两相邻晶体的表面平行，这种现象都会发生。

惠更斯描述了他所发现的光的偏振性。他说道："这是十分神奇的，当光束 CE 和 DG 经过空气进入第二块冰洲石时，为什么不会像光 AB 一样分裂成两束。有可能是光束 DG 通过第一块晶体时失去了一些帮助非寻常折射的东西。""这似乎与光的波动性有关，经过第一块晶体后，我们得到了一种特殊的形式或倾向，当进入到第二块晶体中的一些特殊位置时，分成了两种不同物质，会产生两种特别的折射；当进入到第二块晶体的其他位置时，将只以一种物质形态传播。但要我说为什么会这样发生，迄今为止我还没有找到一个满意的答案。"牛顿的光学书后也有 26 个关于这类问题的疑问。牛顿说，一束光就不能有两个面么？

惠更斯并没有试图在《光论》中给出关于球面波产生的物理解释，但他与巴本就这问题进行了交流。在 1690 年 10 月份的一封信中，他写道，"对于冰洲石中所包含的物质，我想一定有一种是由回转椭球体所组成的，其他的充满回转椭球体间的空隙，并使它们紧密地束缚在一起。除了这些，在刚才提到的两类物质间及整个晶体中还遍布'以太'这种物质；假设回转椭球体和它之间的物质都是由小微粒组成的，这些微粒中又散布着'以太'微粒。寻常光在晶体中并不是由于波在无形的物质中传播，这是没有原因的。对于非寻常折射，这时波的传播媒介是无形物质和组成晶体的另外两种物质。对于这两种物质，波在回转椭球体传播的速度比在无形物质中快，而在回转椭球体周围其他物质中传播的速度比无形的物质中传播得慢。对于同一列波，朝着回转椭球体的宽的方向传播时，将经过更多的回转椭球体，经过较少的阻碍物质，因此比其他的情况要传播得快些。"然而，巴本和惠更斯对原子学说并没有相同的看法，惠更斯批评了巴本或多或少的笛卡儿传统思想的错误。

惠更斯著作的译者汤姆逊教授在译文中说："假若惠更斯没有横向振动的概念、干涉原理的概念或者存在有序系列波的概念，他仍然会异常清晰地理解波的传播原理；他对这个主题的阐释是处理光学问题的新时代的标志。"惠更斯的理论似乎是十分有冲击力的，但周期性的概念却没怎么提到，尽管不是非常特别，但在他的笔记本中，我们可以发现他已经推测出了波的存在。他并没对色彩产生非常大的兴趣，但他对于胡克的一些关于色彩的解释是非常有兴趣的，他认为这些问题不需要数学方法。牛顿最早提出色彩和频率相关的想法，但是缺少惠更斯对他的支持。奇怪的是，粒子说的创立者牛顿，在后来的研究中比惠更斯更接近现代波动理论。然而，他也从没有抛弃粒子说，在研究中，一方面，波动运动应该是横向传播的；另一方面，没有波能够像惠更斯所发现的在冰洲石中传播的运动。如惠塔克所说："他对于同时期的波动理论所提出的质疑是非常完美的，但他不反对上世纪末托马斯·杨和菲涅耳所提出的理论。"在惠塔克看来，光的振动传播被年轻时的伯努利错过了，后来在 1736 年他因一篇关于"以太"的文章而获奖。

惠更斯的著作的最后一部分，是对笛卡儿的回复。惠更斯写道："透明体很适合研究反射和折射的。"这里惠更斯解释了波动理论和最短时间原理所产生的表面光程等问题，他对笛卡儿的理论给予了详尽的证明，但没有得到什么回应。惠更斯承认了圆锥曲线的重要性。他证明了笛卡儿所说的凹—凸镜是等光程的，而且是由共轭焦点决定的。按照笛卡儿的假设,凸透镜的表明应该是球面。然而,工作给人的印象就是在建立理论时的乐趣。惠更斯关于曲面反射的理论和波面焦点都被证明是非常有用的。

毫无疑问,惠更斯关于光的次级子波理论对于光学是十分重要的,他留下的一些问题也都被菲涅耳解决了。但惠更斯波动论的早期历史有些叫人失望。《光论》收到了很好的效果。波动理论于 1693 年在威登堡大学提出。在惠更斯死后,这些理论似乎很快就被遗忘了。

第 12 章　土星

在惠更斯的生平描述中,当他从第一个望远镜中观察时土星呈现出一种令人迷惑的面貌。木星的卫星确证了哥白尼的理论,但是土星的情况与此相差很大。伽利略发现了一些土星的奇怪现象,但没有继续研究下去。

本书的前一部分有一些关于惠更斯体系的内容。1655 年 9 月,在天气比较好时,惠更斯观测行星,还制作了望远镜。在这段时间内,光环变得更加倾斜,在他的书出版五年后,即 1664 年,惠更斯画出了光环的大致样子。他曾经错误地认为那只是单一的实心环。当光环完全出现时,用一架小型望远镜即可看见卡西尼分界线。1675 年,他抛弃了环是实心的观点。

在行星的恒星周期,相对于黄道,光环的倾角是不变的,惠更斯或多或少是正确的。在序言中他写道,土星和地球的轴线与黄道的倾角是相等的,这本书是对哥白尼学说的本质提供了详尽的解释。因此,他没有考虑不合适地提及他的关于火星、金星、水星的卫星的寻找。观测到木星四个众所周知的卫星,他指出行星的圆环发生了变化,是因为出现了类似云朵那样的气化物。与他的主要观点无关,但是值得记录的是猎户座的星云,猎户座星云是西萨特于 1619 年发现的。他认为它与银河的星云截然不同。用望远镜观测时猎户座没有失去它的星云状物。他认为光是从黑色天空中更远的可见区域的一个空洞中传出的。后来 1733 年,德哈姆质疑,"除了恒星,有各种可能,是否星云处于进入无限光域内的裂口或空隙"。

惠更斯的土星理论,是在搜集公布的行星各种图片后,发现几乎所有用来解释的假说都是一个不完全可见的光环。从一开始,如果他承认,光环一直看起来是明显的,行星是与地球类似的;因此,它们都是绕轴旋转的。一个更危险的假设是,土星和它的卫星(泰坦)之间的物质的速度,随着绕行星的半径增加而增加。不过显然旋转物质的速度是对称的,因为行星变化得十分缓慢。惠更斯发现,土星光环所在的平面与黄道的夹角大约为 20°。他不能接受任何一种关于光环仅是一种发散的易于消散现象的假设。他说,我们可以认为土星光环特性是永恒的。他的观点如图 2-60 所示,但这个光环发出非常不固定的光,除非它在万有引力的作用下达到平衡。他认为光环的万有引力,与因旋转而产生的离心力不平衡。这种说法并没有促进牛顿的理论。他的设想是静态的,而且要求光环能经

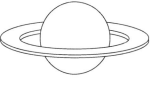

图 2-60

受引力的影响而无裂缝，这样旋转就不是问题了。但是土星引力朝向光环这一想法，可能会有重要的优势，可能使牛顿开始做有趣的推断。

除了由于早期望远镜畸变和模糊造成的影响，惠更斯面临说明倾向黄道光环假设的

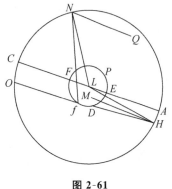

图 2-61

必要性，这个假想要对各式各样星球外貌提出解释。用望远镜观察视线与光环平面间达到 2°时，光环就看不到。预测未来外貌的问题就成为一个纯粹的几何问题了。在图 2-61 中，ANC 表示土星的轨道，DEF 代表地球的轨道，L 处是太阳的位置，那些轨道是位于同一平面内的圆。由于地球和土星轴的倾度是平行的，光环平面与轨道交叉线是与线 AC 平行。如果土星在 H 点，地球在 D 点，HM 是光环平面与轨道的交线，而且地球的位置离线 AC 夹角比土星夹角大，线 HM 将落在太阳和地球之间。光环平面从 L、D 之间通过，而且来自光环的反射光不能到达 D。反之，当地球

位置夹角小于土星位置，在相对位置 NF 或在 CA 的相反边 Nf，从 F、f 可以看到光环的同一表面。

知道了土星的会合时间，就可以计算出行星间连接再出现圆形的时间。惠更斯说，这个圆环在 1671 年的 4 月到 6 月将会变细。在 7 月或 8 月它将在视线中消失，到 1672 年的 7 月或 8 月它又会再出现，直到 1685 年它都可以看到。到 1700 年行星又会再以圆形出现。事实上，惠更斯必须认识到他的预测上的错误，因为在 1670 年比他预计的时间提前发生了。惠更斯并没有进行详尽的测量，似乎他的决定也不够精确，他也没有进行长时间的不间断的观测。实际上，他的行星观测都是没有记录的，因而被忽略了。

望远镜一开始被用来把土星放大 50 倍来进行观测。物镜是平-凸镜，目镜是焦距为 8 厘米的简单透镜。1655 年 2 月 3 日惠更斯对物镜的描述，于 1867 年在乌特列支大学被哈亭发现。惠更斯的第二个望远镜长度是第一个的两倍，并能将物体放大 100 倍，在 1656 年 2 月 19 日开始使用。放大倍数的计算不是依靠物镜的焦距和目镜的焦距，而是依靠远处物体用望远镜的观察的大小或是直接看的大小。

惠更斯在研究土星时用到了用黄铜片做成的千分尺。它一直使用到 1659 年。在 1666 年，他将十字线做成的正方形加入到千分尺中，由伽斯科尼发明的螺旋测微器取代了它。惠更斯所测量的直径太大了，里茨奥利在他的基础上进行了改进。同样他们之间产生了一种非常公平的关系。如图表所示，惠更斯将行星的直径与太阳直径比较，为了估计出行星的直径。

行星	与太阳的直径比	真值
金星	1：840	1：112
火星	1：166	1：202
木星	1：5.5	1：9.8
土星环	1：7.4	1：11.6

在研究木星与火星直径时,惠更斯注意到穿过这些行星的区域的存在。惠更斯采用了哥白尼的行星与太阳距离的比率。直到 1672 年,天文学家对于地球与太阳间的距离都没有达成一致。因此,如果它们间的距离可以被发现的话,是非常有必要估计的。再观察到上面给的直径,惠更斯的理论"通过很好处理整个系统",可以算出地球的大小。惠更斯用与太阳间大小和位置的比例来处理,使我们想起了开普勒。因此,地球的体积介于金星和火星之间。根据以上数据得到地球直径与太阳直径比 1/111。惠更斯推测,太阳的直径是太阳与地球距离的 1/113。因此,地球的直径是太阳与地球距离的 1/12543。地球到土星的最大和最小距离,分别是地球直径的 122000 倍和 100344 倍。惠更斯根据这些数据建立了模型并进行计算,得到的结果比期望的要好。

用他的方法可以观测到近似的直径。惠更斯用光圈使物体聚焦,光圈有一个比目镜直径小一点点的洞,这样可以得到视场清晰的像。他用最新发明的摆钟,通过测定天体穿过所需的时间,很容易得出视场中角的大小。他使用的望远镜(假定为 23 英尺)的场角为 17′15″。这种测微器仪是由直径可以逐渐缩小的铜棒构成,当铜棒可以嵌入接目镜的焦平面时装置停止。

在接下来的几年里,惠更斯对土星进行了更加深入的观测和重新定义,其中最重要的是环的直径和行星的概念。1667 年 7 月 16 日,即在土星光环的出现的时刻,惠更斯和包特将它与巴黎的地平线作比较。比较所得的结果,他计算出在黄道上土星环的倾角(黄道:地球运行轨道与天球的交界面,在地球上看,太阳似乎沿着黄道运行。)但是缺乏更详细的理论。

土星最重要的理论是后来的卡西尼做出的,他在巴黎天文台工作,卡西尼发现了第二颗卫星(1671 年 10 月),并观测到以他的名字命名的土星环的裂缝——卡西尼环缝。

第 13 章 宇宙理论

在 17 世纪后半叶,皇家科学院的历史学家凡特尔引起了人们的极大关注,他写了《在火星和土星的外星人眼中的地球》一书。惠更斯写了《宇宙理论》一书,该遗作于 1698 年出版,书中模仿了凡特尔一书中的主要观点,这表明惠更斯在当时与笛卡儿学说的主要观点一致,也表明正如莱布尼兹期望的一样,惠更斯是他出版著作中最具人类智慧的。该书于 1702 年翻译成法语,于 1722 年翻译成英语,出版时书名为《已知的天外世界》,直接从已出版的《宇宙理论》中引用。

惠更斯开始注意到,关于行星理论的科学推测,不应当评判为违背圣经、抑或无用或不虔诚。相反,"除了科学研究的崇高与快乐,我们还不能有把握地说,它们对智慧和道德的作用只是微乎其微的吗? 在此,我们可以从高处来看这个黯淡的地球,考虑是否大自然将其所有的价值和精细都展示在这地位低微的污斑上"。英文翻译版本的风格与惠更斯拉丁文的含义相差甚远。

尽管如此,这本书通篇是惠更斯以写给他哥哥康思坦丁(小)的信的私密语气写成的。当惠更斯略述了哥白尼理论时,他给出了一张示意图"像你在我家里看到的摆钟"。

有可能为了显示行星运动,他提到了自己的机器。无论如何,读者会感到惠更斯很多早期的工作就像穿了新的外套,如行星数量,从地球上看到的行星间距离,以及他关于地球作为一个行星的观念等。"我们如今都很熟悉",翻译成现代语言,"可以或多或少告诉我们,与在地球上相比,在木星或土星上的重力是多少"。通常他的观点是,因为行星与地球是如此的相似,所以有可能存在某种居民。在这些观点中,惠更斯猜想在冰冷的星球上,存在着性质与我们地球上的水不同的水。这种水的凝固点更低。他猜测,如果那儿有某种人类生命存在,必定具有地球人类所依赖的生命的其他形式。他想,行星上的人有可能具备我们同样的缺点与思维能力。惠更斯描绘了在木星和土星的居民看到的夜空。让我们的想象继续驰骋,他写道:"如今华丽而巨大的宇宙安排得多么棒而令人惊讶啊!如此之多的恒星,如此之多的地球,它们每个上面都满是草啊,树啊,动物啊!当我们想到如此之多的星星又相隔如此遥远,更让我们叹为观止!""我必须与和我同时代的哲学家保持意见一致",他接着说道,"太阳与自然界的其他恒星一样",他批判了开普勒的太阳中心说。

最后,他提出了改进的漩涡理论,"我的观点是,每一个恒星系都被快速漩涡运动的物质包围,它们至少不像笛卡儿以为的那样的运动方式。就像你看到的小男孩用肥皂水吹的泡泡一样,整个漩涡以同样的方式运动"。他断言,笛卡儿的观点需要在牛顿理论中修正,特别是需要考虑到太阳和行星间的万有引力,以及如何"计算由开普勒发现的行星的椭球率"。他解释道,他的漩涡是由在某同一方向上相对不动的物质所构成,"但是,在所有边上的运动方式不同,使它的不规则运动不至于被破坏,那是因为在它的周围存在'以太'这种物质。'以太'是静止的,使漩涡的部分不能冲出去"。

对如今的读者来说,惠更斯关于太阳系最终的理论存在强烈的相互矛盾的观点。惠更斯完全采用了牛顿理论的数学部分,但是他的解释没有参照牛顿理论。他不能接受一种纯经验主义的重力观点,而采用了他自己的"以太"学说。按他的理论来说,惠更斯试图排除原先他所设想的神秘特性。这种观点是惠更斯一直以来所采用的。他没有发现他的理论比牛顿理论更适用,以至于可以帮助显示而不是治愈笛卡儿的自然哲学。

宇宙理论显示了惠更斯所有著作中最为广泛的宗教观点,看起来他似乎不是一个唯物论者,相反,有证据表明他至死一直支持新教,有很多观点看起来是异教的。例如,他认为世界的组成表明在现象的背后存在着一种智能力量,他认为神是属于人或者属于他的旋转理论。从这个观点上来看,人可以理解为造物主的存在方式,但是同样的用这种想法排除接受了一种更为拙劣的迷信。惠更斯似乎没有接受魔鬼的理论,他可能抛弃了个人的不朽。但是他的观点显然属于新教时代的正统论,尽管科学表明在更大的空间内没有发现外星人。作为公元前古罗马著作家西塞罗的崇拜者,惠更斯谈及以某种方式建立在大自然的壮观,确信人类在建立事物图像时不是没有自身意义的。斯多葛哲学创立在17世纪的科学家的怀抱中,需要专门提到的,就是从克里斯蒂安时代开始的,存在这种哲学的渗透和影响,即世界终极合理的信念。我们可以说,惠更斯肯定支持过的这种信仰,是他宗教观念的精髓。

第 14 章 惠更斯在科学史上的地位

惠更斯出生的时候,笛卡儿和伽利略已经是科学界里耀眼的巨星了,而且他们在某种程度上影响了惠更斯的一生。在惠更斯早年时期,据说科学界被分成是以伽利略为首的经验派和以笛卡儿为首的压根不相信这些经验论的一派。这种分歧一方面归因于亚里士多德学说,因宗教原因而不能接受笛卡儿所遵从的哥白尼学说。当时,那些拥护亚里士多德学说的大学很快就因为当代思想的迅速发展趋势而落后了。但他们及时地接受笛卡儿思想的影响,并且因此引入了更多的科学观点。牛顿的观点第一次在剑桥出现的时候,是关于笛卡儿学说的评注。在牛津,作为天文学家的萨维利安教授,他总是因为进步的观点而变得孤立。在 17 世纪文艺复兴早期,自然科学学会是非学术性的、业余爱好者自发组成的分支。他们的存在一方面是由于分析希腊著作的发现;另一方面是天文学观点的冲突和数学的发展;还有一方面是由于培根和笛卡儿的作品。科学复兴的来源还包括其他从属的支流,但要一般来讲的话,它们的解释似乎不够完整,因而我们这里不去涉及它们。一个重要的事实是,惠更斯出生于自然科学还属于婴儿期的时代。作为一个年轻人,他肯定听说过佛罗伦萨学派德尔·西蒙托的工作,在巴黎从访问佛罗伦萨的著名旅行者皮尔利斯所作的报告中燃起兴趣。惠更斯早期学习伽利略的作品,并通过梅森的指引进入了一个充满着新问题的小世界,他越来越相信自己拥有发现自然规律的能力。

因为对亚里士多德科学的攻击已经准备了很长的时间,所以罗吉尔·培根、达·芬奇、本内德提、斯特维纳思先于伽利略开始了力学的最初解释。第一个批判的是关于亚里士多德的某个假定而不是他的整套方法,伽利略是第一个用被我们称为科学数据的东西取代实物的人,也是第一个对科学描述作出贡献的人。从那之后,17 世纪的经验主义者的整个活动都跟随了这个方向。取代实体、物质和本质,形式和其他种类更适合亚里士多德的逻辑学,一个分析法要通过用空间、时间、质量、力等那些类似的东西来发展。因而考虑的种类也变化了。所有这些,惠更斯自己也明确地意识到了。他觉察到甚至 16 世纪的作家都保留着许多亚里士多德的神秘特性。他注意到吉尔伯特、特里斯尔、卡姆潘尼拉的独创性和数学运算是不足的,甚至伽森狄也不够好。培根早就看到亚里士多德的不足,另外还提出方法来建立一个更好的系统。他写道:"他没做任何事来推动数学的进步,并且对事物缺乏渗透力,不可能构想出地球的运动,对此,他很失望。"在另一方面,伽利略拥有思想和所有他所需要的用来使物理进步的数学知识,而且,必须承认的是,他是第一个"触摸到"自然界运动的人,即使他留下了很多尚需要完善的部分。他没有足够的胆量,也没有设想过承担对所有自然现象的原因的解释,更不会虚荣地希望变成宗教领袖。他谦虚,非常热爱真理;他认为除此之外,他得到了足够的名望,而且这些名望会因他的新发现而持续到永远。

那个时代自然科学思想的另一个特征,是关于数据间关系的数学简单性的假设。这个假设出现在伽利略的作品中,也出现在开普勒和哥白尼的作品中,在某种程度上,它甚至出现在达·芬奇的作品中。巴特曾指出,16 和 17 世纪亚里士多德学说的下降,同有强烈的毕达哥拉斯成分的新柏拉图学说的上升是一致的。对于开普勒,极端的例子,在自然界事实中,甚至是在神圣的天国中,可发现的数学协调性是事物为什么存在的原因。然而,尽管如此,在开普勒那里,新柏拉图式的神秘主义与数学表达式中严密性结合起来了。稍后,这个观念大幅度改变了,从而认识到数学规律性的存在可用来解释力学。困难在于要怎样把数学定理和保持精确性的力学机制相结合。在这点上,笛卡儿力学失败了。实际上,笛卡儿的宇宙学说是建立在一个很烦琐的对立面上,因为他试图使哥白尼学说和地心说一致。惠更斯确信,笛卡儿在这个问题和别的事件上犯了墨守成规的错误,因为他希望建立一个能够使人信服的可推证的系统。笛卡儿特别提到:"在我面前表现为嫉妒伽利略威望的人,拥有很大的期望超过新哲学者。这从他的努力和希望在学术界中达到亚里士多德的地位中可以清楚地看到。"笛卡儿的思想,被已经核实了的证据支撑着。他的关于物质终极粒子的新颖的形状和漂亮的漩涡影响深远。"当我读这本书的时候,笛卡儿的《原理》,我第一次感到世间万物的规律是如此的清晰;当我遇到困难的地方,我都认为是我的错,因我不能充分地理解他的思想。那时,我仅仅 15 或 16 岁。然而,自从时不时地发现明显的错误和不可能的事物后,我义无返顾地返回到我开始的地方。而且,最近我发现在所有的物理学、宇宙哲学和气象学中,几乎没有我可以接受的东西。"

惠更斯实际上回到了伽利略的观点。他懂得了定量的学习数据和不墨守成规的逻辑,是发现的方法和技巧。笛卡儿作为一个数学家的魄力让惠更斯很敬佩,但他认为精确性在笛卡儿的工作中并不是最重要的,这是他无法接受的。笛卡儿和惠更斯的差别,主要不在于他们的关于物理过程的观念,而在于物理条件限定的精确性的关心程度。惠更斯认识到解决该问题需要更深的几何学知识。广义上来说,这些知识有很多特性。仅有这些是不能计算弹性体碰撞的结果和加速运动的。

然而,以上所考虑的这些是不足以用来说明我们所讨论的力学革命的。因为思想范畴和相应力学定律表述形式的改变,必然会导致科学著作,尤其是力学著作中解释方法的完全改变。广义上来说,反亚里士多德学说的革命,是一场拒绝接受他的热衷于寻找有效原因的科学模式的革命;人类追求的不是表象的目的而是表象背后的过程。这种根本的改变,使我们意识到只要记住亚里士多德的生物学的著作就好了,它认为所有结果都是我们所能察觉到的天生存在着的大自然过程的一部分。事物总是趋向于必要的或指定的方向发展,因此人们感兴趣的往往是它的结果,而不是结果背后的机制。在动力学中,物体运动位置已经被指定好了,而大自然就是运动的推进力。

运动和改变给哲学家柏拉图带来了许多问题。然而,亚里士多德认为运动是连续的;柏拉图认为所有改变的出现是连贯的,因而运动本质上是连续的。也许柏拉图是对的,所以,在 16 世纪的运动中,对亚里士多德学说感兴趣和学习它的人都比新柏拉图学说的少。

学者们之所以反对亚里士多德的权威,还存在第二个原因。与自然界自身的差别不同,世界上没有任何知识是通过对先前的形而上学原则的演绎而取得的。亚里士多德体系脱离了严酷的现实,而且他的方法不适合他们的研究。实际上,亚里士多德没有意识到归纳法则需要一个正确的思想；而且它不能简化为某些推证法，因此，世上知识的发现最终不能求助于逻辑学。培根虽然不是一个科学家，但他很清楚亚里士多德"陡然的"，并在他的箴言中表明了这种态度。他的箴言为："要支配自然就必须服从自然。"在那之后，该观点就变得更加清楚了，那就是：很多自然规律甚至需要从简单的事件中发现。

很明显，在那时候，个别学者的研究中开始采用现代物理科学方法。伽利略就是一个极好的例子，而惠更斯又把数学与实验相结合的方法向前推进了一大步。所有他的作品都有这样的性质，某些欧洲学者认为，惠更斯的科学方法观念在某些方面超过牛顿。他的学说在科学工作中的地位是具有这种优越性。"自然哲学的主要任务是从现象来讨论，而不是虚造假说；是从结果找出原因，直到我们得到最根本的原因，它绝不是力学的原因"，牛顿在他对光学的第二十八个疑问中这样写道。与此相比，我们可以把惠更斯的发现放在科学工作假说的本质位置上，这一点出现在其《光论》的开始部分。

牛顿做出了最大的贡献在于抽象概念的运用。因为他希望关注于数学关系，因而对于假说有很强的异议。牛顿系统的时空与通常经验的时空不完全一样，它们是抽象的。就这一点，惠更斯无法理解牛顿的更为实证主义的态度。事实上，他自己的观念的现实主义本质，是更为方便的出发点，使他达到科学思想的第二主流。惠更斯也许能接受术语"关联"相当于假说，但是，在原子论者的方式，他的观念是从感知现象借来的外表。他认为原子是一个潜在的现象，正如一些现代科学人士仍然认为的那样。他没有牛顿那样清晰地看到科学所需要的是一些定量的相互关系原理。当然，这是科学归纳的真正极限。实践中，当科学和不能用经典力学处理的现象混在一起时，拥有假说特性的团体或组织就发挥出他们的作用了。如果没有牛顿，惠更斯的这种方法将会得到支持。我们概括起来就是：惠更斯学说比牛顿学说所赋予的空间更大，广义上看，关于假说的地位，惠更斯是一个比牛顿更为深刻的方法论者。

在那个时期，惠更斯的工作影响很大，就连牛顿也受到了他的激励。一个有趣的例子就是惠更斯对"以太"的解释，并且暂时把细微物质的差别放在旁边。牛顿不能接受关于重力的这种解释，但他从这些差别中认识到了所谓的"超距作用"。他理直气壮地认为他的基本原理可以完全处理细微物质的笛卡儿漩涡，并且在他的《光学》里，他又回到了这个主题。"与天空中填充着流体媒介的观念不一样，除非它们非常稀有，最大的异议来自于行星和彗星在天空中以不同轨道样式规则而持续地运动。因此，这个表明天空没有可感知的阻力，也就没有可感知的物体。"但是牛顿从不否认可能存在"以太"，它可以认为是易受传播振动所影响的媒介。贝特甚至写道："采用目前流行的说法，可以感到它有很好的基础，对牛顿来说，很容易把这个用到其他现象，包括超距作用和其他用同样方法可以说明的现象，比如重力、磁力、电吸引力和其他类似的力。"然而，牛顿一点也没有坚持"以太"的观点，很明显他对"以太"概念的认识，与胡克不同。有可能由于惠更斯在这个问题上所做的工作，特别是对他影响最大的真空泵实验。对惠更斯的水和水银圆柱不下降的实验解释，在英国很普遍，特别是在《哲学报》上，波义耳和布朗克和其他人都做了观察。牛顿对"以太"的观点，在他的《光学》一书中最初于 1706 年以拉丁文版出现。

大家公认的牛顿受益于惠更斯的唯一的地方，是惠更斯在《摆钟论》中对离心力法则的表述。就像莫尔所说的，牛顿一定已经看到，惠更斯的离心力法则可以很容易得从他自己对月亮吸引力的计算推导出来，而忽略了他的工作，惠更斯领先于他。这是由牛顿的声明里明显提出的："惠更斯先生发表了关于离心力的思想，我想他已经超越了我。"现在广泛用来考虑牛顿思想的次序难题的观点，认为牛顿独立于惠更斯解决了离心力问题，但是没有发表任何东西，直到他证明了有关大的三维区域中引力场的重要定律。牛顿没有受到惠更斯关于力学系统的能量和功等非常重要的概念发展的影响。惠更斯思想的发展在关于振动中心碰撞的研究中给出过。不幸的是，惠更斯的思想的直接影响，只能在莱布尼兹的工作中找到。莱布尼兹把能量守恒作为宇宙的原理，而没有像惠更斯那样，只把真实的机械能守恒律作为一半。惠更斯在对待完全的科学实证上，没有牛顿走得那么远，但是他同意数学定理本身在科学工作中是很重要的。对于牛顿，科学的根本目的，用他自己的话说是："用大自然的普遍规律，来取代被认为由特殊的事物形式产生的神秘特点。"关于这个特别目标的智慧，已经被完全证实了。

如果惠更斯看见莱布尼兹的观点所导致的哲学方向，那么他肯定不会同情他们。就像我们所知道的，随着他更加关注笛卡儿有关纯物质的错误，惠更斯更少注意其哲学系统，没有被二元论的困难选择所烦恼。如果真是这样，那惠更斯可能已经倾向于像他同时代的人霍布斯描述的那样，变成一个唯物主义者。但是难以相信，他后来会忍受那么多的困难。惠更斯是一定程度上的唯物主义者，他拒绝保守的宗教教条。然而，如果他已经写了哲学，它将会没有霍布斯的决定论者方案那么严肃。

然而，世界分成物质和精神领域的分歧，就像人类的工作，如同惠更斯和笛卡儿那样。笛卡儿最先以不妥协的方式提出这个分歧。开普勒在区分原始性质和次级性质迈出了第一步。对他来说，只有那些可测量的物理量才是原始的。这个态度是伽利略建立的，他更清楚地定义了两种类型，来区分真知（原始物理量）和判断。颜色、气味、滋味和声音，对他来说，都是判断的结果，是来自原子或振动的作用在感觉器官上的主观印象。这就建立了笛卡儿二元论的台阶。可能这还不能看出惠更斯对伽利略的观念有多大的认可。但是我们只有回顾惠更斯的整个工作，是减少唯象工作走向定量处理，即对物质的认知从印象到知晓的转变。对短的时间间隔的科学测量，开始于惠更斯。他把长度的标准和时间的标准联系起来，他提供了有关光的反射和折射的几何方法。他极大地发展了力学，很好地解释天气现象的正确本质，和哥白尼的说法很一致。所有这些是伽利略开始的思想路线的直接继续。事实上，通过他，科学思想的主流可能已经从跟随笛卡儿，而流向牛顿工作的沟渠，牛顿已把它加深成河流。但惠更斯不会让我们忘记笛卡儿著作的想象力的刺激。1691年他评论道："我们把很多归功于笛卡儿，是因为他在物理的研究上开辟了新的路径，最早提出一切事物都必须还原为力学定律的观点。"

惠更斯在1687年给奇尔豪斯的信中很好地解释了他自己在科学研究上的方法。他写道，"在物理问题中，起始会觉得非常难，这些困难不能克服，除非从实验开始然后设想一些假定。但是即使这样，很困难的工作还是需要解决的。一个人不仅需要很高的敏锐，还需要一定程度的好运气"。在外特赫德的评论中提到，"严肃地对待观测结果的过程的建立，标志理论的真正发现。"在惠更斯严肃地对待观测结果的过程中，他精确的几何解释受到威胁。对他来说，就像对开普勒一样，似乎有一种倾向认为数学上的精确，在一定意义上是向事实的指引。这种对于结构的感觉，可以在很多科学家的身上找到。但是很少有人像惠更斯那样明显。这种对于漂亮的理论结构的感觉,由对称性和次序所唤醒的感觉,可以在大自然中找到。例如,有关冰洲石研究的阐释,那就是惠更斯思想的精粹。然而,他曾经有个弱点,使他早先倾向于相信太阳绕着地球转。他同意莱布尼兹对伽利略和笛卡儿的比较:"伽利略的优秀在于他将力学还原到科学的艺术;而笛卡儿受人尊敬,是因为他对自然效应起因的精彩解释。"他也同意莱布尼兹对笛卡儿工作的评价,"物理学的情爱小说(un beau roman de physique)"。有人为此感到有点遗憾。然而,没有惠更斯的仔细研究,莱布尼兹怎么会杜撰那样的措辞呢?

(1947 年)

说明:第 1 版时本附录名为"惠更斯与 17 世纪科学的发展"

发现惠更斯

C.D.安德里埃瑟

·*Appendix* Ⅱ·

C. D. Andriesse

> 他从 1629 年活到 1695 年，出生和逝世都在海牙，不过自 1666 年起的 15 年时光里，他在巴黎有一间公寓，在那里他出任皇家科学院院长或重要成员的职位。在这期间他完成了他的两项主要的著作《摆钟论》和《光论》。

女士们，先生们，

　　我们美味的会议宴会可能会给你们带来好的心情。这让我们回想起克里斯蒂安·惠更斯妹妹婚礼上的宴会。宴会不仅是为了招待瘦小脆弱的惠更斯，同时还有他们家族四十多位食欲旺盛的客人。

　　想象一下，一只猪头和周围一百多只鹧鸪、阉鸡、火鸡和野兔，塞满了的羔羊肉与肥腊肉。当肉的香味对你已变得很浓郁时，那么对着那些强烈芳香的蜡烛吸一口气吧。由于没有足够的白兰地红葡萄酒来滋润你的喉咙，在油酥点心里放了那么多的糖和杏仁蛋白软糖，除了放胡椒粉。因为这是个婚礼聚会，当一对年轻人害羞地躲在一块餐巾布后面亲吻、品尝各自酒杯里的红酒时，你用你的餐刀敲击你的盘子。是否轮到克里斯蒂安躲在餐巾布后面了吗？他已有 31 岁，才喜欢上年轻的姑娘……

　　不过请等一下，尽管他尽情欢乐，克里斯蒂安后来写信给一位有才华的朋友时使用了这个单词，其实对他来说已经很清楚，自己不是那种养家的男人。对待这件事，许多人都意识到了，他所关注的那些年轻姑娘，漂亮的玛丽安·佩蒂特，或者哈丝吉·霍福特，还有将继承他一半家产的多愁善感的苏珊特·卡荣，给他寄信，送小礼物，为他摆姿势坐着让他画她们的肖像画。他们知道，他的志向是在别的什么地方，他被束缚着，最终变成一个独身。心不在焉的叔叔，非常惊奇地对着他的侄子，什么也说不出来，特别是关于……。

　　虽然如此，克里斯蒂安在 1660 年 4 月 22 日给那位有才华朋友写信还是有些缘由的。他把信寄给了他那个时代最重要的天文学家伊斯梅尔·布利奥，他已经很老了，那时差不多 55 岁，正准备为克里斯蒂安关于土星耳朵问题天才般的解答作辩护。克里斯蒂安对给他妹妹婚礼祝福的客人表示了感谢，并附上了一句话，就是他比较后悔他所失去的那段为一些神圣的蠢事浪费的时光。接下来更为重要的是，他将很快并乐意在巴黎会见伊斯梅尔。海牙似乎不是一个适合科学的地方……他们需要讨论时差和土星偏转问题。

　　伊斯梅尔·布利奥，作为共和国的政治家、当地重要人物（在佛罗伦萨的里阿普特·德·美蒂齐王子，在但泽的约翰·赫维留，还有其他）的发言人，为什么有兴趣接见我们的这位同事？那是因为他能识别天才。这个帅气、长鼻子、配着桀骜不驯的特有面孔的人，他一看就留下了深刻的印象。之后，他们会见过不止一次，他想替克里斯蒂安铺设一条通往巴黎的路，可供学习的特别位置。在为权利的争辩中他已经成了顾问和经纪人，克里斯蒂安一直声称自己是摆钟的发明人和作为土星卫星和光环的发现者。

　　哦，看到卫星了。虽然没有当时的报道，但是我们喝着酒也不难想象，克里斯蒂安已经为他的第一台望远镜做好了一切准备。这台望远镜的镜头被保留了下来，我们现在仍然能够观察它，还可以看到他在普通的灰绿平板玻璃上研磨出的瑕疵。镜头有 2 英寸长的直径和 12 英尺长的焦距。如果将时间追溯到 5 年以前，你更年轻那就意味着一切。在 1655 年 3 月的一个冬天的夜晚，克里斯蒂安打开他父亲在海牙的巨大房子的顶楼窗户，滑动固定镜头的管子并伸出目镜，在窗框上平衡四个仪表。他的手几乎一动也不动，

◀ 土星

凝视着星空中的行星。

你瞧,我们都在这里,难道不是因为他看到了那颗卫星,才使我们汇聚在一起了吗?毫无疑问,他看到了,在土星旁边有一颗小星星,但是,整个天空却是布满了星星啊!他回到那个舒适温暖的房间,勾画出了他所看到的一切。尽管他仍然有怀疑,在 3 月 25 日,他第一次画出了土星带着确实很模糊的耳朵并没有小星星。在春季所有晴朗的夜晚,他都在检查方位,不停地看哪,小星星一直来回移动,它变成了一颗卫星。经过了四次变动,他决定把他的困惑,在奥维特的诗句"遥远的星星向我们眼前移动"上,随意地添加了 17 个字母,寄给了伦敦的约翰·沃利斯和布拉格的哥特弗里德·金勒·冯·洛文顿。

他是于 1655 年 6 月 13 日公开宣布他发现了一颗土星的卫星吗?不是,他的收信人可能比我们绝大多数人懂得更多的拉丁文,但这并不是他们所需要解决困惑的线索。他要传递的信息是"土星的卫星周期为十六天加四小时",而他同时又想隐秘那个信息。他是怎么啦?他采用一种字谜游戏来代替出版,却还需要花费更多精力来学习编码用的密码。但他仍然兴高采烈!在他 65 岁时重新提到这个发现时,他在他的《宇宙理论》一书中写道,每个人都能够想象到,第一个发现事物时的内心喜悦有多伟大。

这种间接的表达强烈感情的方式得以延续,直到 40 年后,他仍旧牢记着,"一颗比土星其他所有卫星都要明亮的、处于最外面的那颗卫星,出现在我的眼前,这是我用自己仅 12 英尺长的望远镜在 1655 年第一次观察到的"。从那以后,乔瓦尼·卡西尼(他自称为多米尼克)发现了另外四颗卫星,在 1671 年和 1672 年发现了两颗,在 1684 年发现了两颗。多米尼克开始给它们排序。最接近土星的卫星记为 1 号,因而最先发现的卫星应记为 4 号。差不多有一个世纪,这种排序比较好的符合实际,直到 1789 年威廉·赫瑟尔发现了更多的卫星比 1 号卫星更接近土星。

设想一下他那进退两难的境地,他应该怎么样做?按发现的顺序,还是像以前那样按它们到行星的距离,来给这些新的卫星排序?后发现的卫星须有一个新的更大的序号,于是由离土星的距离数起,而按发现的先后顺序排列则为 7—6—5—4—3—1—2,尽管这样排接近于发现的逻辑,却仍然使熟练的天文学家们的计数发生混淆。为了避免那时到处反对旧制度年代(1789 年)里发生革命性的改变,威廉·赫瑟尔决定来个综合,记为 7—6—1—2—3—4—5,然而这种妥协还是不能令人满意。

经过了半个世纪,到 1847 年,他的儿子约翰·赫瑟尔提议来结束这种计数上的混乱。他建议以与巨大的土星相关的众所周知的神祇来命名七颗卫星,具体建议如下:

"由于给土星命名的古罗马农神萨图恩(Saturn)吞噬了他的孩子们,他的家庭不能够再聚集其周围,以至于选择(约翰·赫瑟尔的选择)将其兄弟姐妹,男泰坦神和女泰坦神,摆在面前。伊阿珀托斯(土卫八)的名字似乎暗示无名的和遥远的外部卫星,泰坦(土卫六)的名字暗示由惠更斯发现的超大卫星,而那三个女性的命名瑞亚(土卫五)、狄俄涅(土卫四)和特提斯(土卫三)一起属于三个中间级的卡西尼卫星。微小的内部的那些卫星,似乎很适合回到选用年轻而低级别的仍然超人化的男性来命名,如恩克拉多斯(土卫二)和美马斯(土卫一)。"

这个浪漫的提议被热情地接受了。在接下来的世纪里,新的卫星,甚至其存在都还没有确定,就有了名字,例如,许珀里翁(土卫七)、菲比(土卫九)、西密斯·杰纳斯(土卫十）等等，用来代替了数字。直到最近的土星的空间研究中，发现在土星的周边似乎填满了数十颗新的小星星，才停止了这种命名游戏。

我们的时代不再是浪漫的，而是无神论的。我们知道得更多，也就更挑剔。我们现在还会对泰坦，即惠更斯发现的那颗卫星的名字，还会对尔后几个世纪里编造出的那些土星卫星的名字充满热情吗？老实说：不会的。泰坦甚至不是一位独立的神的名字，泰坦形成了一个集合，是一群在希腊神话里创造了世界的旧神。一位并不存在的孤独的泰坦在这样的创造中没有地位。此外，聪明的约翰·赫瑟尔所参照的神谱，并不仅仅是一场天真的理性布道。事实上你可能会对这次会议的组织者很感激，是他们将餐前的演讲推迟到晚宴结束之后。这些神话其实是一些充满轻信和劣行的，充满堕胎、阉割、乱伦、血腥和色情的可怕故事。

为什么正好是最早的神祇萨图恩（对于希腊神话来说是克罗诺斯）吞噬了他的孩子们？因为他被告知，他命中注定要被像他那样强壮的、他自己的儿子所征服。那个儿子就是朱庇特（宙斯）。他的母亲瑞亚因为她的头四个孩子已经被他们的父亲为了避免难以忍受的被征服的命运而吃掉了，所以侥幸地隐瞒她第五个小孩朱庇特的出生，并且在萨图恩怀疑地打听时间和地点时守口如瓶。好了，剩下的故事留给你们自己去想象吧。

参照神谱这个宇宙动力的最原始理论的理由是，我们现在所能看到的"惠更斯月亮"，是萨图恩的最显而易见的伴侣，其实最好能够叫瑞亚，一位真正孤独的泰坦神、或者女泰坦神，一位著名的爱欲的对象，一位奇怪生命的多产母亲。瑞亚甚至有可能哺育了我们目前推测的土卫六上甲烷中有机生物。不过，哪是神话？为什么不忍受发现者自己赋予那颗卫星的名字？

1672 年 12 月，多米尼克·卡西尼邀请他去巴黎天文台并给他证实另一颗卫星的存在，他制作了两张草图。每一张都展示出边缘有光环的行星，在它旁边有一颗由两条交叉线表示的小星星，记为 novus；又在它的旁边，还有另一颗由三条交叉线表示的小星星，记为 min—，一个明显不完整的单词。这颗同样的 min—小星星，出现在 1683 年画的土星图上，在那里他不敢肯定看到了卡西尼的 novus，因为"它比我们的那些星星要暗很多（multo obscurior erat nostro）"。在他的兄弟和邻居们的陪同下，克里斯蒂安使用的 nostro，几乎可以肯定 min—指的是 mijne 或 mijnes 的缩写，而"mine"就是过去荷兰的简称。但是，为什么他想说那颗卫星属于他时，不去使用每个人都可以理解的一个单词 meus 呢？为什么是他隐藏了他的意图？是害怕他大胆地用他自己的名字"惠更斯"去命名他的发现时会被嘲笑吗？他还写下了这样的诗句"Ingenii vivent monumenta, inscriptaque coelo Nomina victuri post mea fata canent"，意思是这个和其他的发现仍然标志着他的聪慧，并且在他死后他所写的名字越过天堂时还将折射出他的名望。现在，我们以惠更斯这个名字命名了"惠更斯号"。

女士们，先生们！这个名字不只是在一个方面适合。对于"惠更斯"的发现，只是我们的伟人为雄伟大厦竖立的一块石头，一排中的第一个。很快在那以后，1656 年，出现了第二个，他证实土星带有一个倾斜光环的变化耳朵；并且几乎在同时，出现了第三个，由于在计时上的精密，他关于摆钟的发明在实践中展现出非常重要的意义。在所有的三个例子中，他都延续了伽利略对于自然现象进行革新实践和数学研究的过程。

伽利略逝世时,惠更斯 13 岁。只过了几年,他就开始研读伽利略的《对话》,并且他对其内容理解如此之好,以至于这些内容成了他思想的中心。当他面对自己的成果时,剽窃的舆论传遍。为了平静这些舆论,他需要把他的工作的细节发表在出版的《摆钟论》和《上星系统》书中,一直到 1650 年。正如以前所说的那样,他需要像伊萨玛丽·布莉奥一样有学问和理解力的朋友。惠更斯的声望在 17 世纪很大程度上依赖于他在时钟和天文上的发现。

但是在 21 世纪,我们指出,他在 1656 年和 1659 年发掘出两块非常重要的奠基石:第一个完整正确的基于动量和动能守恒的碰撞理论和第一个带有著名公式 v^2/r、与加速度有关的力的正确理论。我们感到这些理论处于牛顿的影子中。然而不是比他小 13(几乎 14)岁的艾萨克·牛顿发掘出来的,是克里斯蒂安·惠更斯干的。

还有第三个基本的发现,并且这个发现从未归属于其他人,那就是他的原理,即惠更斯原理。他于 1677 年提出的。它说的是,在光的波阵面上的每一点,都是一个子波的中心,并且这些子波在它们的包络面上叠加。

今天,2004 年 4 月 14 日,在 375 年以前,我们的伟人诞生了。对于我们来说,那是复活节后的三天;对于他来说,是一天以前。对于父亲,一个虔诚的加尔文主义者,复活节的临近意义重大;但是对于这个儿子,却没有特别的意义。

在他的记录和通信里面,他表现出自己是不可知论的,而且可以肯定的,对他的家族非常遗憾。"我承认",他在晚年时写道,"要具有上帝的思想,已经超出了人的能力"。在他年轻时,他妹妹刚完婚后不久,他给一个想使他皈依的耶稣会数学家写信:"你只和书一起出现,好像它们本身就是权威的论据。书的内容可能被篡改,并且写书的人可能会犯错误。由数学证明提供的说服力,能坚持多久!"

他的父亲,本身就是个天才、外交家和奥林奇派的顾问,在他写的(现在仍然很著名)诗中,不止一次地强调对他儿子的不信任。例如,在其训诫里写道,"记住你所有的认知,单独地从上帝那儿来,别让你的工作背叛了主。"他父亲在场的话,他还能勉强地去教堂做祷告,倘若父亲不在场,他就不在乎那些神职人员。在他生病、或者感受孤独和忧郁时,他尤其厌恶他们。在他临终时,他家里询问是否请一位牧师来时,他狂怒了。

他从 1629 年活到 1695 年,出生和逝世都在海牙,不过自 1666 年起的 15 年时光里,他在巴黎有一间公寓,在那里他出任皇家科学院院长或重要成员的职位。在这期间他完成了他的两项主要的著作《摆钟论》和《光论》。古特福瑞德·莱布尼兹为了学习先进的数学理论曾来这里看望过他。就是在这里,关于光的认识,他跟另外一个年轻人,即艾萨克·牛顿,有着不一样的看法。

法国经常认为惠更斯是一个法国人,并且在一些时候,他自己也认为是一个法国人。他没有将他名字里的"y"改成"h"吗?这样"Huygens"变为"Hughens",至少也是一个法国人可以发音的名字。但是在 1680 年,路易十四为了肃清他的王国,驱逐了所有的异教徒包括加尔文主义者,这样也包括"惠更斯"。事实上他被开除了,如此的礼貌,以至于几年之后这位天真的天才,才明白连他都变得不受欢迎。

在巴黎的时光里他或多或少是一个侍臣。那是国王的学院,所有可能有用的新知识必须服务于国家的利益。看看"惠更斯"是怎么样显摆的:在他定做的上衣下面精美的用黑色的布和用金线编织的华丽的丝绸西装背心装饰着,用的是东印度深红含金的国王专用的纽扣。

这个人逐渐厌恶了宫廷生活,并且甚至更多的是厌恶学院里的阴谋。对他来说,他是纤细且脆弱的。他像研磨一块镜头那样,组织成形了他信件的内容。对于数学的精通,让他进入物理学的世界,然而他激情的控制让他走近他自己。即使在他生气时,他通常也能够找到使自己平静的路。尽管他确实写了不少愤怒的信件,有一封针对欧斯塔修·迪维尼攻击他有关土星光环假设的信,另一封针对罗伯特·胡克争夺他发明钟表弹簧摆论的信。在关于卡特兰坚持在《摆钟论》里面有个错误的信中,他怒不可遏。他这样写道:

"我对他关于我的摆动中心理论的攻击很惊诧,自从我发表这个理论以来的九年时间里还没有人反对过。看看他所谓的驳斥,我疑惑为什么自从它发表后在 7 个月的时间内作者没有收回它。简单地说,卡特兰所想的是两个线性单元之和不能等于两个其他线性单元之和,如果这些单元的比率不相同。想象一下,先测量长 4 英尺和 8 英尺两个,然后测量另外两个长 3 英尺和 9 英尺,看看你是否求和得到除了 12 英尺之外的其他任何结果。我想以后能发表这个意见,以至于那些不熟悉我证明的人意识到卡特兰的评论是无意义的。他应该再一次提出问题,我将会很感激如果你在发表它们之前提交他的观点给一个学者。这样可能对他的驳斥有好处。说实话,我不喜欢被一个愚蠢的人所攻击。"

当然,在他的专业工作里不存在错误。罗贝瓦尔,这位学院有能力判断他工作的唯一成员,实际上曾经质疑过他关于摆动中心的结论的人,被惠更斯的回答甚至在书出版以前就平息了。他数学上的争论也是无过失的。有可能真的是他没有以新的可包容的方法的形式,增添到这个世纪的数学中去。但是也可能是他用物理科学里的方法,给出了具有很强解释能力的令人印象深刻的依据。

让我们以一种轻松的口气来结束我们关于惠更斯发现的讲演。他在确信发现了土星的卫星后的 3 个月,给海牙的一个熟人迪代里克·范勒文写了一封信。他是在同他的一个兄弟及两个朋友在法国上流社会访问期间写的这封信。他已经准备在安吉尔合法地买一个法律博士学位(在他父亲的要求下,这比买一个假发还要便宜),并且他也可以在巴黎去看望数学家比如伊斯梅尔·布利奥,但没有去成。他们是如此之忙,以至于他几乎忘了要去感谢那位冯·列文("社会名流"),他写道:

"献给那些从不惧怕社会名流的高贵的爵士们,直到今天,你们有两名爵士还没有给你写任何感激的话,也没在他们临行前对你以贵族身份接待的荣耀表示赏识。就好像我们的耶稣基督,当他治愈了十位病人,只有一位孤独的撒玛利亚人前来向他道谢。你同样有各种理由去说:难道我没有赐予四位爵士我的礼貌和善意吗?其余的两位在哪里呢?上个星期天,当听到关于穷修道士拯救我们的使者的布道时,这种类似进入我的脑海。

因此出现了这样的情形,签过字承认欠你 1500 个感谢并用崇高的话来偿还。但是我恳求你要极大地谦虚,不要索要这笔债务,因为你太熟悉我没有能力还清它。我没有能力使自己以一种健康的姿态迎合你的贵族身份,在信里洋溢着甜言蜜语和风趣,还有在旁边印上巴尔扎克和马勒布的功德。

但是让我们终止轻率之言,而代之以真话。我必须引以自豪,一直是第一个为你的健康干杯和钟爱你的人,并且经常祝福你会有好运出现。同时,我想需要一匹会飞的马带你飞快地来到我身边,不管是为了沿着卢瓦尔河的一次长途旅行,或者是为了英雄般的行为,比如当命运女神决定谁必须孤独地睡去或谁必须与另一个结伴的时候。或者,在四匹马中进行挑选,挑来挑去,挑中的最好的马是瞎的,使人气馁的事情常有发生。

我将邀请你们来参加我们著名的辩论会,因为我们刚刚到巴黎,会议的举办尚在全面协商之中。你可能会在那里听到我们中每一位提出的他来到法国的原因:一是公开表示来学习怎样在上流社会中混;二是为了被引见给那些到场的名人们;还有,三是为了目睹漂亮的建筑和最新的时尚;四是仅仅为了离家出走。经过极为漫长和激烈的讨论,几乎是一致地决定,以后不值得为了到这里获得的那些东西,进行如此辛苦的长距离旅行。

此外,你可能目睹了我们投入了一场关于最高权力位置的辩论,那里甚至存在着更大的意见分歧。我记得,有一位仁兄自认为只要在他已经拥有的财产中,只要允许再增添一架四匹马拉的大马车,就可以拥有绝对的权力,这样他就可以在任何他方便的时候乘坐去海牙。你最好判断一下,急迫地要求你出席是不是一件头等大事。"

(2004 年)

译 后 记

· Postscript of Chinese Version ·

引导社会公众、特别是青年学生阅读科学元典，主要不是让世人了解那些已众所周知的科学知识，而是为了唤起人们的科学意识，感受科学进程的艰辛，体悟科学发现的真谛，认识"科学改变了人类的生存方式，科学改变了人类的生活理念"的现实。

　　受北京大学教授任定成先生之托,刘岚华和我于数年前合作译出惠更斯 1690 年的大作《Treatise on Light》(根据 Silvanus P. Thompson 的 1912 年英译本),曾以《论光》为书名,在武汉出版社出版。这次改版,被北京大学出版社选入"科学元典丛书",并遵嘱将书名改译为《光论》。按照"科学元典丛书"的要求,需为译著写一篇"导读",内容应包含惠更斯的生平和时代背景,包含他做物理的工作过程和学术地位,包含其涉及的学科领域和发展现状,包含其相关的哲学争论和学界影响。译者本不是科学史的研究者,亦不是科学普及的专业作者,难为之时,只得将通过各种途径采集来的资料,镶嵌编纂一起,以飨读者。历史故事的资料来源,泛泛浑浑,熙熙攘攘,援引兮辗转,重叠兮彼此,区分原始出处甄别不易、时间不容。因而在"导读"的编写中,无法逐一列举参考文献,甚是抱歉,谨此向各位原作者一并致谢。好在"导读"不是专题学术论文,无功利之嫌,集大家之所成,掠众人之所美,为的只是让读者愉悦。

　　有一处须专门提及,那就是埃米里奥·赛格雷(Emillo Segre)撰写的《从落体到无线电波——经典物理学家和他们的发现》一书。该书由陈以鸿、周奇、陆福全和潘正口等翻译,于 1990 年 10 月上海科学技术文献出版社出版发行。赛格雷是当代著名的物理学家,美国科学院院士。他生于意大利罗马,后移民美国,加入美国国籍。曾参与第一颗原子弹的研制工作,因为发现反质子获得 1959 年的诺贝尔物理学奖。赛格雷根据翔实的资料,介绍了自 16 世纪末到 19 世纪末 300 年来的经典物理学家,其中,包括伽利略、惠更斯、牛顿、托马斯·杨、菲涅耳、夫琅和费、本生、基尔霍夫、伽伐尼、伏打、奥斯特、安培、法拉第、麦克斯韦、洛伦兹、卡诺、威廉·汤姆孙、迈耶、焦耳、亥姆霍兹、克劳修斯、玻耳兹曼、范德瓦耳斯、吉布斯等人的科学生涯和重大贡献。在给我们所翻译的《光论》撰写的"导读"中,关于惠更斯等人的一些内容,就是取自他给出的资料。赛格雷之前还撰写过另一本书,《从 X 射线到夸克——近代物理学家和他们的发现》(夏孝勇译,上海科学技术出版社 1984 年出版)。这本书叙述了自 19 世纪末 20 世纪初以来,在自然科学特别是物理学领域内发生的一系列重大发现和科学活动,赛格雷本人就是其中一些重大活动的亲身参与者,并熟知当时的许多科学家。两本书合在一起,给我们提供了一部相当完整的物理学的近现代发展史。

　　"导读"分为六个部分:1. 惠更斯之前的时代:文艺复兴;2. 处于大师们之间的惠更斯;3. 惠更斯的重要科学贡献;4. 人类关于光的早期认识;5. 17 世纪以来关于光的本性的大争论;6. 光学的应用和光物理的前沿。

　　为了更好地展现惠更斯所处的时代背景及他所进行的科学探索,我们除了选用 1947 年由贝尔(A. E. Bell)撰写的《惠更斯与 17 世纪科学的发展》(Christiaan Huygens and the Development of Science in the Seventeenth Century)的重要科学史论著外,还选用了 2004 年 4 月 13 至 17 日在惠更斯的家乡诺德魏克召开的"泰坦——从发现到相遇"的特别国际会议上,安德里埃瑟(C. D. Andriesse)作的讲演《发现惠更斯》(Discovering Huygens),分别作为本书的附录Ⅰ和Ⅱ。由于是附录,我们在中译本作了稍许删节。附

◀ 惠更斯及其一生多方面的科学成就

录的翻译过程中,有常云峰、辜娇、郭龙、黄瑞典、惠子、江健、蒋青权、王茹、王亚平、韦利华等参与工作,谨致感谢。

感谢北京大学出版社将《光论》的译本收入"科学元典丛书",感谢任定成、周雁翎和陈斌惠诸位先生的工作。

蔡 勖

2007 年初夏于桂子山

科学元典丛书

即将出版

科学元典丛书（彩图珍藏版）

扫描二维码，收看科学元典丛书微课。